高等院校化学课实验系列教材

综合性化学实验

主　编　廖立敏　汪建红
副主编　朱佳琳　邹　宁　李建凤

WUHAN UNIVERSITY PRESS
武汉大学出版社

图书在版编目(CIP)数据

综合性化学实验／廖立敏，汪建红主编 ；朱佳琳，邹宁，李建凤副主编. -- 武汉 ：武汉大学出版社，2025.7. -- 高等院校化学课实验系列教材. -- ISBN 978-7-307-25121-2

Ⅰ. O6-3

中国国家版本馆 CIP 数据核字第 2025P79V24 号

责任编辑：谢文涛　　　责任校对：汪欣怡　　　版式设计：马　佳

出版发行：**武汉大学出版社**　（430072　武昌　珞珈山）

（电子邮箱：cbs22@ whu.edu.cn 网址：www.wdp.com.cn）

印刷：武汉图物印刷有限公司

开本：787×1092　1/16　印张：14　字数：330 千字　插页：1

版次：2025 年 7 月第 1 版　2025 年 7 月第 1 次印刷

ISBN 978-7-307-25121-2　定价：55.00 元

前　言

化学，作为致力于探索物质组成、结构、性质及其变化规律的核心学科，在现代科技与社会发展进程中，占据着不可替代的地位。综合性化学实验作为化学学科教育体系中的重要组成部分，犹如一座桥梁，有效地连接着化学理论知识与实际应用，为化学学习者开启了一扇深入理解化学奥秘的大门。

在当今的教育与科研环境下，综合性化学实验的重要性日益凸显。对于学生而言，它不仅仅是对基础化学知识的巩固与拓展，更是培养学生创新思维、实践能力以及科学素养的关键环节。通过综合性化学实验，学生能够亲身体验从实验设计、操作到结果分析的全过程，如同在化学的知识海洋里扬帆，锻炼自己解决问题的能力。

本教材的编写旨在为化学、应用化学、环境科学、资源循环科学与工程及相关专业的学生提供一本系统、全面且实用的综合性化学实验指导用书。教材内容涵盖了无机化学、有机化学、分析化学和物理化学等多个化学分支领域的综合性实验。这些实验项目的选择，既注重经典实验的传承，又结合了现代化学研究的前沿热点，确保学生能够接触到化学学科发展的最新动态。在编写过程中，我们秉持着严谨、科学的态度，详细阐述了每个实验的目的、原理、步骤、仪器使用方法等方面的内容，如同为学生绘制一幅清晰的实验地图，使他们能够在实验过程中少走弯路。同时，我们也鼓励学生在实验过程中积极思考、勇于创新，尝试对实验进行改进或者探索新的实验方法。希望本教材能够成为化学学习者在综合性化学实验道路上的得力助手，帮助他们在化学实验的天地里遨游，探索更多未知的化学奥秘，为未来的化学研究、工业生产以及社会发展奠定坚实的基础。

本书内容对于化学相关专业学生均较为实用，可供高等院校化学、应用化学、环境科学、资源循环科学与工程及相关专业本专科生使用，也可供其他相关领域的研究人员及研究生作为参考资料。

本书编写工作主要由内江师范学院化学化工学院教授廖立敏、高级实验师汪建红等完成，廖立敏编写了本书部分实验并审定全稿，汪建红编写了本书的大部分实验，其余编者编写和审定了小部分实验。编写过程中参阅了部分现有教材、科研论文等资料，在此向原著作者表示感谢。编写过程中得到了相关领导的关心和支持，在此表示衷心的感谢！同时，感谢内江师范学院化学一流专业建设项目（YLZY201908）、教育教学改革研究项目（JJHZ2401）和四川省高等教育人才培养质量和教学改革项目（JG2024-1057）对本书出版的资助。

本书虽经反复斟酌和修改，但由于编者水平和编写时间的限制，疏漏和不足之处在所难免，恳请同行和读者批评指正。

廖立敏　汪建红

2025 年 3 月

目　录

第一部分　无机类综合实验

第二部分　有机合成类综合实验

第三部分 提取类综合实验

第四部分 其他类综合实验

第一部分　无机类综合实验

该部分内容主要涉及无机类化合物的制备及性质测定等实验，包括制备无机化合物的基本操作，以及运用滴定法、分光光度法、X 射线衍射、扫描电镜等手段进行离子鉴定、含量分析、表征结构等的操作。

该部分综合性实验主要包括以下内容：去离子水的制备与检验，食品中钙、镁、铁含量的测定，固体酸催化剂的制备与表征，邻菲罗啉分光光度法测定铁，二茂铁和乙酰二茂铁的制备与鉴定，明矾的制备、分析及单晶的培养，纳米 α-Fe_2O_3 材料的液相合成及表征，三草酸合铁酸钾的制备及组成测定，硫代硫酸钠的制备和检验。

实验1　去离子水的制备与检验

一、实验目的

(1)了解离子交换法净化水的原理和方法。
(2)掌握树脂再生的原理和方法。
(3)掌握水质检验的一般方法。

二、实验背景和原理

1. 去离子水的来历和用途

水质可用水的纯度表示，其是水中杂质相对含量的量度。锅炉、化学化工、生物、地质、宇航以及电子工业等领域对水质均有不同的等级要求。水质的优劣直接关系到诸多工农业产品的质量及设备的使用寿命，因此，许多部门都需使用纯水。去离子水即是纯水的一种，指除去了呈离子形式杂质的纯水。国际标准化组织 ISO/TC 147 将“去离子”定义为：“完全或不完全地去除离子物质。”去离子水可用作实验室、化验室常规实验、配制常备溶液、清洗玻璃器皿等的用水，可用作电力锅炉所需软化水、除盐水，可用作汽车、家用电器、建材表面涂装、电镀、镀膜玻璃清洗等的用水，石油化工行业中化工反应冷却水，化学药剂和生产配液用水等，可用作工业纺织印染、钢铁清洗用水，可用作食品、饮料、酒类、化妆品生产用水，可用作海水、苦咸水等净化用水，还可用于电子工业生产。

2. 去离子水的制备方法

天然水中常含有 Ca^{2+}、Mg^{2+}、Na^{+}、Fe^{3+} 等阳离子和 HCO_3^-、CO_3^{2-}、SO_4^{2-}、Cl^- 等阴离子，以及一些气体和有机杂质。一般可以使用离子交换树脂与水中某些无机离子进行选择性的离子交换反应，从而达到去除无机离子的目的。采用离子交换法制得的纯水称为去离子水。

离子交换树脂是一类具有某种活性基团，能选择性与阳离子或阴离子发生离子交换反应的高分子物质。例如，某些含有磺酸基($—SO_3H$)或羧基(—COOH)等酸性基团的树脂，能与水中的阳离子发生选择性交换，就被称为阳离子交换树脂，用 RH 表示；某些含有季铵盐($—NX^+$)或伯胺盐($—NX_2$)等碱性基团的树脂，能与水中的阴离子发生选择性交换，就被称为阴离子交换树脂，用 ROH 表示。发生的反应式为

$$2RH+Mg^{2+}(Ca^{2+}) \rightleftharpoons R_2Mg(R_2Ca)+2H^+$$

$$ROH+Cl^- \rightleftharpoons RCl+OH^-$$

$$2ROH+SO_4^{2-}(CO_3^{2-}) \rightleftharpoons R_2SO_4(R_2CO_3)+2OH^-$$

从而使 Ca^{2+}、Mg^{2+}、CO_3^{2-}、SO_4^{2-} 固着在树脂上，而树脂中的 H^+、OH^-则置换到水中，达到净水的目的。

在实际生产中，去离子水的制备是使水通过装有氢型阳离子交换树脂、氢氧型阴离子交换树脂、阴阳混合树脂的交换柱，分别进行阳离子交换、阴离子交换及多级交换，使产生的 H^+、OH^-反应生成 H_2O，从而保证去离子水为中性。

树脂使用之前要先用去离子水浸泡至溶胀。使用一段时间后，离子交换达到饱和，树脂就会失效，可分别用稀 HCl 溶液或稀 NaOH 溶液淋洗阳离子交换树脂或阴离子交换树脂，进行上述反应的逆反应，使树脂再生。混合柱中阴离子交换树脂密度相对小一些，可将其置于 4~6mol·L^{-1}的 NaOH 溶液中分开后，再进行处理。

3. 水质评价

水质评价的主要指标之一是水中的含盐量，即水中杂质离子的含量，可用电导率仪测量其电导率来测定。纯水是弱电解质，含有可溶性杂质常使其电导能力增大。测量水样的电导率，可以确定水的纯度。各种水样的电导率的大致范围列于表 1-1 中。

表 1-1　**各种水样的电导率**

样品	自来水	蒸馏水	去离子水	高纯水(理论值)
电导率/S·cm^{-1}	5.1×10^{-3}~5.1×10^{-4}	2.8×10^{-6}~6.3×10^{-8}	4.0×10^{-6}~8.1×10^{-7}	5.5×10^{-8}

4. 离子的定性鉴定

1) Ca^{2+}的检验

本实验使用钙指示剂检验 Ca^{2+}，但它与 Ca^{2+}、Mg^{2+}均发生反应，使溶液显红色。因此，本实验需要先调节水的 pH 为 12~13，使 Mg^{2+}转化为 $Mg(OH)_2$ 沉淀，消除 Mg^{2+}对 Ca^{2+}的干扰。

2) Mg^{2+}的检验

本实验用铬黑 T 来检验 Mg^{2+}，在 pH 为 9~11 时，铬黑 T 遇 Mg^{2+}生成红色螯合物。

3) SO_4^{2-} 离子

由于 SO_4^{2-} 离子会与 $BaCl_2$ 反应生成白色的难溶于 H_2SO_4 的 $BaSO_4$ 沉淀，因此本实验选择 $BaCl_2$ 溶液检验 SO_4^{2-}。

4) Cl^-离子

由于 Cl^-离子会与 Ag^+反应生成白色的难溶于 HNO_3 的 AgCl 沉淀，因此本实验选择 $AgNO_3$ 溶液检验 Cl^-。

三、仪器与试剂

主要仪器：碱式滴定管、铁架台、T 形管、乳胶管、螺旋夹、玻璃纤维、烧杯、洗瓶、试管等。

主要试剂：

$2mol \cdot L^{-1}$的 HCl 溶液、$2mol \cdot L^{-1}$的 NaOH 溶液、$1mol \cdot L^{-1}$的 $BaCl_2$ 溶液、$2mol \cdot L^{-1}$的 HNO_3、$2mol \cdot L^{-1}$的氨水、$0.1mol \cdot L^{-1}$ $AgNO_3$ 溶液、饱和 $Na_2C_2O_4$ 溶液、$NH_3 \cdot H_2O-NH_4Cl$ 缓冲溶液(pH=10)、氢型强酸性阳离子交换树脂、氢氧型强碱性阴离子交换树脂、铬黑 T 指示剂、钙指示剂、精密 pH 试纸等。

四、实验装置

实验装置如图 1-1 所示。

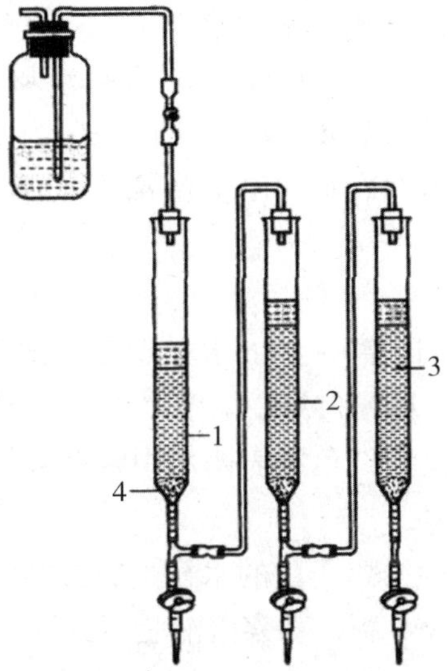

注：1—阳离子交换柱，2—阴离子交换柱，3—混合离子交换柱，4—玻璃纤维

图 1-1　离子交换装置

五、实验步骤

1. 制备去离子水

1) 树脂处理

将阴离子交换树脂用 $2mol \cdot L^{-1}$的 NaOH 溶液浸泡 24h，然后倾去碱液，再用 $2mol \cdot$

L^{-1}的 NaOH 溶液浸泡并搅拌 3min。待树脂沉降后倾去上层溶液，尽量倒净。用水重复洗涤至接近中性(用 pH 试纸检验)。另将阳离子交换树脂用 2mol · L^{-1}的 HCl 溶液浸泡 24h，倾去酸液，再用 2mol · L^{-1}的 HCl 溶液浸泡并搅拌 3min，倾去酸液后用水洗涤树脂，至滤出的水在 pH 试纸检验下接近中性。

2)仪器安装

按照图 1-1 安装离子交换装置。交换柱可用拆除尖嘴的碱式滴定管改装，底部塞入少量玻璃纤维。先加入几毫升的去离子水，然后在 1 管中加入阳离子交换树脂，2 管中加入阴离子交换树脂，3 管中加入质量比为 1 : 1 的混合阴、阳离子交换树脂，树脂层高度约为 30cm。装柱时尽可能使树脂紧密，不留气泡，然后用橡胶管连接起来。

3)去离子水的制备

将水源开关打开，让水流入，每分钟约 30 滴，待流出 50mL 后(弃掉)，控制流速为 15~20 滴/分钟，用烧杯收集水样 30mL 做水质检验。

2. 水样的检验

1) Ca^{2+}离子的检验

分别取 2mL 自来水和制备的去离子水的水样于 2 支试管中，各加入 10 滴 $Na_2C_2O_4$ 饱和溶液，观察是否有白色沉淀生成；分别取 2mL 自来水和制备的去离子水的水样于 2 支试管中，各加入 1mL 2mol · L^{-1}的 NaOH 溶液，调节 pH 为 12~13，再加入少许钙指示剂，观察溶液是否变为蓝色(钙指示剂在此 pH 下游离态的颜色)，若呈现红色表示有 Ca^{2+}离子。

2) Mg^{2+}离子的检验

分别取 2mL 自来水和制备的去离子水的水样于 2 支试管中，各加入 2 滴 $NH_3 \cdot H_2O$-NH_4Cl 缓冲溶液，调节 pH 为 9~11，再加 2 滴铬黑 T 指示剂，观察溶液颜色，若水呈现蓝色，表明无金属阳离子 Mg^{2+}，呈酒红色则表明水中含有金属阳离子 Mg^{2+}。

3) SO_4^{2-} 离子的检验

分别取 2mL 自来水和制备的去离子水的水样于2支试管中，各加入 2mol · L^{-1}的 HCl 2 滴，再加 1mol · L^{-1}的 $BaCl_2$ 溶液 5 滴，观察溶液是否混浊，混浊则表明含有 SO_4^{2-} 离子。

4) Cl^-离子的检验

分别取 2mL 自来水和制备的去离子水的水样于 2 支试管中，各加入 2mol · L^{-1}的 HNO_3 2 滴，再加入 1 滴 0. 1mol · L^{-1} $AgNO_3$ 溶液，摇匀，观察是否混浊，混浊则表明含有 Cl^-离子。

5) pH 的测定

用精密 pH 试纸分别测定自来水和制备的去离子水水样的 pH。

6)电导率的测定

使用电导仪测定自来水及制备的去离子水水样的电导率。每次测定前用待测水样仔细冲洗，并用滤纸吸干电极。测量时必须将铂片全部浸入水中。注意：净化水样要尽快测定其电导率，否则空气中少量 CO_2 等气体会溶入水中造成电导率升高。

六、注意事项

(1)测电导率时，注意测量时必须将铂片全部浸入水中；且净化水样要尽快测定其电导率，否则空气中少量 CO_2 等气体会溶入水中造成电导率升高。

(2)使用钙指示剂检验 Ca^{2+} 离子时，由于钙指示剂与 Ca^{2+}、Mg^{2+} 均发生反应使溶液显红色，因此需要先调节水的 pH 为 12~13，使 Mg^{2+} 转化为 $Mg(OH)_2$ 沉淀，消除 Mg^{2+} 对 Ca^{2+} 的干扰。

(3)离子交换树脂在使用前，最好先用 $2mol \cdot L^{-1}$ 的 NaOH 溶液处理一下阴离子交换树脂，用 $2mol \cdot L^{-1}$ 的 HCl 溶液浸泡处理一下阳离子交换树脂。

(4)离子交换树脂装柱时尽可能使树脂紧密，不留气泡，以免影响效果。

思考题

1. 去离子水是无离子水吗？为什么？
2. 蒸馏水为什么常呈弱酸性？
3. 自来水的主要无机杂质有哪些？离子交换法采用什么原理？
4. 制备的纯水应如何贮存才能防止污染？
5. 电导率数值越大，水样的纯度是否越高？

参考文献

[1]王仁国．无机及分析化学实验[M]．北京：中国农业出版社，2008.
[2]李聚源．普通化学实验[M]．北京：化学工业出版社，2007.
[3]徐甲强，崔战华，刘秉涛．无机及普通化学实验[M]．郑州：河南科学技术出版社，1995.

实验2　食品中钙、镁、铁含量测定

一、实验目的

(1)了解有关食品样品分解处理的方法。
(2)了解食品中钙、镁、铁等对人体的价值。
(3)掌握食品中钙、镁、铁等含量的测定方法。
(4)掌握实际样品中排除干扰的方法。

二、实验背景和原理

钙、镁是人体中必需的营养元素，与钾、钠合称为四大代换性离子。钙、镁在人体内具有多方面的生理功能。钙是构成骨骼的主要成分，血液凝固和肌肉收缩都必须有钙离子参与。人体缺乏钙时，将会引起血液凝固不良、易出血、软骨病乃至瘫痪等健康问题。食品中的钙被人体的吸收率只有40%~50%，乳制品中的钙最易被人体吸收，而菠菜、竹笋等含草酸多的食品会阻碍钙的吸收，维生素D则能促进小肠对钙的吸收。镁是体内多种酶的组成成分，能参与人体内蛋白质的合成，维持核酸结构的稳定，具有调节体温的功能。

铁是人体血红细胞中的关键元素，对人体健康至关重要。铁作为血红蛋白的重要组成部分，负责携带氧气到身体的各个细胞，维持正常的氧气供应。铁对提高人体免疫力具有重要作用，它能增强白细胞的吞噬功能，提高人体对疾病的抵抗能力。铁对促进儿童的生长发育也具有重要作用，它能促进血红蛋白的合成，预防贫血，提高儿童的免疫力。因此，测定食品中钙、镁、铁的含量对于食品的配伍、合理用餐等有重要的意义。

测定钙的经典方法是先使用草酸铵使钙生成草酸钙沉淀，然后再用重量法或容量法测定。镁则用磷酸铵使其生成磷酸镁铵沉淀($NH_4MgPO_4 \cdot 6H_2O$)的重量法测定。此类方法虽然精确度较高，但涉及沉淀、过滤、洗涤等烦琐操作，且钙和镁互存干扰，需事先分离，现已很少使用。目前广泛应用的是EDTA络合滴定法和原子吸收分光光度法。铁含量测定则常采用分光光度法。

EDTA是一种络合剂，在不同的pH条件下，EDTA能与多种金属阳离子形成稳定的络合物。在pH>11的溶液中，镁以氢氧化镁形式沉淀，因此可用EDTA直接滴定钙。滴定时以钙红或紫尿酸铵为指示剂，在碱性溶液中，指示剂的离子(蓝色)与钙生成红色的物质——钙络合物。指示剂与钙形成的络合物的稳定性比EDTA与钙形成的络合物的稳定性小，因此，在滴定过程中，与指示剂络合的钙逐渐与 EDTA 结合，形成稳定的络合物。当溶液中的钙全部与 EDTA 络合后，指示剂显示出原有的蓝色，即为滴定终点。另取一份试液，用氨性缓冲溶液控制溶液 pH 至 10，以铬黑 T 为指示剂，用 EDTA 滴定至溶液由紫红色变蓝色为终点。两种 pH 下测得的钙含量利用差减法就可得镁含量。测定钙、镁等含量时，试样中铁、铝等干扰元素可用适量的三乙醇胺掩蔽消除。

对于铁，样品溶液中的三价铁在酸性条件下还原为二价铁，二价铁在酸性(pH 3~5)溶液中与邻菲罗啉作用生成红色螯合离子，其溶液的吸光度与二价铁的浓度成正比，因此可以定量地比色测定出铁的含量，因此用邻菲罗啉作显色剂，采用可见分光光度法测定铁含量。

三、仪器与试剂

主要仪器：紫外-可见分光光度计、移液管、滴定管、烧杯、容量瓶、坩埚、锥形瓶等。

主要试剂：0.005mol·L^{-1}EDTA 溶液、20% NaOH 溶液、pH 为 10 的氨性缓冲溶液、三乙醇胺(1∶3)溶液、HCl(1∶1)溶液、基准物质 $CaCO_3$、100g·mL^{-1}铁标准溶液、0.15%邻菲罗啉、10%盐酸羟胺、1mol·L^{-1}NaAc 溶液。

固体钙指示剂：钙指示剂和氯化钠一起配成质量比 1∶100 的氯化钠固体粉末。

1g·L^{-1}铬黑 T 指示剂：称取 0.1g 铬黑 T 溶于 75mL 三乙醇胺和 25mL 乙醇中。

四、实验步骤

1. 试样制备和预处理

将蔬菜洗净、晾干。称取适量可食用部分放入烘箱中，在 110℃温度下烘干，然后置于蒸发皿中(豆类用粉碎机粉碎后称取，其他干样品可直接称取)，在酒精灯等上灰化、炭化完全后，再转入坩埚并置于 650℃马弗炉灼烧 2h。取出冷却后置于锥形瓶中，向其中加入 10mL HCl(1∶1)溶液浸泡 20min，并不断搅拌。然后，静置、沉降、过滤，将滤液转入 250mL 容量瓶中。用蒸馏水洗涤沉淀、蒸发皿数次，一起转入容量瓶，定容，摇匀，放置备用。

2. EDTA 溶液的标定

用差减法准确称取 0.10~0.12g 基准物质 $CaCO_3$ 并置于小烧杯中，用少量水润湿，盖上表面皿。从烧杯嘴处往烧杯中滴加 5mL HCl(1∶1)溶液使烧杯中的 $CaCO_3$ 完全溶解。再向烧杯中加入蒸馏水 50mL，加热微沸几分钟以除去 CO_2。待冷却后，用水冲洗烧杯内壁和表面皿，并一起转移至 250mL 容量瓶中，用蒸馏水定容，摇匀。

用移液管移取钙标准溶液 20.00mL 于锥形瓶中，加水稀释至 100mL。再向锥形瓶中加入 5~6mL 20% NaOH 溶液及少许钙指示剂，用 EDTA 标准溶液滴定至溶液由红色变为蓝色为终点。

3. 试样中钙、镁含量的测定

1）试样中钙、镁总含量的测定

用移液管移取步骤1制备的容量瓶中的液体20.00mL于锥形瓶中，向锥形瓶中加5mL三乙醇胺（1∶3）溶液，再加水稀释至100mL，然后加入15mL pH为10的氨性缓冲溶液和2滴铬黑T指示剂，混匀后用EDTA标准溶液滴定至溶液由紫红色变蓝色为终点。

2）试样中钙含量的测定

用移液管移取20.00mL步骤1制备的容量瓶中的液体于锥形瓶中，向锥形瓶中加入5mL三乙醇胺（1∶3）溶液，再加水稀释至100mL，然后再加入5~6mL 20% NaOH溶液及少许钙指示剂，混匀后用EDTA标准溶液滴定至溶液由红色变蓝色为终点。

用钙、镁总量减去钙含量则可得镁含量。

4. 邻菲罗啉光度法测定试样中铁含量

1）标准曲线的制作

用移液管分别移取0.0mL、0.2mL、0.4mL、0.6mL、0.8mL、1.0mL 100μg·mL^{-1}的铁标准溶液到6支50mL比色管中，分别加入1mL盐酸羟胺、2mL邻菲罗啉、5mL NaAc溶液。每加入一种试剂都要摇匀，用水稀释到刻度，放置10min。用1cm比色皿，以空白试剂为参比，在510nm波长下测量各溶液的吸光度。以铁含量为横坐标，以吸光度为纵坐标绘制标准曲线。

2）试样中铁含量的测定

准确移取适量步骤1制备的容量瓶中的液体到比色管中，按标准曲线制作步骤显色并测定其吸光度值，在标准曲线上查出测定吸光度的试样中铁的含量，然后计算试样中的铁含量。

五、注意事项

（1）配制钙标准溶液时，在加入盐酸等后要尽量让二氧化碳挥发干净。

（2）测定钙、镁等含量时试样中铁、铝等可能干扰测定，可用适量的三乙醇胺掩蔽消除。

（3）钙指示剂都是固体，如果直接使用的话，量很难控制，常加入一种非常稳定的固体粉末（比如氯化钠）适量把固体指示剂稀释一下，这样加指示剂时就能很容易控制好量了。本实验按照钙指示剂和氯化钠的质量比1∶100来制备固体钙指示剂粉末。

思考题

1. 常用食品样品分解处理的方法有哪些？
2. 如何避免实际样品测量时的干扰？

参考文献

[1]刘兴友，刁有祥．食品理化检验学[M]．北京：中国农业大学出版社，1995.
[2]宋治军，赵锁劳．食品营养与安全分析测试技术[M]．咸阳：西北农林科技大学出版社，2005.
[3]李连庆．仪器分析创新实验[M]．北京：北京理工大学出版社，2019.

实验 3　固体酸催化剂的制备与表征

一、实验目的

(1)了解 NaY 分子筛制备 HY 分子筛的原理和方法。
(2)掌握一些常规的表征固体酸结构的方法。
(3)掌握固体酸催化酯化反应的原理和分析方法。

二、实验背景和原理

固体酸是指某些固体物质，经过一定处理(如加热等)过程，使这些物质某些部位具有给出质子或接受电子对的性质，从而形成布朗斯特酸或路易斯酸中心。根据固体酸的组成可分为：金属氧化物、复合金属氧化物、黏土矿物、沸石分子筛、杂多酸化合物、离子交换树脂、金属硫化物、金属硫酸盐、磷酸盐等。该类酸属于固体安全酸类，可以替代盐酸、硫酸、硝酸、磷酸、氢氟酸等常规液体酸，并且克服了液体酸的缺点，具有容易与液相反应体系分离、不腐蚀设备、后处理简单、减少环境污染、选择性高等优点，而且可在较高温度范围内使用，扩大了热力学上可能进行的酸催化反应的应用范围。固体酸在催化裂化、烯烃聚合、烷基化、酰基化、缩酮、酯化等反应中提供活性中心，具有很好的催化性能，在工业上得到广泛的应用。

本实验使用 NaY 型分子筛通过水热法制备 HY 型分子筛：

NaY 型分子筛：

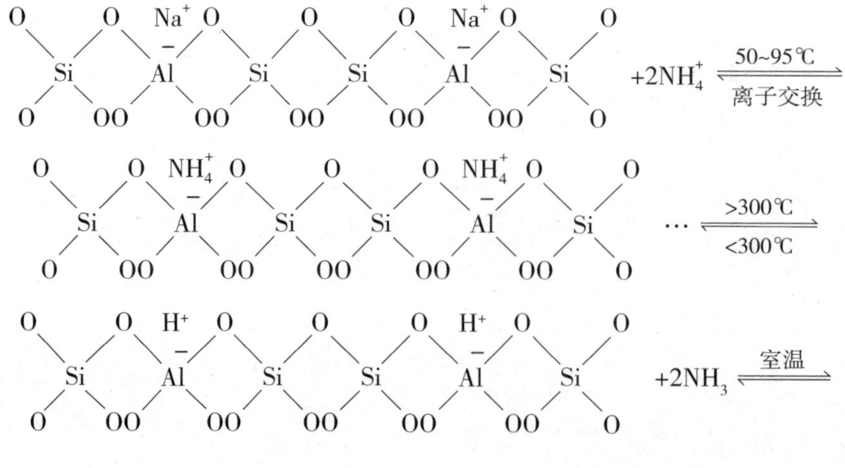

HY 型分子筛：

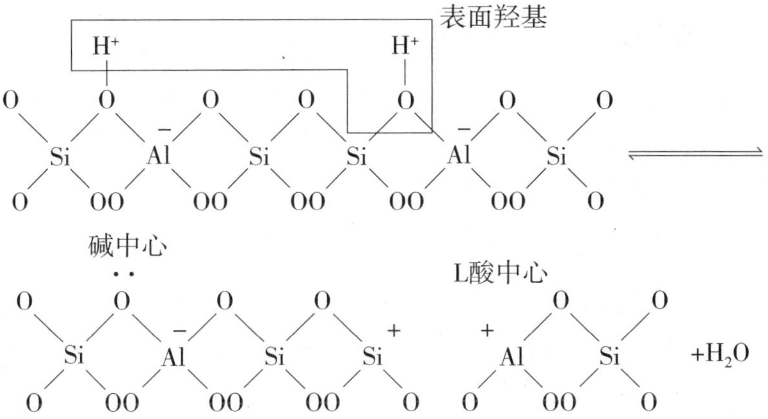

可利用红外光谱、X 射线衍射仪、吸附仪等对 HY 型分子筛的结构进行表征，本实验还研究制得的固体酸催化制备乙酸正丁酯的过程中的催化性能。

三、仪器与试剂

主要仪器：数显搅拌电热套、球形冷凝管、三颈烧瓶、温度计、抽滤瓶、布氏漏斗、水循环真空泵、马弗炉、研钵、碱式滴定管、量筒、电子天平、油水分离器、烧杯、X 射线衍射仪、红外光谱仪、吸附仪等。

主要试剂：NaY 分子筛、2.0mol · L^{-1}的 NH_4Cl 溶液、乙酸、正丁醇、0.2mol · L^{-1}的 NaOH 溶液、酚酞试剂、硝酸银溶液。

四、实验装置

实验装置如图 3-1 所示。

图 3-1　回流装置

五、实验步骤

1. HY 分子筛的制备

(1)称取 NaY 分子筛 20.0g，加入 100mL 烧杯中。

(2)向烧杯中加入 80.0mL 浓度为 2.0mol · L^{-1}的 NH_4Cl 溶液，在磁力搅拌器上搅拌 2h。

(3)过滤：将橡胶管与布氏漏斗连接好，利用水循环真空泵进行抽滤，得到的滤饼用去离子水反复洗涤至不含 Cl^-，洗涤大约需用去离子水 250mL。

(4)将过滤得到的固体样品放入烘箱中于 120℃干燥 2h，然后将样品转移到坩埚中，在马弗炉中于 350℃煅烧 2h，即得到 HY 固体酸催化剂。

2. HY 分子筛的表征

(1)对 HY 分子筛进行物相分析，利用 X 射线粉末衍射仪测定 XRD 谱图并进行红外光谱表征。

(2)比表面分析：用吸附仪进行测定。

3. HY 分子筛催化乙酸正丁酯的制备

(1)分别量取 19. 24mL 醋酸和 30. 24mL 正丁醇(二者的摩尔比为 1 : 1)依次加入三颈烧瓶中，再加入一颗搅拌子，然后加入 1. 0g HY 分子筛催化剂。从三颈烧瓶中吸取 0. 5mL 未反应的反应液于干净的小烧杯中，用 0. 2mol · L^{-1}的 NaOH 溶液进行滴定，记录消耗的体积 V_1。

(2)按图 3-1 连接好装置，升温至回流。

(3)回流反应过程中由乙酸正丁酯、水和正丁醇组成的共沸混合物，经过冷凝管冷却后收集于油水分离器中，上层为乙酸丁酯和正丁醇，要使其返回反应瓶中；下层为水，保留在油水分离器中。当油水分离器中的水不再增加时，则可以认为酯化过程已终止。回流反应大概需要 2h。停止加热，冷却。

(4)待反应瓶内温度降至 30℃以下时，先把油水分离器中的液体倒入三颈烧瓶中混合均匀，再吸取 0. 5mL 反应后的反应液，用 0. 2mol · L^{-1}的 NaOH 溶液进行滴定，记录消耗的体积 V_2。

六、注意事项

(1)固体酸制备过程中，注意检验滤饼中是否含有 Cl^-。

(2)注意马弗炉的安全使用，实验完毕后，关闭电源，在炉膛内取样品时，应先微开炉门，待样品稍冷却后再小心夹取样品，防止烫伤。

(3)HY 分子筛催化合成乙酸正丁酯时注意装置的密闭性。

思考题

1. 结合实验，谈谈固体催化剂的优点。
2. 对干燥后的滤饼进行煅烧时，温度是否越高越好？为什么？

参考文献

罗春华，董秋静，张宏．材料制备与性能测试实验[M]．北京：机械工业出版社，2019.

实验 4　邻菲罗啉分光光度法测定铁

一、实验目的

(1)学习分光光度法测定无机离子含量的原理和方法。

(2)学习选择显色剂时的注意事项。

(3)学习邻菲罗啉分光光度法测定铁的方法。

二、实验背景和原理

分光光度法是测定无机离子含量的一种重要的方法。采用分光光度法测定无机离子时，通常需用显色剂生成有色络合物，然后进行分光光度测定。

首先就要判断显色剂和有机络合物的吸收光谱能否满足分光光度测定的要求，一般二者的吸收光谱 λ_{max} 应相距 60nm 以上。

其次，为确保显色反应进行完全，必须确定合适的显色剂用量。不同的显色反应，有机络合物达到稳定的时间和维持稳定的时间各不相同，因此需研究显色剂用量、显色时间、有色络合物稳定时间等关键参数的影响。

再次，还要研究溶液的 pH 对显色反应的影响。鉴于显色剂一般为有机弱酸，溶液酸度变化将直接影响显色剂的离解和金属离子的状态，进而影响有色络合物的生成及其稳定性。显色反应一般在室温下即可完成，但有时需要加热，因此需要研究温度对反应的影响。

此外，溶液中存在多种金属离子时，还需要研究干扰离子的影响和消除方法。

本实验主要测定铁的含量。用于铁的显色剂很多，其中邻二氮菲是测定微量铁的一种较好的显色剂。邻二氮菲，又称邻菲罗啉，1，10-菲罗啉，化学式为 $C_{12}H_8N_2$，是一种金属螯合剂，一水合物为白色结晶性粉末，熔点为 93~94℃，无水物熔点为 117℃。一份邻菲罗啉可溶于 300 份水，70 份苯，也可溶于醇和丙酮，不溶于石油醚。邻菲罗啉是测定 Fe^{2+} 的一种高灵敏度和高选择性试剂，可与 Fe^{2+} 生成稳定的橙色络合物，络合物的摩尔吸收系数 ε 为 1.1×10^4L/(mol · cm)，pH 为 2~9，颜色深度与酸度无关，在还原剂存在下，颜色可保持几个月不变。Fe^{3+} 与邻菲罗啉生成淡蓝色络合物，因此在进行分光光度法测定之前，需用盐酸羟胺将 Fe^{3+} 还原成 Fe^{2+}。用该方法测定铁含量具有选择性好、应用广泛的特点。

三、仪器与试剂

仪器：烧杯、比色管、容量瓶、pH 计、紫外-可见分光光度计、1cm 玻璃比色皿等。

试样：$NH_4Fe(SO_4)_2 \cdot 12H_2O$、浓盐酸、盐酸羟胺、邻菲罗啉、醋酸钠、氢氧化钠、无水乙醇、去离子水等。

四、实验步骤

1. 溶液的配制

1)铁标准溶液(100.0μg/mL)

准确称取 0.8634g $NH_4Fe(SO_4)_2 \cdot 12H_2O$，置于烧杯中，加入 20mL 由浓盐酸和水按照体积比 1∶1 配制的稀盐酸，搅拌溶解后转移至 1L 容量瓶中，并用水定容。

2)10%盐酸羟胺溶液

准确称取 10.0g 盐酸羟胺，置于小烧杯中，用去离子水溶解，再转移至试剂瓶中，向试剂瓶中加入蒸馏水稀释至 100mL，摇匀，并密封好备用(两周内有效)。

3)0.15%邻菲罗啉溶液

准确称取 0.375g 邻菲罗啉，并置于干燥的烧杯中，先用少量乙醇溶解，再将溶液移至 250mL 容量瓶中，加入蒸馏水稀释定容(需避光保存，两周内有效)。

4)1.0mol/L 醋酸钠溶液

准确称取 41.0g 醋酸钠，置于小烧杯中加水溶解，移至试剂瓶中用蒸馏水稀释至 500mL，摇匀。

5)0.1mol/L 氢氧化钠溶液

准确称取 0.4g 氢氧化钠，置于烧杯中，加入 100mL 蒸馏水，摇匀溶解。

2. 绘制吸收曲线

取两个 25mL 比色管，其中 1 个加入前面配制的 0.3mL 铁标准溶液，然后在两个比色管中各加入 0.5mL 盐酸羟胺溶液，摇匀，放置 2min。然后分别向两个比色管中加入 1.0mL 邻菲罗啉溶液和 2.5mL 醋酸钠溶液，用蒸馏水定容至 25mL 刻度，摇匀。以蒸馏水作为参比溶液，在 200~700nm 波长范围内，利用紫外-可见分光光度计分别绘制上述两种溶液的吸收曲线。再用不含铁的试剂溶液作为参比溶液，绘制加了铁标准溶液的比色管中有色络合物溶液的吸收光谱。比较 3 种吸收光谱，选择合适的测定波长 λ_{max}。

3. 稳定性试验

在 25mL 比色管或容量瓶中，用上述方法配制含铁有机络合物溶液和试剂溶液，迅速摇匀，放置约 2min。以不含铁的试剂溶液作参比溶液，在选定的测定波长 λ_{max} 下测定加了铁标准溶液的比色管中有色络合物溶液的吸光度，记下吸光度。间隔 2min、5min、

10min、30min、60min、120min 测定一次并记下相应的吸光度数值及时间。

4. 显色剂用量实验

在 8 个 25mL 比色管或容量瓶中各加入 0. 30mL 铁标准溶液、0. 5mL 盐酸羟胺溶液，然后分别加入邻菲罗啉溶液 0mL、0. 1mL、0. 3mL、0. 5mL、0. 7mL、1. 0mL、1. 5mL 和 2. 0mL。最后再各加入 2. 5mL 醋酸钠溶液，用水稀释至 25mL 刻度，摇匀。以不含显色剂的溶液作参比溶液，在选定的波长 λ_{max} 下测定吸光度，记下各吸光度值。

5. pH 的影响

在 7 个 25mL 比色管或容量瓶中各加入 0. 3mL 铁标准溶液、0. 5mL 盐酸羟胺溶液和 1. 0mL 邻菲罗啉溶液，然后分别加入 0mL、2. 5mL、5. 0mL、7. 5mL、10. 0mL、12. 5mL、15. 0mL 氢氧化钠溶液，用水稀释至刻度，摇匀。用 pH 计测定以上溶液的 pH，记录数值。再以蒸馏水作参比溶液，在选定的波长 λ_{max} 下测定吸光度，记录吸光度值。

6. 建立铁标准溶液的标准曲线

在 6 个 25mL 比色管或容量瓶中依次加入 0. 5mL 盐酸羟胺溶液和 1. 0mL 邻菲罗啉溶液，然后分别加入铁标准溶液 0mL、0. 2mL、0. 4mL、0. 6mL、0. 8mL、1. 0mL，用水稀释至刻度，摇匀。以不含铁的试剂溶液作参比溶液，在选定波长 λ_{max} 下测定各瓶的吸光度，记录各吸光值。以稀释后的铁溶液的铁浓度为横坐标，以吸光度值为纵坐标，绘制标准曲线。

7. 未知试样溶液的测定

在 3 个 25mL 比色管或容量瓶中，分别加入 2. 5mL 未知浓度的含铁溶液，按实验步骤 6 的方法配制溶液，并测定吸光度，记录其数值。从步骤 6 得到的标准曲线中利用获得的吸光度值查得稀释后的溶液中的铁含量，然后计算未知浓度的含铁溶液中的铁含量。

五、注意事项

(1) 盐酸羟胺与铁离子反应时的放置时间不少于 2min。

(2) 当考察同一因素对显色反应的影响时，保持仪器的光谱带通、扫描速度等测定条件不变。

(3) 选择测定波长时，λ_{max} 的选择要合理。

思考题

1. 根据本实验的内容，讨论参比溶液的选择。
2. 本实验中，醋酸钠的作用是什么？若用氢氧化钠代替，有什么区别？
3. 根据实验，说明本实验测定 Fe^{2+} 的浓度范围。
4. 计算本实验所选择的未知浓度的铁溶液的铁含量。

参考文献

张晓凤，柏俊杰，曹坤等．现代仪器分析实验[M]．重庆：重庆大学出版社，2021.

实验5　二茂铁和乙酰二茂铁的制备与鉴定

一、实验目的

(1)学习二茂铁及乙酰二茂铁的性质及用途。
(2)学习二茂钛及乙酰二茂铁的制备方法。
(3)学习使用薄层色谱及柱色谱鉴定和分离纯化二茂铁及乙酰二茂铁的方法。

二、实验背景和原理

1. 二茂铁及乙酰二茂铁的性质及用途

二茂铁，又称二环戊二烯合铁，化学式为 $Fe(C_5H_5)_2$，是一种结构稳定且具有芳香性的有机金属化合物。二茂铁通常为橙色晶型固体，有类似樟脑的气味，熔点 172~174℃，100℃以上升华，沸点 249℃，具有抗磁性，偶极矩为零。二茂铁不溶于水、10%氢氧化钠溶液和热的浓盐酸，溶于稀硝酸、浓硫酸、苯、乙醚、石油醚和四氢呋喃。二茂铁在空气中稳定，具有强烈吸收紫外线的作用，对热相当稳定，可耐 470℃高温加热。二茂铁在沸水、10%沸碱液和浓盐酸沸液中既不溶解也不分解。

二茂铁是最重要的金属茂基配合物，也是最早被发现的夹心配合物，其结构为一个铁原子处在两个平行的环戊二烯的环之间。在固体状态下，两个茂环相互错开成全错构型，温度升高时则绕垂直轴相对转动。二茂铁的结构式为

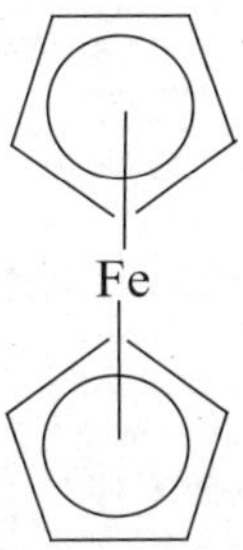

二茂铁的化学性质稳定，类似芳香族化合物。二茂铁的环能进行亲电取代反应，例如汞化、烷基化、酰基化等反应。二茂铁能抗氢化，不与顺丁烯二酸酐发生反应。二茂铁可与正丁基锂反应，生成单锂二茂铁和双锂二茂铁。茂环在二茂铁分子中能相互影响，在一个环上的致钝，使另一环也有不同程度的致钝，其程度比在苯环要轻一些。

二茂铁及其衍生物是汽油中的抗震剂，添加二茂铁可以减少柴油车冒出的煤烟。二茂铁的乙烯基衍生物能发生烯键聚合，得到碳链骨架的含金属高聚物，可作航天飞船的外层涂料。二茂铁容易升华的性质可被用于沉积某种特定的富勒烯或碳纳米管。某些二茂铁的盐类具有抗癌活性。手性二茂铁膦配体应用于一些过渡元素催化的反应，工业上应用此类反应合成药物及农用化学品。

乙酰二茂铁，分子式为 $C_{12}H_{12}FeO$，是一种重要的金属有机化合物。乙酰二茂铁通常为橙色结晶粉末。乙酰二茂铁是火箭固体燃烧过程的加速剂，柴油的消烟节能添加剂，汽油抗爆助燃剂。乙酰二茂铁还是各类重质燃料、煤、原油、聚合物等的消烟促进剂。目前市场上约 90%的乙酰基二茂铁是作为燃烧添加剂，因此其具有很广阔的应用市场。

2. 二茂铁及乙酰二茂铁的合成方法

二茂铁通常由环戊二烯与氯化亚铁在溶剂保护下反应制备。本实验采用氢氧化钾、环戊二烯和氯化亚铁为原料合成，其反应式为

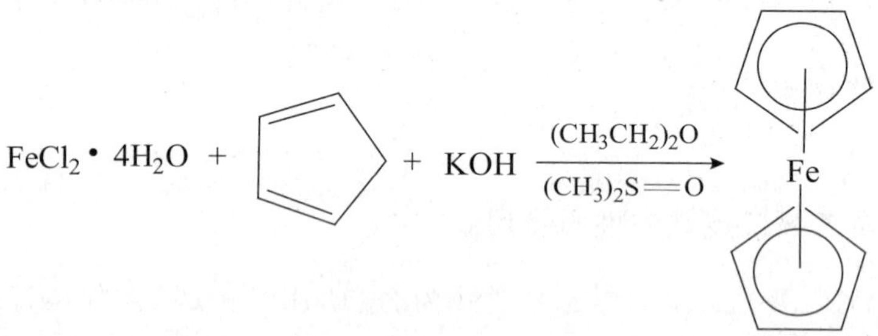

由于二茂铁具有类似于苯的芳香性，其茂基环上能发生多种取代反应，特别是亲电取代反应，例如 Fridel-Crafts 反应，比苯更容易。二茂铁与乙酸酐反应可制得乙酰二茂铁，但根据反应条件的不同形成的产物可以是单乙酰基取代物或双乙酰基取代物。由于二茂铁分子中存在亚铁离子，对氧化的敏感限制了它在合成中的应用，比如不能用混酸对其硝化。二茂铁的反应通常需要在隔绝空气的条件下进行。一般认为，以乙酸酐为酰化剂，三氟化硼、氢氟酸、磷酸为催化剂时，主要生成一元取代物；如果用无水三氯化铝为催化剂，酰氯或酸酐为酰化剂，当酰化剂与二茂铁的摩尔比为 2∶1 时，反应产物以 1，1′-二元取代物为主。

与苯的衍生物涉及的反应相似，由于乙酰基的致钝作用使两个乙酰基并不在一个环上。虽然二茂铁的交叉构象是占优势的，但发现二乙酰二茂铁只有一种，说明环戊二烯能够绕着与金属键的轴旋转。

本实验采用乙酸酐作乙酰化试剂，磷酸作催化剂，制备乙酰二茂铁，反应式为

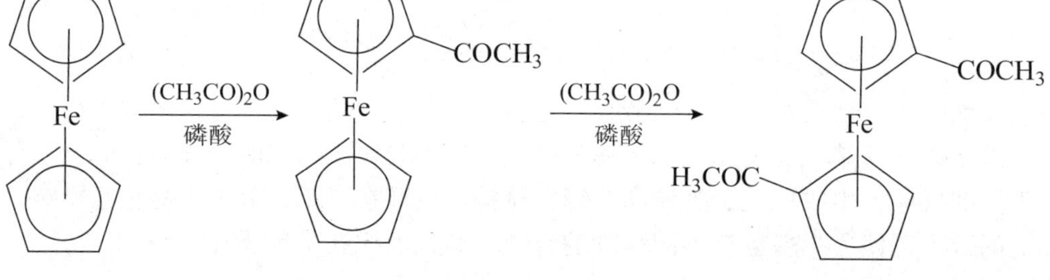

二茂铁及其衍生物的分离可以用重结晶法，但最好是用层析法。

三、仪器与试剂

仪器：烧杯、玻璃棒、圆底烧瓶、刺形分馏柱、布氏漏斗、抽滤瓶、磁力加热搅拌器，温度计、水循环真空泵、1.5×30cm 色谱柱等。

试样：环戊二烯(A.R)、氯化亚铁晶体(A.R)、氢氧化钾(A.R)、乙醚(A.R)、二甲亚砜(A.R)、乙酸酐(A.R)、2mol/L 的盐酸、85%的磷酸、碳酸氢钠(A.R)、石油醚(30~60℃)、乙醇(A.R)、Ⅲ级活性氧化铝、二氯甲烷(A.R)、甲醇(A.R)等。

四、实验参数

实验参数如表 5-1 所示。

表 5-1　**实验参数**

试剂名称	分子量	密度/g/cm³	熔点/℃	沸点/℃	溶解性
环戊二烯	66.1	0.877	−97.2	41.5	不溶于水
氯化亚铁晶体	198.7	1.93			易溶于水
乙酸酐	102.1	1.087	−73	140	易溶于水
二茂铁	186.0	1.490	172~174	249	不溶于水

五、实验装置

实验装置如图 5-1~图 5-4 所示。

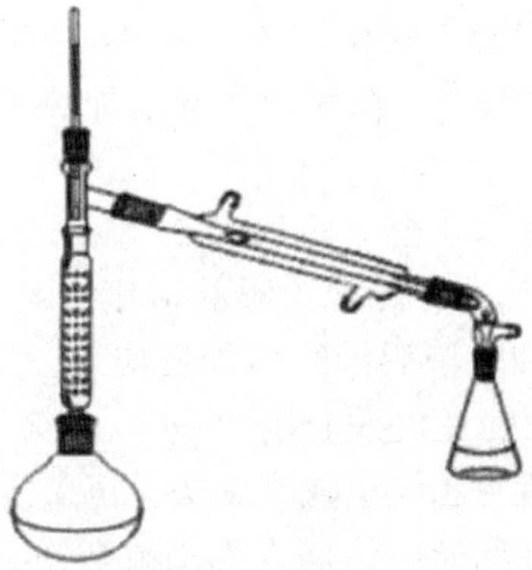

图 5-1　反应装置

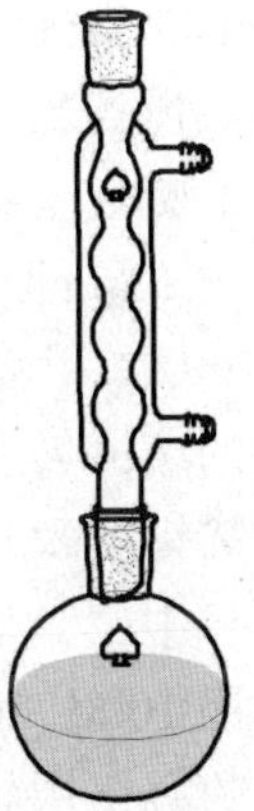

图 5-2　回流装置(一)

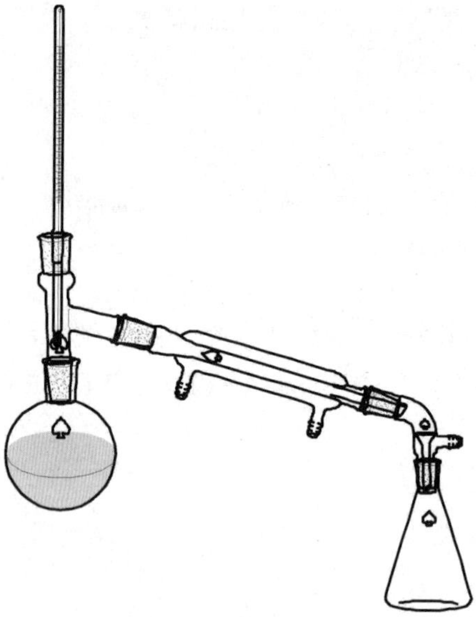

图 5-3　蒸馏装置

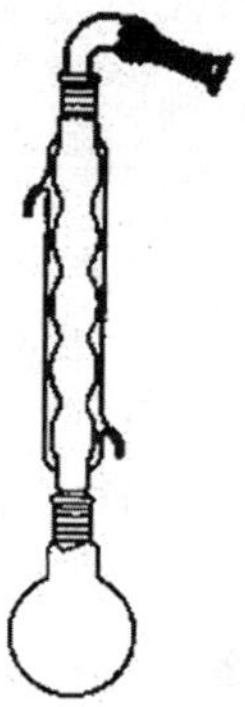

图 5-4　回流装置(二)

六、实验步骤

1. 二茂铁的制备

1)环戊二烯二聚体的解聚

向圆底烧瓶中加入 6mL 环戊二烯和 2~3 粒沸石，按照图 5-1 依次装上分馏柱、温度计、直形冷凝管及接收瓶。待装置安装好后，逐渐升温至 160℃左右，收集馏出液。当真空接液管内不再有馏出液流出时，逐渐升温至 180℃，继续收集馏出液约 5mL。蒸馏出的环戊二烯应当天使用完，否则会再次聚合。

2)二茂铁的合成

在 100mL 干燥的圆底烧瓶中加入 17g 氢氧化钾、40mL 无水乙醚及一颗搅拌子，将圆底烧瓶安装在磁力加热搅拌器中。然后在搅拌下缓慢加入 4mL 新蒸的环戊二烯。环戊二烯加完后，按照图 5-2 装上冷凝管，开通冷凝水，在搅拌下水浴加热回流反应 20min。此时反应瓶内将生成环戊二烯钾。

在烧杯中加入 17mL 二甲亚砜和 2mL 无水乙醚，再加入 5g 氯化亚铁晶体，加热搅拌使其溶解。将溶解后的溶液转移至事先盛有 2mL 无水乙醚的恒压滴液漏斗中，在搅拌下缓慢滴加到含环戊二烯钾的反应瓶中，滴加完毕后继续搅拌反应 1h。冷却后，将反应瓶内液体转移到分液漏斗中，分出乙醚层。反应瓶内残渣用 20mL 无水乙醚分 2 次萃取，然后合并乙醚层。每次用 10mL 2mol/L 的盐酸将乙醚层洗涤 2 次，再每次用 10mL 水洗涤乙醚层 2 次。将洗涤后的有机层转入干燥的锥形瓶中，加入无水硫酸镁干燥。待干燥完后，将有机物转入干燥的圆底烧瓶中，按照图 5-3 装上蒸馏装置，水浴加热除去乙醚，得到橙红色二茂铁粗品。再将残留的橙红色二茂铁粗品转入蒸发皿中，利用升华的方法得到金黄色片状结晶即二茂铁。产品用毛细管法测其熔点，并用压片法测定二茂铁的红外光谱。

2. 乙酰二茂铁

1)乙酰二茂铁的制备

在50mL圆底烧瓶中加入1g二茂铁和10mL乙酸酐，在振荡下用滴管慢慢加入2mL85%的磷酸，然后按照图5-4装上装置。待装置安装好后，沸水浴加热15min，其间不时振荡。然后将反应混合物倾入盛有40g碎冰的400mL烧杯中，并用10mL冷水涮洗烧瓶，涮洗液并入烧杯。在搅拌下向烧杯分批加入20~25g固体碳酸氢钠至溶液呈中性。然后在冰浴中冷却15min，抽滤，并每次用40mL冰水洗滤饼两次，压干，在空气中干燥，用石油醚(30~60℃)重结晶，即得产物乙酰二茂铁。

2)乙酰二茂铁的薄层色谱分析

取少许干燥后的粗产物溶于二氯甲烷，在硅胶板上点样，用体积比30∶1的石油醚-乙醇溶液做展开剂，薄层色谱板上从上到下出现黄色、橙色和红色三个点分别代表二茂铁、乙酰二茂铁和1，1′-二乙酰基二茂铁，计算R_f值。也可采用柱色谱法分离纯化乙酰二茂铁。

3)乙酰二茂铁的柱色谱纯化

干法装柱：将乙酰二茂铁粗产品溶于1.0mL二氯甲烷，并加入6.0g Ⅲ级活性氧化铝，振荡均匀得浆状物。在通风橱中除去溶剂至恒重，得到松散的颗粒状物，精确称取1/4用于柱色谱分离。将1.5×30cm色谱柱洗净、干燥，色谱柱底铺一层玻璃棉或脱脂棉，再铺一层5~8mm厚的沙填平。称取5g Ⅲ级活性的中性氧化铝(60~80目)，通过漏斗将氧化铝装入柱管内，轻敲色谱柱柱管，使之填充均匀。将精确称得的含有1/4产品重的氧化铝装入色谱柱内，顶部盖一层约5mm厚的沙子，使氧化铝顶端和沙子上层保持水平。

洗脱：用石油醚作洗脱剂从柱顶加入，缓慢滴入石油醚逐渐展开得到黄色、橙色分离的色谱带。黄色的二茂铁带首先从柱下流出，用锥形瓶收集洗脱溶液。当黄色谱带完全洗脱下来时，改用体积比为1∶1的二氯甲烷和石油醚混合液洗脱，橙色带往下移动，逐渐改变溶剂的比例到体积比9∶1的二氯甲烷和石油醚混合溶剂时，则将橙色色谱带完全洗脱下来，用另一个锥形瓶收集洗脱液。最后改用体积比为9∶1的二氯甲烷和甲醇混合液洗脱，此时可看到很淡的、很少量的棕红色色带向下移动，将该洗脱液另行收集。

收集产品：将各组分洗脱液分别在水浴上蒸馏，回收溶剂。浓缩后的溶液放置冷却，析出结晶，将产品真空干燥至恒重。可回收到未反应的二茂铁200~220mg，得到乙酰二茂铁400~500mg，1，1′-二乙酰二茂铁少于20mg。

七、注意事项

(1)环戊二烯容易发生二聚，所以制备的环戊二烯应当天使用完毕。

(2)乙醚的沸点比较低，很容易挥发，因此量取的乙醚应立即使用。

(3)用乙醚分液萃取时，分液漏斗一定要记得“放气”，且操作要规范。

(4)制备乙酰二茂铁的二茂铁需经升华或用石油醚(30~60℃)重结晶纯化后使用，滴加磷酸时一定要在振摇下用滴管慢慢加入。

(5)制备乙酰二茂铁时，圆底烧瓶要干燥，反应时应使用装有干燥剂的干燥管，避免空气中的水进入圆底烧瓶内。

(6)制备乙酰二茂铁时，用碳酸氢钠中和粗产物时，会逸出大量二氧化碳，出现激烈鼓泡，应小心操作，防止因加入过快使产物溢出。最好用 pH 试纸检验溶液的酸碱性，但如果反应混合物色泽较深，用 pH 试纸有困难时，可以加碳酸氢钠至气泡消失作为中和完成的判断标准。

(7)用柱层析分离有机化合物，吸附剂的活性与其含水量有关，含水量越低，活性越高。氧化铝放入高温炉中(300~400℃)烘 3h 得无水物，即Ⅰ级氧化铝。Ⅲ级氧化铝可用Ⅰ级活性氧化铝加入其质量的 6%的水而得到。如果所用氧化铝活性过强会使产品不易洗脱，浪费较多的溶剂。在装柱、洗脱过程中，始终保持有溶剂覆盖吸附剂。一个色带与另一色带的洗脱液的接收不要交叉。

思考题

1. 环戊二烯与氢氧化钾反应生成环戊二烯钾的原理是什么？
2. 分出的乙醚层用 2mol/L 盐酸洗涤的目的是什么？
3. 利用升华法提纯的物质应该具备哪些特性？
4. 二茂铁酰化时形成二酰基二茂铁，第二个酰基为什么不能进入第一个酰基所在的环上？
5. 二茂铁比苯更容易发生亲电取代，为什么不能用混酸进行硝化？
6. 乙酰二茂铁的纯化为什么要用柱色谱法？可以用重结晶法吗？它们各有什么优缺点？
7. 柱层析分离二茂铁衍生物时，如何选择展开的溶剂？

参考文献

[1]王春华．药学化学实验 2[M]．2 版．北京：科学出版社，2020.
[2]琚海燕，薛志勇，哈伍族．有机化学实验[M]．武汉：华中科技大学出版社，2020.
[3]余天桃．有机化学实验[M]．济南：山东人民出版社，2013.
[4]刘军，周忠强．有机化学实验[M]．武汉：武汉理工大学出版社，2009.

实验6 明矾的制备、分析及单晶的培养

一、实验目的

(1)学习制备明矾的原理和方法。
(2)学习明矾中 SO_4^{2-}、Al^{3+}、K^+的定性检验方法。
(3)学习明矾中铝含量的测定方法。
(4)学习明矾单晶的制备方法。

二、实验背景和原理

1. 明矾的性质和用途

明矾又名十二水硫酸铝钾，化学式为 $KAl(SO_4)_2 \cdot 12H_2O$，属于无机化合物，是一种含有结晶水的硫酸钾和硫酸铝的复盐。明矾呈无色透明块状结晶或结晶性粉末，无臭，味微甜而酸涩。明矾易溶于水，缓慢溶于甘油，不溶于乙醇、丙酮等有机物。

在工业领域，明矾可用作灭火剂和缓冲剂，还可用于制备铝盐、发酵粉、油漆、鞣料、澄清剂、媒染剂、造纸、防水剂等；在医学领域，明矾药性寒凉、味酸涩，具有较强的收敛、抗菌等作用，还具有解毒杀虫、燥湿止痒、止血止泻、清热消痰等功效，一些中医还用明矾来治疗高脂血症、十二指肠溃疡、肺结核咯血等疾病；在食品领域，明矾可用作膨化剂，但明矾中的铝离子与老年痴呆和儿童智力损伤高度相关，含铝食品添加剂已被国家禁止使用。

2. 明矾的制备原理

铝屑溶于浓氢氧化钠溶液，可生成可溶性的四羟基合铝酸钠 $Na[Al(OH)_4]$，再用稀硫酸调节溶液的 pH，将其转化为氢氧化铝，氢氧化铝再溶于硫酸生成硫酸铝。硫酸铝能同碱金属硫酸盐如硫酸钾在水溶液中结合成一类在水中溶解度较小的同晶的复盐，此复盐称为明矾 $KAl(SO_4)_2 \cdot 12H_2O$。当冷却溶液时，明矾则结晶出来。反应式为

$$2Al+2NaOH+6H_2O = 2Na[Al(OH)_4]+3H_2\uparrow$$

$$2Na[Al(OH)_4]+H_2SO_4 = 2Al(OH)_3\downarrow+Na_2SO_4+2H_2O$$

$$2Al(OH)_3+3H_2SO_4 = Al_2(SO_4)_3+6H_2O$$

$$Al_2(SO_4)_3+K_2SO_4+24H_2O = 2KAl(SO_4)_2 \cdot 12H_2O$$

3. 明矾中铝含量的测定

由于 Al^{3+} 易水解，容易形成多核羟基配合物，在较低酸度时，加入 EDTA 还会形成含有羟基的 EDTA 配合物，同时 Al^{3+} 与 EDTA 配合的速率较慢，而且对二甲酚橙指示剂有封闭作用。因此，用 EDTA 配位滴定法测定 Al^{3+} 时，不能用直接滴定法，而通常采用返滴定法或置换滴定法，本实验采用置换滴定法。

明矾试样经溶解后，调节酸度到 pH 为 3~4，加入过量的 EDTA 溶液煮沸，使 Al^{3+} 与 EDTA 完全配合。冷却后调节溶液的 pH 为 5~6，以二甲酚橙为指示剂，用 Zn^{2+} 标准溶液滴定过量的 EDTA（不计 Zn^{2+} 标准溶液的消耗体积）。然后，加入过量的 NH_4F，加热至沸，使 Al-EDTA 配合物（以 AlY^- 表示）与 F^- 之间发生置换反应，释放出与 Al^{3+} 等摩尔的 EDTA，反应式如下：

$$AlY^- + 6F^- + 2H^+ = AlF_6^{3-} + H_2Y^{2-}$$

释放出来的 EDTA 用 Zn 标准溶液滴定，即可计算明矾中 Al 的含量。

4. 单晶的培养

单晶的培养方法有多种，本实验采用蒸发溶液法培养单晶。如图 6-1 所示，*BB′* 为溶解度曲线，此曲线的下方为不饱和区域，不会有晶体析出。在 *CC′* 曲线的上方为过饱和区，可能有晶体析出。在 *CC′* 和 *BB′* 之间的区域为准稳定区域。要使晶体能较大地成长起来，就应当使溶液处于准稳定区域，让它慢慢地成长，长出完美的晶体。

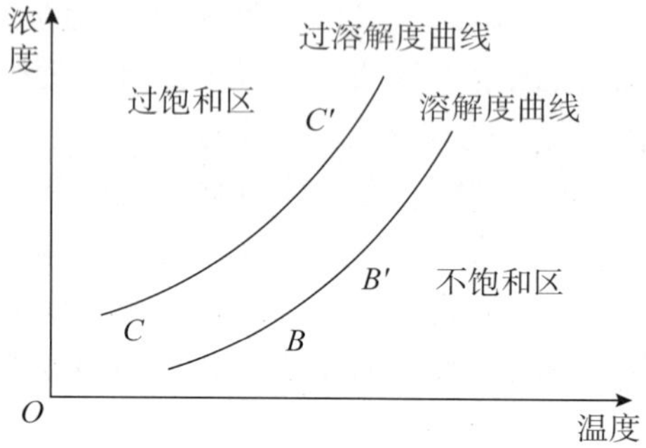

图 6-1　溶解度曲线

三、仪器与试剂

仪器：滴定管、容量瓶、量筒、移液管、台秤、分析天平、烧杯、布氏漏斗、抽滤瓶、真空泵等。

试样：氢氧化钠、硫酸钾、铝条、浓盐酸、0.02mol · L^{-1} EDTA 溶液、0.01mol · L^{-1} 锌标准溶液、3mol · L^{-1} 的 H_2SO_4 溶液、1 : 1 的 H_2SO_4 溶液、1 : 1 的水–乙醇混合溶液、

6mol · L^{-1}的乙酸溶液、$Na_3[Co(NO_3)_6]$溶液、6mol · L^{-1} $NH_3 \cdot H_2O$ 溶液、1 : 1 的 $NH_3 \cdot H_2O$ 溶液、0. 1mol · L^{-1} $BaCl_2$ 溶液、2mol · L^{-1}的盐酸溶液、二甲酚橙指示剂(0. 2%水溶液)、1 : 3 的 HCl 溶液、20%六次甲基四胺溶液、20%NH_4F 溶液等。

四、实验步骤

1. 明矾十二水硫酸铝钾的制备

1) $Na[Al(OH)_4]$的制备

在台秤上用表面皿快速称取 2g 固体 NaOH，迅速将其转移至 250mL 的烧杯中，加 40mL 水温热溶解。称量 1g 铝条，切碎，分次放入烧杯中的溶液中。将烧杯置于热水浴中加热。此时反应激烈，要防止溅出。反应完毕后，趁热用普通漏斗过滤。

2) 氢氧化铝的制备

在上述滤液中加入 8mL 左右 3mol · L^{-1}的 H_2SO_4 溶液并充分搅拌，以调节溶液的 pH 为 8~9，此时溶液中生成大量的白色氢氧化铝沉淀，抽滤，并用热水洗涤滤饼到滤液 pH 为 7~8。

3) 明矾的制备

将抽滤后所得的 $Al(OH)_3$ 沉淀转入蒸发皿中，加 10mL 1 : 1 H_2SO_4 溶液，再加 15mL 水，小火加热使其溶解。待溶解后加入 4g 硫酸钾，继续加热至溶解。将所得溶液在空气中自然冷却，待结晶完全后，减压过滤，用 10mL 1 : 1 的水-乙醇混合溶液洗涤晶体两次，将晶体用滤纸吸干，称重，计算产率。

2. 产品 SO_4^{2-}、Al^{3+}、K^+的定性检验

取少量产品置于烧杯中，加水溶解，加入 6mol · L^{-1}的乙酸溶液使溶液呈微酸性 (pH=6~7)。将烧杯中液体分成三份，分别装入三支试管中，一份加入几滴 $Na_3[Co(NO_3)_6]$溶液，若试管中有黄色沉淀，则表示有 K^+存在；另一份加入几滴铝试剂，摇荡后，放置片刻，再加 6mol · L^{-1} $NH_3 \cdot H_2O$ 溶液使溶液呈碱性，置于水浴上加热，若出现红色沉淀，则表示有 Al^{3+}存在；最后一份加入 0. 5mL 0. 1mol · L^{-1} $BaCl_2$ 溶液，若试管中有白色沉淀生成，离心分离，弃去溶液，向沉淀中加入浓盐酸，沉淀不溶解，则表示有 SO_4^{2-} 的存在。

3. 明矾产品中铝含量的测定

准确称取 0. 45~0. 50g 明矾试样于 250mL 烧杯中，加入 3mL 2mol · L^{-1}的盐酸溶液，搅拌溶解，将溶液转移至 100mL 容量瓶中，加水稀释至刻度，摇匀。

移取上述稀释液 25. 00mL 三份，分别转移到锥形瓶中，各加入 20mL 0. 02mol · L^{-1} EDTA 溶液及 2 滴二甲酚橙指示剂，小心滴加(1 : 1)$NH_3 \cdot H_2O$ 溶液调至溶液恰好呈紫红色，然后滴加 3 滴 1 : 3 的 HCl 溶液。将溶液煮沸 3min，冷却，加入 20mL 20%六次甲基

四胺溶液，此时溶液应呈黄色或橙黄色，否则可补加盐酸调节。再补加 2 滴二甲酚橙指示剂，用锌标准溶液滴定至溶液由黄色恰好变为紫红色(此时不计滴定体积)。加入 10mL 20%NH_4F 溶液，摇匀，将溶液加热至微沸，冷却，补加 2 滴二甲酚橙指示剂，此时溶液应呈黄色或橙黄色。否则应滴加 1∶3 的 HCl 溶液调节。再用锌标准溶液滴定至溶液由黄色恰变为紫红色，即为终点。根据锌标准溶液所消耗的体积，计算明矾中 Al 的百分含量。

4. 明矾晶体的培养

明矾为正八面体晶形，为获得棱角完整、透明的单晶，应让籽晶(晶种)有足够的时间长大，而籽晶能够成长的前提是溶液的浓度处于适当饱和的准稳定区。本实验通过将溶液在室温下静置，靠溶剂的自然挥发来创造溶液的准稳定状态，人工投放晶种让之逐渐长成单晶。

1)籽晶的生长和选择

根据明矾的溶解度，称取 10g 明矾，加入适量的水，并加热使明矾溶解，然后放在不易振动的地方，在烧杯口上盖一块滤纸以免灰尘落下，放置，杯底会有小晶体析出，从中挑选出晶型完整的籽晶备用，同时过滤溶液，留待后用。

2)晶体的生长

以缝纫用的涤纶细线把籽晶系好，剪去余头，缠在玻璃棒上悬吊在过滤出的饱和溶液中，观察晶体的缓慢生长。数天后，可得到棱角完整齐全、晶莹透明的大块晶体。在晶体生长过程中，应经常观察，若发现籽晶上又长出小晶体，应及时去掉。若杯底有晶体析出也应及时滤去，以免影响晶体生长。

五、注意事项

(1)加入铝条时反应较为激烈，因此应将铝条切得足够碎，加入速度要足够慢，以免液体溅出。

(2)铝跟硫酸反应时铝的表面会形成三氧化二铝，三氧化二铝的性质稳定，形成保护膜，会使与硫酸的反应停止，因此常采用碱法溶解铝。

(3)由于氢氧化钠容易吸收空气中的水，所以不能使用称量纸称取氢氧化钠，且称量速度要快。

(4)由于温度升高使铝离子解离常数增大，因此用热水洗可以除去钾离子及硫酸根离子，而且能够促进明矾的水解，且热水洗涤氢氧化铝沉淀时必须彻底，以免产品不纯。

(5)EDTA 配位滴定法测定 Al^{3+} 时，不能用直接滴定法，而通常采用返滴定或置换滴定法，本实验采用的是置换法滴定。

(6)当含有六次甲基四胺介质的溶液加热时，由于其部分水解而使溶液 pH 升高，使二甲酚橙呈红色，这时需补加 HCl 溶液至呈黄色后，再进行滴定，反应式如下：

$$(CH_2)_6N_4+6H_2O = 6HCHO+4NH_3$$

(7)制备明矾大晶体时一般饱和溶液温度比室温高 10～20℃为好，温度太高时明矾浓度过高，过饱和太多会使析晶加快，不利于大晶体的生长。

思考题

1. 本实验可否采用 H_2SO_4 直接溶解 Al 片以制取 $Al_2(SO_4)_3$？碱溶法有何优点？铝中的杂质在哪一步除去的呢？

2. 制备氢氧化铝时，为什么要加入硫酸调节 pH？

3. 用热水洗涤氢氧化铝沉淀是要除去什么离子？

4. 复盐和简单盐及配合物的性质有什么不同？

5. 铝的测定一般采用返滴定法或置换滴定法，为什么？

6. 明矾试样为什么要用水溶解？用 HCl 或 NaOH 溶解可以吗？为什么？

7. 置换滴定 Al 时，当用 Zn^{2+} 标准溶液滴定过量的 EDTA 时不计体积，为什么？这次滴定的终点是否应严格控制？

8. 明矾中铝的测定也可采用返滴定法，若用此法，分析步骤如何？

9. 制取大晶体时为何采用自然缓缓冷却的方法而不采用骤冷？

10. 如何把籽晶植入饱和溶液？

11. 最后制备明矾大晶体时，如室温 20℃，是制备 70～80℃ 饱和溶液为好还是 30～40℃ 的为好？哪种温度条件对获取大晶体有利，为什么？

参考文献

[1]李巧云，徐肖邢，汪学英．基础化学实验[M]．南京：南京大学出版社，2007.

[2]王少亭．大学基础化学实验[M]．北京：化学工业出版社，2004.

[3]张荣．无机化学实验[M]．北京：化学工业出版社，2008.

实验 7　纳米 α-Fe_2O_3 材料的液相合成及表征

一、实验目的

(1)学习制备纳米 α-Fe_2O_3 材料的原理和方法。

(2)学习用红外光谱、XRD、SEM 表征纳米 α-Fe_2O_3 材料的结构的方法。

二、实验背景和原理

自然环境中铁的氧化物广泛分布于土壤、水、矿物、生物组织等介质中。由于铁是变价金属元素，因而铁的氧化物种类繁多，其化学稳定性差异显著，其中以 α-Fe 的热力学性质最为稳定。当氧化铁颗粒尺寸缩减至纳米级(1～100nm)时，其表面原子数、比表面积和表面能等均随着粒径的减小而急剧增加，从而表现出小尺寸效应、量子尺寸效应、表面效应和宏观量子隧道效应等特点，导致纳米氧化铁具有独特的光学、磁学、热学、催化等性质，使其成为一种重要的多功能材料。基于上述特性，纳米氧化铁在声学、电子学、光学、热学，尤其是医学和生物工程等领域展现出重要的应用价值与发展潜力。

纳米氧化铁的制备方法可分为湿法和干法两种。湿法主要包括：水热法、强迫水解法、溶胶-凝胶法、胶体化学法、微乳液法和化学沉淀法等；干法主要包括：火焰热分解、气相沉积、低温等离子化学气相沉积法(PCVD)、固相法和激光热分解法等。本实验是在溶胶-凝胶法的基础上建立的一种方法，先以三氯化铁溶液和氢氧化钠溶液为原料制备氢氧化铁凝胶这种前驱物，再加入少量催化剂二价铁离子制备纳米氧化铁。

$$Fe^{3+}+3OH^- \longrightarrow Fe(OH)_3$$

$$2Fe(OH)_3 \xrightarrow{\triangle} Fe_2O_3+H_2O$$

利用红外光谱(IR)、X 射线衍射(XRD)和扫描电子显微镜(SEM)或透射电子显微镜(TEM)对产物进行表征(表征手段可依实验条件删减)。

三、仪器与试剂

仪器：烧杯、锥形瓶、布氏漏斗、抽滤瓶、磁力搅拌器、pH 计、红外光谱仪、X 射线衍射仪、扫描电镜等。

试样：2mol/L 三氯化铁溶液、6mol/L 氢氧化钠溶液、硫酸亚铁等。

四、实验装置

实验装置如图 7-1 和图 7-2 所示。

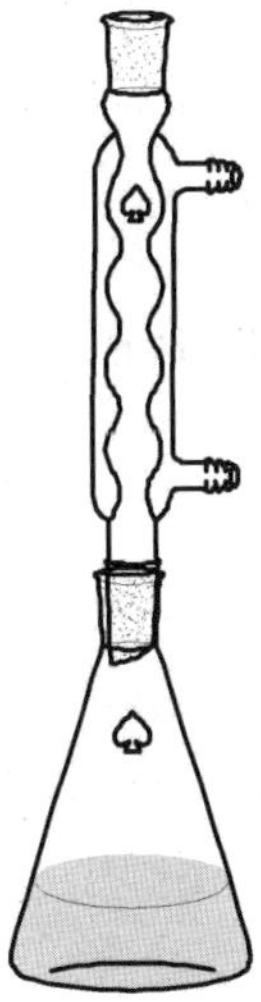

图 7-1　回流装置

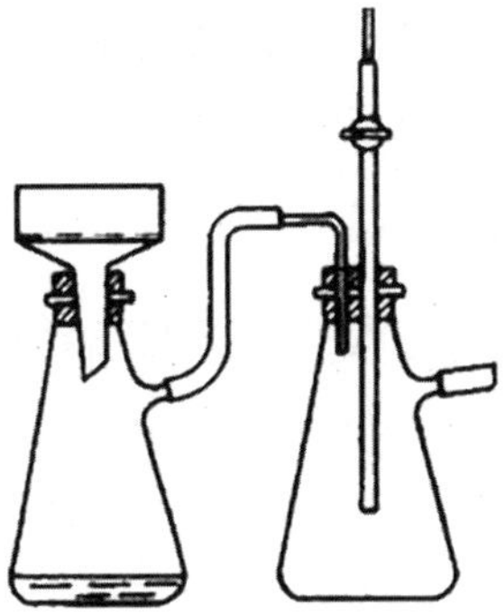

图 7-2　抽滤装置

五、实验步骤

1. 溶液的配制

1) 2mol/L 的三氯化铁溶液的配制

使用天平称量 27g 六水合三氯化铁固体到 100mL 烧杯中，向烧杯中加入 30mL 浓盐酸，再加入 30mL 蒸馏水，搅拌使之溶解，然后将液体转入 100mL 容量瓶中，加入蒸馏水定容。必要时可用重铬酸钾法或硫代硫酸钠法标定一下三氯化铁的准确浓度。

2) 6mol/L 的氢氧化钠溶液的配制

称取 24g 氢氧化钠固体到 100mL 烧杯中，加入 60mL 蒸馏水，边加边搅拌，使氢氧化钠固体完全溶解。待溶解且冷却后，将溶液转入 100mL 容量瓶中，加入蒸馏水定容。

2. 纳米 α-Fe_2O_3 的制备

用移液管准确移取 10mL 配制的三氯化铁溶液到锥形瓶中，并向锥形瓶中加入适量去离子水，在磁力搅拌及 60℃ 水浴温度下慢慢加入氢氧化钠溶液调节 pH 至 4~10，充分搅拌约 10min，再加稀 NaOH 溶液调节 pH 至 4.5 左右。

然后在搅拌下加入少量Fe^{2+}溶液使溶液$n(Fe^{2+})/n(Fe^{3+})=0.02$，再用氢氧化钠溶液调节pH至开始的4.5左右。按照图7-1装上装置，然后在磁力搅拌下加热沸腾回流30min。反应完全后，抽滤，用去离子水洗涤滤饼数次，再用少量无水乙醇洗涤，将滤饼置于远红外箱中在70~80℃条件下烘干或室温下自然风干。

3. 红外光谱分析

取少量制备的产品与KBr混合研磨后压片，用红外光谱仪测定样品的IR光谱，扫描范围为400~4000cm^{-1}。将所得谱图与标准谱图对照，对产物做物相及纯度鉴定。

4. XRD分析

取适量制备的产品，在X射线衍射仪上测定产物的XRD谱图。将所得谱图与标准谱图对照，对产物做物相鉴定。

5. SEM表征

取适量制备的产品，观测产物的粒径和形貌。

六、注意事项

(1)配制三氯化铁溶液时需加入盐酸，保证pH不大于2，以避免三氯化铁水解产生氢氧化铁沉淀。

(2)制备前驱物氢氧化铁胶体时pH要合适，必须在4~10，且温度在60℃左右，搅拌也要充分。

(3)制备氧化铁纳米材料前需将pH调节到4.5左右。加入Fe^{2+}的量不能太多也不能太少，一般占Fe^{3+}摩尔数的2%左右。Fe^{2+}加入后，要将pH调节回初始值再沸腾回流。

(4)烘干氧化铁纳米材料时温度不能太高。

思考题

1. 为什么制备前驱物氢氧化铁胶体时，要把pH调节到4~10?
2. 为什么烘干氧化铁纳米材料的温度不能太高?
3. 在制备纳米二氧化铁的红外光谱图时，500cm^{-1}、600cm^{-1}左右出现的吸收峰为什么物质的吸收峰?

参考文献

[1]刘辉，李平，胡进勇，等．纳米α-Fe_2O_3粒子的液相催化合成及表面状态控制[J]．人工晶体学报，2006，35(6)：1283-1286.

[2]张兆志，张衡，刘辉，等．液相合成氧化铁红纳米微粒的表征与过程分析[J]．材料导报，2012，26(20)：82-85.

[3]刘辉，魏雨．一个简单易行的综合化学实验——纳米α-Fe_2O_3微粒的液相合成及表征[J]．大学化学，2008，23(4)：63-66.

实验 8　三草酸合铁酸钾的制备及组成测定

一、实验目的

(1)学习三草酸合铁酸钾的性质和制备方法。

(2)学习测定三草酸合铁酸钾组成的原理和方法，掌握高锰酸钾法测定草酸根离子和亚铁离子的原理和方法。

(3)了解热重分析方法分析产品的原理和方法。

二、实验背景和原理

三草酸合铁酸钾，化学式为 $K_3[Fe(C_2O_4)_3]$，通常以三水化合物的形式存在，即 $K_3[Fe(C_2O_4)_3]\cdot 3H_2O$，相对分子质量为 491.26。三草酸合铁酸钾为翠绿色单斜晶体，溶于水(0℃时为 4.7g/100g 水，100℃时为 117.7g/100g 水)，难溶于乙醇。三草酸合铁酸钾是制备负载型活性铁催化剂的主要原料，也是一些有机反应的催化剂，具有工业生产价值。110℃下三草酸合铁酸钾晶体失去三分子结晶水而成为 $K_3[Fe(C_2O_4)_3]$，230℃时发生热分解。此外，三草酸合铁酸钾对光敏感，光照下即发生分解。

光解方程式：$2K_3[Fe(C_2O_4)_3]\cdot 3H_2O \longrightarrow 3K_2C_2O_4+2FeC_2O_4+2CO_2\uparrow +6H_2O$

合成三草酸合铁酸钾的工艺路线有多种，例如可以铁为原料制得硫酸亚铁铵，加草酸钾制得草酸亚铁后经氧化制得三草酸合铁酸钾；或以硫酸铁与草酸钾为原料直接合成三草酸合铁酸钾，亦可以氯化铁与草酸钾直接合成三草酸合铁酸钾。本实验采用硫酸亚铁铵加草酸钾形成草酸亚铁($FeC_2O_4\cdot 2H_2O$，黄色沉淀)后经氧化结晶得三草酸合铁酸钾。主要化学反应为

$$(NH_4)_2Fe(SO_4)_2\cdot 6H_2O+H_2C_2O_4 \longrightarrow FeC_2O_4\cdot 2H_2O\downarrow +(NH_4)_2SO_4+H_2SO_4+4H_2O$$

$$6FeC_2O_4+3H_2O_2+6K_2C_2O_4 \longrightarrow 4K_3[Fe(C_2O_4)_3]+2Fe(OH)_3\downarrow$$

$$2Fe(OH)_3+3H_2C_2O_4+3K_2C_2O_4 \longrightarrow 2K_3[Fe(C_2O_4)_3]+6H_2O$$

三草酸合铁酸钾溶液和铁氰化钾 $K_3[Fe(CN)_6]$(赤血盐)相混合，生成黄绿色溶液。在光照下发生下述反应：

$$3FeC_2O_4+2K_3[Fe(CN)_6]\longrightarrow Fe_3[Fe(CN)_6]_2+3K_2C_2O_4$$

晒图纸就是在纸上涂上赤血盐和三草酸合铁酸钾的溶液(需在暗处晾干)后，当受到光照后，图纸上受光的部分三草酸合铁(Ⅲ)酸钾中的 Fe(Ⅲ)变为 Fe(Ⅱ)盐(FeC_2O_4)，遇水后产生滕氏蓝沉淀。未受光的部分，晒图纸上的盐类可溶于水，纸仍呈白色，这样即

可得到清晰的蓝底白色的图样。

配离子的组成可通过化学分析法确定。其中 $C_2O_4^{2-}$ 的含量可在酸性介质中，由标准 $KMnO_4$ 溶液滴定测得。Fe^{3+}离子的含量可用过量锌粉将其还原为 Fe^{2+}离子，然后再用标准 $KMnO_4$ 溶液滴定而测得。有关反应为

$$5C_2O_4^{2-}+2MnO_4^-+16H^+ \longrightarrow 10CO_2\uparrow +2Mn^{2+}+8H_2O$$

$$2Fe^{3+}+Zn \longrightarrow 2Fe^{2+}+Zn^{2+}$$

$$5Fe^{2+}+MnO_4^-+8H^+ \longrightarrow 5Fe^{3+}+Mn^{2+}+4H_2O$$

研究物质在加热过程中重量变化的方法称为热重分析法。热重分析法通常是将试样以恒定的升温速度加热，同时连续测定试样的重量变化，然后以纵坐标表示重量变化，横坐标表示温度，便可得到重量变化对温度的关系曲线，称为热重曲线(Thermogravimertric Cuve)，简称 TG 曲线。草酸根为配体的配合物加热易分解，产生 CO 和 CO_2，用热重分析可以研究它们的分解过程，亦可定量测定结晶水和 $C_2O_4^{2-}$ 的含量。

三、仪器与试剂

仪器：烧杯、锥形瓶、布氏漏斗、抽滤瓶、酸式滴定管、热重分析仪等。

试样：硫酸亚铁铵、3mol·L^{-1}硫酸、3%的 H_2O_2 溶液、草酸、95%的乙醇、草酸钾、高锰酸钾、草酸钠、锌粉、铁氰化钾等。

四、实验步骤

1. 草酸亚铁的制备

称取 5g 硫酸亚铁铵固体放在 250mL 烧杯中，然后加入 15mL 蒸馏水和 5~6 滴 3mol·L^{-1} H_2SO_4，微微加热并搅拌使之溶解，然后再加入 25mL 饱和草酸溶液，加热搅拌至沸腾，维持 4min，停止加热，静置。待黄色晶体 $FeC_2O_4\cdot 2H_2O$ 沉淀后倾析弃去上层清液，加入 20mL 蒸馏水洗涤沉淀，搅拌并温热，静置，弃去上层清液，即得黄色晶体草酸亚铁。

2. 三草酸合铁酸钾的制备

向草酸亚铁沉淀中加入 10mL 饱和 $K_2C_2O_4$ 溶液，水浴加热至 40℃，恒温下慢慢滴加 20mL 3%的 H_2O_2 溶液，边加边搅拌，沉淀转化为深棕色。加完后将溶液加热至沸腾 2~3min，冷却至 70~80℃，剧烈搅拌下加入 20mL 饱和草酸溶液并保持 70~80℃ 恒温水浴，沉淀立即溶解，溶液转为绿色。趁热过滤，将滤液转入 100mL 烧杯中，加入 25mL 95%的乙醇水溶液，混匀后冷却，可以看到烧杯底部有晶体析出。如果晶型不好，可温热使析出的晶体溶解，再在烧杯上盖上表面皿，避光静置，自然冷却结晶。晶体完全析出后，抽滤，用 10mL 95%乙醇洗涤滤饼两次，固体产品置于一表面皿上，置暗处晾干。称

重并计算产率。

3. 高锰酸钾溶液浓度的标定

称取 1.6g 左右的高锰酸钾配成 500mL 溶液。准确称取已干燥的 0.13~0.17g $Na_2C_2O_4$ 三份，分别置于三个 250mL 锥形瓶中，然后各加水 50mL 使其溶解。向三个锥形瓶中分别加入 10mL 3mol · L^{-1}的 H_2SO_4 溶液，在水浴上加热到 75~85℃，趁热用待标定的 $KMnO_4$ 溶液滴定，开始时滴定速率应慢，待溶液中产生了 Mn^{2+}后，滴定速率可适当加快，但仍须逐滴加入，滴定至溶液呈现微红色并持续 30s 内不褪色即为终点。根据每次滴定中 $Na_2C_2O_4$ 的质量和消耗的 $KMnO_4$ 溶液体积，计算出 $KMnO_4$ 溶液的浓度。

4. 草酸根浓度的标定

把制得的 $K_3Fe[(C_2O_4)_3] \cdot 3H_2O$ 置于干燥箱中在 50~60℃下干燥 1h，然后置于干燥器中冷却至室温。精确称取样品 0.2~0.3g 置于锥形瓶中，加入 25mL 水和 5mL 3mol · L^{-1} H_2SO_4 溶液溶解，水浴加热到 70~80℃，用 0.02000mol · L^{-1}的标准 $KMnO_4$ 溶液滴定至溶液呈现微红色并持续 30s 内不褪色即为终点。记下消耗 $KMnO_4$ 标准溶液的总体积，计算 $K_3Fe[(C_2O_4)_3] \cdot 3H_2O$ 中草酸根的质量分数，并换算成物质的量。滴定后的溶液保留待用。

5. 铁含量的测定

在上述滴定过草酸根的保留液中加锌粉还原至黄色消失。加热 2~3min 使 Fe^{3+}完全转变为 Fe^{2+}，抽滤以除去多余锌粉，用温水洗涤沉淀 2~3 次。合并滤液并转入 250mL 锥形瓶中，补加 2mL 3mol · L^{-1} H_2SO_4 溶液，水浴加热到 70~80℃，再利用 $KMnO_4$ 溶液滴定至溶液呈现微红色并持续 30s 内不褪色。计算 $K_3Fe[(C_2O_4)_3] \cdot 3H_2O$ 中铁的质量分数，并换算成物质的量。

6. 配合物的热重分析

在铂坩埚中磨细前面制备的 $K_3Fe[(C_2O_4)_3] \cdot 3H_2O$ 产品，然后称取一定量(约 5mg)磨细的产品，按规定的操作步骤在热天平上进行热分解实验。升温速率 10℃/min，最高升温温度 550℃。记录不同温度时样品的重量。根据不同温度时的样品重量，可由计算机作出温度-重量的热重曲线。由热重曲线计算样品的失重率，并与各种可能的热分析反应的理论失重率相比较，初步确定该配合物的组成，并写出热分解反应方程式。

结论：在 1mol 产品中含 $C_2O_4^{2-}$ ____________ mol，Fe^{3+} ____________ mol，含结晶水数为____________。该物质的化学式为________________________。

7. 自制晒图纸及晒制蓝图

称取 0.3g $K_3[Fe(C_2O_4)_3] \cdot 3H_2O$ 和 0.4g $K_3[Fe(CN)_6]$ 置于 50mL 烧杯中，加入 25mL 去离子水配成溶液(暗绿色)。用干净排笔蘸取试液在暗处均匀地涂在绘图纸上(呈黄绿色)。涂好后在纸边上用夹子夹起，并悬挂在没有灰尘的暗处。晾干后即成晒图纸，将其密封起来(避免见光和受潮)可保存半年有效。

将预先用碳素墨水画在半透明描图纸上的图或黑白照相底片在暗处平铺在晒图纸上(图纸药面向上)，上下两面用同样大小的玻璃片压紧，然后在红外灯光下(或日光下)照10min 左右。曝光后用清水漂洗 1 次，即有图像出现。此时曝光部分呈蓝色，图像部分为白色，将图纸晾干即可。

五、注意事项

(1)在制备草酸亚铁的过程中，在硫酸亚铁铵溶解时，需将硫酸亚铁铵加入酸性水溶液中，而不要先溶解加热后再加酸，否则会导致 Fe^{2+} 过早氧化与水解。

(2)在制备三草酸合铁酸钾时，要严格控制水浴加热温度。合成实验中有两处水浴控温。一处是在不断搅拌下滴加 H_2O_2，此时需保持恒温 40℃，温度太低 Fe^{2+} 氧化速度太慢；温度太高易导致 H_2O_2 分解而影响 Fe^{2+} 的氧化结果。还应控制好 H_2O_2 的滴加速度，滴加太慢时，H_2O_2 在反应体系中浓度太低，影响氧化效果；滴加太快时，H_2O_2 分解过多也会导致反应不完全，以在快速搅拌下连续滴加为宜。另一处是加 $H_2C_2O_4$ 溶解 $Fe(OH)_3$ 的过程中，该过程温度不宜超过 80℃，75℃最好。

(3)在制备草酸亚铁的过程中，加入 25mL 饱和 $H_2C_2O_4$ 溶液后，加热至沸腾的时间不能太长，时间过长容易导致水分蒸发过多影响后续实验。在制备三草酸合铁(Ⅲ)酸钾的过程中加热除去过量 H_2O_2 时，加热至沸腾的时间也不能太长，当 H_2O_2 基本分解完全即可停止加热(2~3min)。

(4)在制备草酸亚铁时，应控制 $H_2C_2O_4$ 溶解 $Fe(OH)_3$ 时的 pH，理论参考值为 8mL，但由于不同学生在实验操作过程中存在差异(如称量、溶解、洗涤、倾析操作等)，导致草酸亚铁损失量波动较大，致使酸溶时草酸用量差异显著。加入草酸过多时，pH 过低，生成 $K_2C_2O_4$ 等副反应严重；加入草酸过少时，pH 过高，$Fe(OH)_3$ 溶解不充分，导致产量下降。因此应以反应溶液的 pH 变化为依据，在实际控制草酸的加入量时，应以反应液最终达到 pH 3~3. 5(可用 pH 试纸测试)所需加入的草酸量为依据。

(5)在制备三草酸合铁酸钾的过程中，在最终滤液中加入 95%乙醇不仅能够加快晶体的生成，而且能够确保晶体的析出率，有效地防止实验失败。但加入乙醇后析出晶体不纯，易形成多核的微小晶体。不加乙醇时，只要控制好实验条件反而能够形成大块单斜晶体。

思考题

1. 用 Fe(Ⅱ)盐为原料制备产物三草酸合铁酸钾的过程中为什么选用 H_2O_2 作氧化剂？能否选用 HNO_3、$KMnO_4$ 等作氧化剂？为什么？试分析选取氧化剂的原则。

2. 影响三草酸合铁酸钾产率的主要因素有哪些？

3. 氧化草酸亚铁时，氧化温度控制在 40℃，不能太高，为什么？

4. 三草酸合铁酸钾见光易分解，该化合物应如何保存？

5. 制备三草酸合铁酸钾时，加入乙醇洗涤的作用是什么？

6. 用 $Na_2C_2O_4$ 标定 $KMnO_4$ 溶液浓度时，H_2SO_4 加入量的多少对标定有何影响？可否用盐酸或硝酸来代替？滴定时为什么要加热？温度是否越高越好？为什么？滴定速度应如何掌握为宜？为什么？

7. 近年来，有不少研究者主张简化实验制备过程，通过三氧化铁或硫酸铁直接与草酸钾合成三草酸合铁(Ⅲ)酸钾，查阅文献了解该方法的原理及过程，将该方法与亚铁氧化法进行比较。

8. $K_3Fe[(C_2O_4)_3]\cdot 3H_2O$ 配合物加热时可发生下列变化：

$$K_3Fe[(C_2O_4)_3]\cdot 3H_2O \longrightarrow K_3Fe[(C_2O_4)_3]+3H_2O$$

$$2K_3Fe[(C_2O_4)_3] \longrightarrow 3K_2CO_3+Fe_2(CO_3)_3+6CO\uparrow$$

$$2K_3Fe[(C_2O_4)_3] \longrightarrow 3K_2CO_3+Fe_2O_3+6CO\uparrow+3CO_2\uparrow$$

试通过热重曲线分析上述变化的温度区间，并将实验失重率与理论失重率进行比较。

参考文献

[1]姜述芹，陈虹锦，梁竹梅，等．三草酸合铁酸钾制备实验探索[J]．实验室研究与探索，2006，25(10)：1194-1196.

[2]凌必文，刁海生．三草酸合铁(Ⅲ)酸钾的合成及结构组成测定[J]．安庆师范学院学报(自然科学版)，2001，7(4)：13-16.

[3]郑臣谋，林的的，杨学强，等．对“三草酸合铁(Ⅲ)酸钾的制备”的改进[J]．大学化学，1999，14(2)：41-42.

[4]赵大洲．基础化学实验[M]．北京：化学工业出版社，2020.

[5]冯清，刘敏．医学基础化学实验[M]．第 2 版双语版．武汉：华中科技大学出版社，2021.

[6]何家洪，王召东，谭宁会编．无机化学实验[M]．北京：冶金工业出版社，2020.

[7]胡满成，汤发有．大学综合化学实验[M]．西安：陕西师范大学出版社，2009.

实验 9　硫代硫酸钠的制备和检验

一、实验目的

（1）了解硫代硫酸钠的制备原理和方法。

（2）熟悉蒸发浓缩、减压抽滤、结晶等操作。

（3）熟悉硫代硫酸钠的定性分析方法。

（4）学习测定硫代硫酸钠含量的方法。

二、实验背景和原理

1. 硫代硫酸钠的性质和用途

硫代硫酸钠，又名次亚硫酸钠、大苏打、海波，是常见的硫代硫酸盐，化学式为 $Na_2S_2O_3$，是硫酸钠中一个氧原子被硫原子取代的产物，因此两个硫原子的氧化数分别为-2 和+6。硫代硫酸钠熔点为 48℃，沸点为 100℃，密度为 1.667g/cm^3，常温下为无色或白色结晶性粉末，溶于水和松节油，难溶于乙醇。

硫代硫酸钠的用途主要有：

（1）硫代硫酸钠可作为氰化物的解毒剂。在硫氰酸酶参与下，能与体内游离的或与高铁血红蛋白结合的氰离子相结合，形成无毒的硫氰酸盐，最后由尿排出而解氰化物中毒。此外硫代硫酸钠还能与多种金属离子结合，形成无毒的硫化物由尿排出，同时还具有脱敏作用。临床上硫代硫酸钠用于氰化物、腈类中毒及砷、铋、碘、汞、铅等中毒治疗，以及治疗皮肤瘙痒症、慢性皮炎、慢性荨麻疹、药疹、疥疮、癣症等。

（2）硫代硫酸钠还可用作照相业作定影剂及鞣革时重铬酸盐的还原剂、含氮尾气的中和剂、媒染剂、麦秆和毛的漂白剂以及纸浆漂白时的脱氯剂，还用于四乙基铅、染料中间体等的制造和矿石提银等。

2. 硫代硫酸钠的制备

硫代硫酸钠的制备方法通常为：亚硫酸钠浓溶液与硫磺一起加热煮沸，反应基本完成后将残留的硫磺滤去，其反应式为

$$Na_2SO_3+S(\text{过量})\xrightarrow{115℃}Na_2S_2O_3$$

通常情况下硫代硫酸钠含结晶水，以 $Na_2S_2O_3 \cdot 5H_2O$ 的形式存在，$Na_2S_2O_3 \cdot 5H_2O$ 在水中的溶解度随温度的变化趋势见表 9-1：

表 9-1　　**$Na_2S_2O_3 \cdot 5H_2O$ 在水中的溶解度随温度的变化趋势**

温度/℃	0	10	20	30	40	50	60	70	80	90	100
溶解度/g	52.5	61.0	70.0	84.1	102.6	169.7	206.7	—	248.8	254.2	266

因此将滤液浓缩后，经过结晶就可获得 $Na_2S_2O_3 \cdot 5H_2O$。

3. 硫代硫酸钠的定性分析方法

亚硫酸钠与盐酸反应时可生成二氧化硫气体和水，硫代硫酸钠与盐酸反应时除了产生二氧化硫气体外，还可产生硫沉淀，因此可用此方法鉴定硫代硫酸钠和亚硫酸钠。

硫代硫酸钠与碘单质还能反应生成碘离子，导致碘溶液的黄色消失。

在硫代硫酸钠不足的情况下，硫代硫酸钠和硝酸银会迅速生成硫代硫酸银白色沉淀，并迅速转化为硫化银黑色沉淀和硫酸。亚硫酸钠只能和硝酸银反应生成白色的亚硫酸银沉淀。

4. 硫代硫酸钠的定量分析方法

通常用直接碘量法。

在中性或弱酸性介质中，碘离子(I_3^-)与硫代硫酸根离子($S_2O_3^{2-}$)定量反应，即

$$I_3^- + 2S_2O_3^{2-} \longrightarrow 3I^- + S_4O_6^{2-}$$

因此可用淀粉作指示剂，以碘标准溶液直接滴定溶液中的 $S_2O_3^{2-}$ 的含量，终点时溶液由无色变成蓝色。若产品中含有亚硫酸钠，也会与 I_2 反应，即

$$SO_3^{2-} + H_2O + I_2 \longrightarrow SO_4^{2-} + 2I^- + 2H^+$$

因此亚硫酸钠会对硫代硫酸钠的测定带来干扰。由于 HSO_3^- 可和 HCHO 反应生成 $H_2C(OH)SO_3^-$，即

$$HSO_3^- + HCHO \longrightarrow H_2C(OH)SO_3^-$$

因此，可预先在试液中加入过量的甲醛以消除亚硫酸根离子的干扰。

三、仪器与试剂

主要仪器：电子天平、酒精灯、蒸发皿、烧杯、锥形瓶、水循环真空泵、抽滤瓶、布氏漏斗、棕色试剂瓶、酸式滴定管、移液管、点滴盘、试管、研钵等。

主要试剂：亚硫酸钠，硫磺，碘，碘化钾，乙醇，0.05mol·L^{-1} $Na_2S_2O_3$ 标准溶液，2mol·L^{-1} HCl 溶液，0.1mol·L^{-1} $AgNO_3$ 溶液，新配制的0.5%淀粉溶液，0.2%酚酞溶液，40%甲醛溶液，pH=6.0 的 HAc-NaAc 缓冲溶液。

四、实验步骤

1. 硫代硫酸钠的制备

在天平上称取4.0g硫粉置于250mL的锥形瓶中，加入少量乙醇将硫粉湿润(硫粉与水不相湿润，会漂浮于水面上，从而影响与亚硫酸钠的反应，硫粉先用乙醇湿润便可避免上述现象)，再加入15.0g的无水亚硫酸钠晶体和蒸馏水70mL，然后将锥形瓶加热(可在锥形瓶上插一小漏斗或盖上一个蒸发皿以减少水分的蒸发)，并不时摇匀以防止反应物沸腾溢出，继续煮沸瓶中溶液，并随时补充蒸发掉的水分，直至只剩下少量硫粉(约30min)。然后停止加热并趁热减压过滤，将滤液移至蒸发皿中，加热浓缩(浓缩过程要不断搅拌以防爆沸)至剩余约1/3量时，停止加热，然后将滤液置于冰水浴中待其结晶(冷却结晶可较快获得晶体)。如果冷却时间较长而无晶体析出，可搅拌或投入一粒$Na_2S_2O_3$晶体以促使晶体析出。观察晶体形状，减压过滤，并用少量乙醇洗涤晶体，抽干后，再用滤纸片尽量将晶体吸干，称重，计算产率。

2. 缓冲溶液等的配制

1)中性甲醛(40%)

取10mL 40%甲醛溶液，加2滴酚酞指示剂，用0.1mol·L^{-1} NaOH溶液中和至溶液恰呈微红。

2)pH=6.0的HAc-NaAc缓冲溶液

用天平称取48.6g无水醋酸钠置于烧杯中，加入适量蒸馏水溶解，待溶解完后加入12mL 20%醋酸溶液，然后加蒸馏水稀释至500mL，摇匀。

3. 0.025mol·L^{-1}的碘溶液的配制和标定

1)0.025mol·L^{-1}的碘溶液的配制

称取1.7g碘和2.5g KI置于研钵中，加少量水研磨，待碘全部溶解后，将溶液转入棕色试剂瓶中，加水稀释至250mL，摇匀，置于暗处保存。

2)0.025mol·L^{-1}的碘溶液的标定

吸取25.00mL 0.05mol·L^{-1} $Na_2S_2O_3$标准溶液于250mL锥形瓶中，加入10mL pH=6.0HAc-NaAc缓冲溶液及2mL 0.5%淀粉溶液，用待标定的碘溶液滴定至溶液恰呈蓝色且在半分钟内不褪色即为终点，平行测定三份(相对平均偏差≤0.3%)，计算碘标准溶液的浓度。

4. 硫代硫酸钠的定性分析

取少量无水亚硫酸钠及自制的硫代硫酸钠晶体在两支试管中，各加3mL蒸馏水溶解后进行以下实验：

(1)取两支试管，分别加入0.5mL Na_2SO_3溶液和自制的$Na_2S_2O_3$溶液，再分别向两支试管中加入数滴2mol·L^{-1}的HCl溶液，观察现象，并写出有关反应方程式。

(2)取一支试管，向其中加入0.5mL自制的$Na_2S_2O_3$溶液，再滴入碘溶液，观察现象，写出离子反应方程式。

(3)在点滴板上分别滴加1滴Na_2SO_3溶液和自制的$Na_2S_2O_3$溶液，再分别加入1滴0.1mol·L^{-1} $AgNO_3$，观察颜色变化，写出反应方程式。

5. 硫代硫酸钠的定量分析

准确称取硫代硫酸钠产品0.3~0.4g置于250mL锥形瓶中，加入30mL煮沸后又冷却的蒸馏水使之溶解，再加5mL 40%中性甲醛，摇匀。放置10min后，加入10mL pH=6.0的HAc-NaAc缓冲溶液及2mL 0.5%淀粉溶液，摇匀，用碘标准溶液滴定至溶液恰呈蓝色且在半分钟内不褪色即为终点。平行测定三份(相对平均偏差应≤0.3%)，计算硫代硫酸钠的百分含量(以$Na_2S_2O_3 \cdot 5H_2O$计)。

五、注意事项

(1)在制备硫代硫酸钠的过程中，加入硫粉时，由于硫粉与水不相湿润，会漂浮于水面上，从而影响与亚硫酸钠的反应，硫粉先用乙醇湿润可避免此现象，反应进行时还要不时搅拌，并及时补充挥发的水分。

(2)浓缩制备的硫代硫酸钠溶液时，不能浓缩得太过。

(3)由于亚硫酸钠也会和碘单质反应，会对硫代硫酸钠的测定带来干扰，因此滴定前应加入过量的甲醛以消除亚硫酸根离子的干扰。

思考题

1. 在硫代硫酸钠的制备过程中，称量、加热、浓缩、溶液的转移和减压过滤等基本操作应注意些什么？

2. 在硫代硫酸钠的制备过程中硫磺的用量为何稍过量？计算理论产量应以哪个为准？

3. 硫代硫酸钠溶液容易形成过饱和现象，在硫代硫酸钠溶液浓缩后如果最后溶液经浓缩和冷却仍不出晶体时应怎么操作？

4. 在制备硫代硫酸钠的过程中，过滤所得产物晶体为什么用乙醇洗涤？

5. 产物$Na_2S_2O_3 \cdot 5H_2O$晶体一般在30~40℃烘干，温度过高会发生什么后果？

6. 在硫代硫酸钠含量测定中，加入甲醛溶液的目的是什么？

7. 如何配制500mL 0.05mol·L^{-1}硫代硫酸钠溶液？若用KIO_3为基准物标定0.05mol·L^{-1}硫代硫酸钠溶液，应如何进行？写出有关离子反应方程式及计算公式。

参考文献

[1]贾庆忠，王磊，王伟．新编药学综合实验教程[M]．长春：吉林大学出版社，2021.
[2]匡华．综合化学实验[M]．成都：西南交通大学出版社，2008.
[3]韩晓霞，杨文远，倪刚．无机化学实验[M]．天津：天津大学出版社，2017.
[4]章小丽，喻芳．基础化学实验[M]．昆明：云南大学出版社，2022.

第二部分　有机合成类综合实验

该部分内容主要是关于一些有机类化合物的制备、纯化、结构表征、性质测定等，主要涉及回流、蒸馏、水蒸气蒸馏、减压蒸馏、萃取、重结晶等操作，以及熔点、反应速率常数、摩尔汽化焓和沸点等的测定，以及用紫外光谱分析、红外光谱分析、薄层色谱分析等方法表征和鉴定化合物的结构。

该部分综合性实验的内容主要有：无水乙醇的制备及其摩尔汽化焓和沸点的测定，肉桂酸的制备，乙酰水杨酸的制备及紫外光谱分析，植物生长调节剂2，4-二氯苯氧乙酸的制备，香豆素-3-羧酸的制备，己二酸的制备，对氨基苯甲酸的制备及红外光谱分析，乙酸乙酯的制备及皂化反应速率常数的测定，己二酸二甲酯的制备，3，5-二硝基苯甲酸乙酯的制备，苯偶酰的合成与表征，偶氮苯的合成及光学异构化。

实验 10　无水乙醇的制备及其摩尔汽化焓和沸点的测定

一、实验目的

(1)学习制备无水乙醇的原理和方法。

(2)熟练掌握回流、蒸馏装置的安装和使用方法。

(3)掌握纯液体饱和蒸气压与温度的关系。

(4)掌握用图解法求纯液体的平均摩尔汽化焓和正常沸点。

二、实验背景和原理

1. 乙醇的性质及用途

乙醇，俗称酒精、火酒，是带有一个羟基的饱和一元醇，化学式为 C_2H_6O，结构简式为 CH_3CH_2OH 或 C_2H_5OH。

乙醇的物理性质主要与其低碳直链醇的性质有关，分子中的羟基可以形成氢键，因此乙醇具有较高的黏度。常温常压下，乙醇是一种易燃、易挥发、无色透明的液体，毒性较低，它的水溶液具有酒香的气味，略带刺激性辛辣滋味，微甘。

乙醇可以与水、乙酸、丙酮、苯、四氯化碳、氯仿、乙醚、乙二醇、甘油、硝基甲烷、吡啶和甲苯等溶剂混溶。此外，低碳的脂肪族烃类如戊烷和己烷，氯代脂肪烃如 1，1，1-三氯乙烷和四氯乙烯也可与乙醇混溶。随着碳数的增长，高碳醇在水中的溶解度显著下降。

由于存在氢键，乙醇还具有潮解性，可以很快从空气中吸收水分。羟基的极性也使得很多离子化合物可溶于乙醇中，如氢氧化钠、氢氧化钾、氯化镁、氯化钙、氯化铵、溴化铵和溴化钠等。氯化钠和氯化钾则微溶于乙醇。此外，其非极性的烃基使得乙醇也可溶解一些非极性的物质，例如大多数香精油和很多增味剂、增色剂和医药试剂。

乙醇可发生多种反应，主要包括：

(1)乙醇含有极化的氧氢键，故电离时会生成烷氧基负离子和质子，因此具有弱酸性。

(2)乙醇可与某些金属反应生成金属衍生物比如与钠、钾等碱金属反应生成乙醇化物。

(3)乙醇可与有机酸、无机酸反应时脱水生成酯。

(4)乙醇可以和氢卤酸发生取代反应，生成卤代烃和水；乙醇也可与卤化磷(PX_3、

PX_5）反应生成卤代烃，乙醇还可与氯化亚砜反应生成氯乙烷。

（5）乙醇分子间脱水可生成醚（亲核取代反应），分子内脱水可生成烯烃（消除反应）。

（6）乙醇可与羧酸衍生物如酰卤、酸酐、酯等发生醇解反应生成相应的酯。

（7）乙醇完全燃烧时会生成二氧化碳和水，不完全燃烧时则生成一氧化碳。乙醇还可以发生脱氢反应，具体是其蒸气在高温下通过脱氢催化剂如铜、银、镍或铜、氧化铬时，则脱氢生成醛。

（8）此外，乙醇还可发生碘仿反应，也可与乙烯酮、环氧乙烷、异氰酸酯等反应。

吸入乙醇时，乙醇可能刺激呼吸道和黏膜，可能引起危害中枢神经系统的作用，症状包括兴奋、陶醉、头痛、头昏眼花、困倦、视觉模糊、疲劳、战栗、痉挛、丧失意识、昏睡、呼吸停止和死亡。皮肤接触乙醇时有轻微刺激。眼睛暴露于液体、蒸气、熏烟或雾滴可能引起中度刺激，直接接触可能引起刺激、痛，角膜可能会发炎甚至受到损害。

乙醇用途广泛，常用作溶剂、消毒剂、燃料、饮料等。

2. 乙醇的制备方法和纯化方法

乙醇的制备方法通常有：将富含淀粉的农产品发酵的方法、以乙烯和水为原料通过加成反应制取的水合法。

无论用发酵法还是乙烯水合法制得的乙醇通常都是乙醇和水的共沸物，即浓度为95%的工业乙醇。为获得无水乙醇，必须进一步脱水，通常的脱水方法有：①先用生石灰处理工业乙醇，使水转变成氢氧化钙，然后蒸出乙醇，再用金属钠干燥，这是最老的方法。②共沸精馏脱水是目前工业上常用的方法，比如用戊烷或石油醚作为共沸剂于0.3~0.7MPa下精馏，可获得99.9%以上的无水乙醇。③用离子交换剂或分子筛脱水，然后再精馏。

本实验主要采用了比较传统和古老的方法，利用生石灰氧化钙除去95%的工业酒精中的水制备无水乙醇（99.5%）。此外，本实验还利用分子筛对工业乙醇进行了纯化，分子筛干燥后的乙醇含水量一般小于10μg · mL^{-1}，吸水后的分子筛可在较高温度下烘干使其再生，一般温度为150~300℃。分子筛具有快速、高效的特点，且具有选择性吸附能力。分子筛储存时相对湿度不能高于90%，避免与水、酸、碱直接接触。本实验选择的是主要成分为 $K_9Na_3[(AlO_2)_{12}(SiO_2)_{12}] \cdot 27H_2O$ 的钠钾型硅铝酸盐，即3A型分子筛（此分子筛孔径0.3nm）。

再利用金属钠或镁与无水乙醇反应制备绝对乙醇（99.95%）。

制备无水乙醇的反应式为

$$CaO+H_2O \longrightarrow Ca(OH)_2\downarrow$$

制备绝对乙醇的反应式为

使用金属镁时：

$$2C_2H_5OH+Mg \longrightarrow (C_2H_5O)_2Mg+H_2\uparrow$$

$$(C_2H_5O)_2Mg+2H_2O \longrightarrow 2C_2H_5OH+Mg(OH)_2\downarrow$$

使用金属钠时：

$$C_2H_5OH+Na \longrightarrow C_2H_5ONa+1/2H_2\uparrow$$

$$C_2H_5ONa+H_2O \longrightarrow C_2H_5OH+NaOH$$

3. 无水乙醇饱和蒸气压与温度的关系

在真空封闭容器中，一定温度下，液体很快和它的蒸气建立动态平衡，即分子向液面凝结和液体分子从表面逃逸的速率相等，此时液面上的蒸气压力就是液体在此温度下的饱和蒸气压。液体在外压为 101. 325kPa 时的沸腾温度称为其正常沸点。液体的蒸气压与温度有关，温度升高时，液体分子平均动能增大，动能较大的分子数增加，容易挣脱束缚逃逸到气相中去。温度降低时，分子平均动能降低，动能较小的分子增加，容易凝聚回液相。当两者的速率相等时达到平衡状态，此时的蒸气压称为该温度下的饱和蒸气压。定量描述纯液体饱和蒸气压与温度关系的是克劳修斯-克拉贝龙方程：

$$\frac{\mathrm{d}\ln(p/p_0)}{\mathrm{d}T}=\frac{\Delta_{\mathrm{vap}}H_{\mathrm{m}}}{RT^2} \tag{10-1}$$

式中：$\Delta_{\mathrm{vap}}H_{\mathrm{m}}$ 为摩尔汽化焓（$\mathrm{J\cdot mol^{-1}}$）；R 为摩尔气体常数（$8.314\mathrm{J\cdot mol^{-1}\cdot K^{-1}}$）

T 为热力学温度（K）；p 为温度 T 时液体的蒸气压（Pa 或 mmHg）；p_0为压力单位（Pa 或 mmHg）

若温度在较小范围内变化，则假设蒸气为理想气体，液体体积相对于气体体积可以忽略不计。在实验温度范围内，如果该物质的气相与液相的 C_{p} 值相差不太大（如乙醇、苯、水、异丙醇、环己烷、乙酸甲酯等），则 $\Delta_{\mathrm{vap}}H_{\mathrm{m}}$ 可视为常数，积分（10-1）式可得

$$\ln(p/p_0)\xlongequal[\text{或}]{}\frac{\Delta_{\mathrm{vap}}H_{\mathrm{m}}}{RT}+B \tag{10-2}$$

$$\lg(p/p_0)=-\frac{\Delta_{\mathrm{vap}}H_{\mathrm{m}}}{2.303T}+B' \tag{10-3}$$

式中：p 为液体在温度 T 时的饱和蒸气压；$\Delta_{\mathrm{vap}}H_{\mathrm{m}}$ 为液体摩尔汽化焓；B、B'为积分常数，与压力的单位有关。

在一定温度范围内，测定不同温度下的饱和蒸气压，以 $\ln(p/p_0)$ 对 $1/T$ 作图应得一直线，其斜率应为 $-\Delta_{\mathrm{vap}}H_{\mathrm{m}}/R$，通过斜率就可求得平均摩尔汽化焓，同时从图上可求出标准压力时液体的正常沸点。

测定液体饱和蒸气压有静态法、动态法及饱和气流法三种方法。静态法是将体系控制在一定温度下直接测量饱和蒸气压；动态法是将体系控制在不同的外压下测定液体的沸点。静态法一般使用于蒸气压较低的液体，且由于利用等压计 U 形管两端液面指示平衡，因此测量准确度比动态法高；但在较高温度下由于温度较难控制，则测量准确度较差。动态法装置和操作较简单，对温度控制要求不高，对于沸点低于 373. 2K 的液体可达到一定的精确度。饱和气流法则是使干燥的惰性气流通过被测物质，并使其为被测物质蒸气所饱和，然后测定所通过的气体中的被测物质的含量，就可根据分压定律求出其饱和蒸气压，此法通常不易达到真正的饱和状态，实测值偏低，一般适用于在常温下蒸气压较低的待测物质的平衡压力的测定。

本实验采用静态法，利用恒温槽控温，而且缓冲贮气瓶上增加一根接有两通阀门，并可通过毛细管与大气相通的支管。所有接口必须严密封闭。冷凝装置主要作用是将蒸气变为液体，以免进入真空泵影响性能，同样也为了获得真空度，防止扩散返回真空系统，以

便把泵向真空系统扩散的蒸气冷凝下来。

三、仪器与试剂

1. 仪器

色谱柱(长 30cm，内径 1.5cm)、圆底烧瓶、冷凝管、蒸馏头、真空接液管、斜式干燥管、锥形瓶、磁力搅拌器、真空稳压包、玻璃恒温水浴槽、旋片真空泵、气压计、饱和蒸气压教学实验仪、等位计、冷阱等。

2. 试剂

95%乙醇、无水氯化钙、无水硫酸铜、3A 型分子筛、生石灰、NaOH 固体。无水硫酸铜等。

四、实验装置

实验装置如图 10-1～图 10-3 所示。

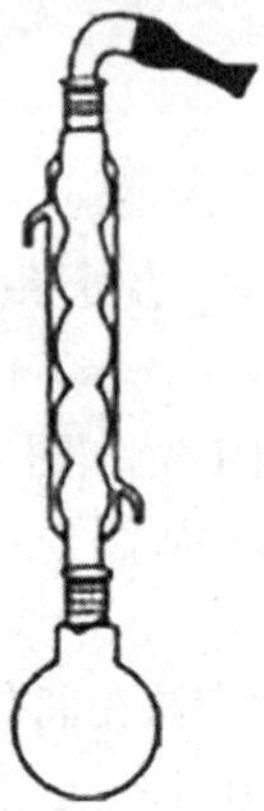

图 10-1　回流装置

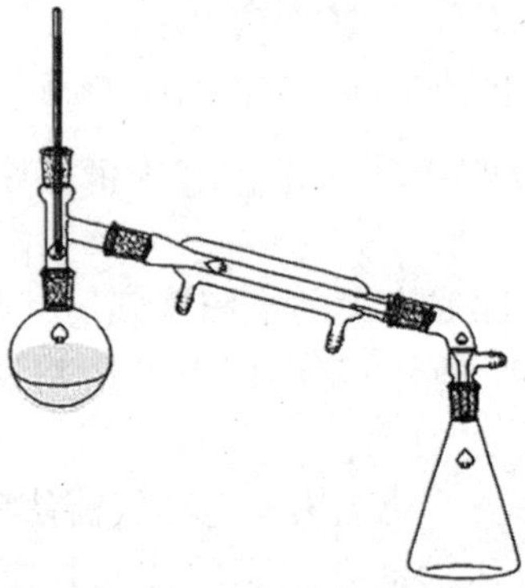

图 10-2　蒸馏装置

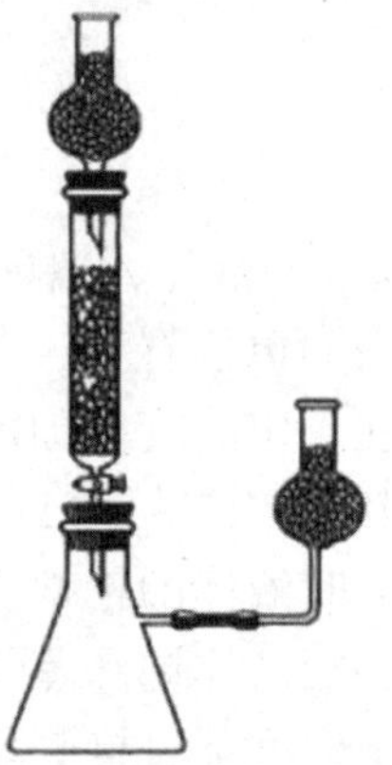

图 10-3

五、实验步骤

1. 使用氧化钙制备无水乙醇

(1)洗涤 50mL 圆底烧瓶、冷凝管、斜式干燥管、蒸馏头、真空接液管、锥形瓶，置于烘箱中烘干备用。

(2)待仪器烘干后，在 50mL 圆底烧瓶中加入 10g 生石灰和 30mL 95%乙醇，再加入沸石 2~3 粒，按照图 10-1 装上冷凝管，并在冷凝管上连上一根装有干燥剂无水氯化钙的干燥管，装好回流装置。待装置安装好后，小火加热，保持微沸回流 1h，停止加热。

(3)待装置稍冷后按照图 10-2 将装置改为蒸馏装置，补加沸石 2～3 粒，真空接液管的支管处连接一装有干燥剂的干燥管。加热蒸出乙醇，蒸馏时控制馏出速度为 1～2 滴/秒。如果蒸馏太快会有氧化钙或氢氧化钙粉末随乙醇蒸气通过冷凝管进入接收瓶，影响制备的乙醇纯度。

先蒸去前馏分，待温度计读数稳定，换收集瓶收集无水乙醇，直到几乎无液体流出，停止加热。注意不要蒸得太干。

(4)量体积，并使用无水硫酸铜检验无水乙醇的含水情况，如果硫酸铜加入后颜色基本不变，则说明含水较少；如果变蓝，说明还含有较多的水，需再次纯化。

2. 使用分子筛制备无水乙醇

将 3A 型分子筛置于烘箱中在 150℃以上烘 1～2h，以活化脱水。将色谱柱取下旋塞并洗净后在烘箱中适当温度下烘干。

待烘干后将 3A 型分子筛小心加入干燥的色谱柱中。装填过程中要轻微敲打色谱柱使分子筛在色谱柱内装填均匀紧密，一般装到色谱柱高度的四分之三。

装填好分子筛后，从色谱柱上端迅速加入 25mL 95%乙醇，并按照图 10-3 装上装置并装在铁架台上静置。注意静置时在色谱柱上端和接收的抽滤瓶侧管各安装一装有无水氯化钙的干燥管。

静置 1h 后，取下抽滤瓶，打开色谱柱旋塞放下 3mL 乙醇弃去。然后将剩下的乙醇放到干燥的 50mL 圆底烧瓶中，按照图 10-2 装上蒸馏装置，装置的真空接液管支管处连接一无水氯化钙干燥管。加热除去前馏分后，收集馏分，直到几乎没有液滴出现为止。量体积，鉴定制备的无水乙醇含水与否，并回收用过的 3A 型分子筛，烘干分子筛备用。

3. 无水乙醇摩尔汽化焓及沸点的测定

1)实验装置的安装及减压与检漏

在冷阱中加入冰水，把无水乙醇装入等位计，使无水乙醇充满试液球体积的 2/3 和 U 形等位计的大部分，安装好整套装置，打开数字真空仪将压力置零，同时读取并记录大气压。

打开冷却水，打开真空泵放空阀，开启真空泵，关闭真空泵放空阀，关闭小孔阀门，打开真空稳压包前阀门，当数字真空仪显示压差为 75kPa 左右时，再关闭真空稳压包前阀门。等待片刻后，观察压力计度数是否减小，判断系统相关部分是否漏气，如有漏气应分段检查漏气部位。

2)排气

启动恒温水浴槽搅拌器，调节加热器设定初始温度为 40℃，当恒温槽水浴温度达到 40℃时，开始自动恒温。

在升温过程中，等位计内液体开始沸腾，大量气泡(空气和无水乙醇蒸气)通过液栅等位计直管排出。一定时间后，关闭真空稳压包前阀门，打开真空泵放空阀，关闭真空泵，缓慢调节小孔阀门，使空气缓缓进入测量系统，直至等位计管中双臂液面等高，关闭小孔阀门，读取并记录数字真空仪显示的系统内部与大气的压差，然后再次开启真空泵，关闭真空泵放空阀，开启阀门真空稳压包前阀门抽气。一段时间后又再次关闭真空稳压包前阀门，打开真空泵放空阀，关闭真空泵，缓慢调节小孔阀门，重复前步操作读取压差，直至两次压差大致相等，表明等位计两边间的空气及溶解在液体中的空气已经排尽。记下此时压力计读数和水浴温度，大气压减去该压力即为无水乙醇在该温度下的饱和蒸气压。进行此步操作时要注意开真空泵前先开放空阀；关真空泵前，先关放空阀。

3）蒸气压的测定

采用相同的方法测试7个不同温度下（温度间隔可选择为5℃，最高温度不超过75℃）的无水乙醇饱和蒸气压，升温过程中应关闭真空泵，并适当调节小孔阀门，控制真空度，防止高温下无水乙醇剧烈沸腾，导致试剂浪费过多，下一温度实验无法进行。

实验结束后，将系统与大气相通，关闭加热器和低温水槽，关闭冷却水。

六、注意事项

（1）本实验使用的原料乙醇易燃，为了安全，须不使用明火。

（2）制备无水乙醇时的所有仪器设备都必须是干燥的。

（3）一般用干燥剂干燥有机溶剂时，蒸馏前应将干燥剂滤去，但氧化钙和乙醇中的水反应生成的氢氧化钙在本实验的蒸馏温度下不会分解，因此可留在蒸馏瓶中一起蒸馏。

（4）各装置的接口位置必须保证结合紧密，避免漏液造成安全隐患。

（5）回流完成后，须等装置冷却后再改为蒸馏装置，蒸馏时需补加沸石。

（6）在制备无水乙醇时，蒸馏速度不能太快，也不能蒸得太干，以免有氧化钙或氢氧化钙进入收集瓶，影响乙醇的纯度。

（7）蒸馏完成后残留的固体废弃物必须倒入相应回收桶内，产品也应统一回收。

（8）检查无水乙醇中是否含有水分时，使用的无水硫酸铜需提前在烘箱中烘干，也可用高锰酸钾替代无水硫酸铜。

（9）制备无水乙醇的分子筛使用前需在烘箱中在150～300℃下干燥1～2h。色谱柱也需要烘干，并且操作时需在色谱柱相应位置装上无水氯化钙干燥管以减少空气中水分的影响。

（10）测饱和蒸气压时，等位计中两边液面间的空气必须排净。

（11）测饱和蒸气压时，抽气速度要合适，必须防止等位计内液体沸腾过剧，致使等位计管内液体被抽尽。

（12）测饱和蒸气压时，在操作过程中要防止气体倒吸，一旦倒吸，须重新排气。

（13）测饱和蒸气压时，蒸气压与温度有关，温度波动不能太大。

思考题

1. 在制备无水乙醇的实验中，生石灰氧化钙的作用是什么？

2. 如何将无水乙醇转化为绝对乙醇？

3. 制备无水乙醇时，在加热回流和蒸馏时为什么要在回流冷凝管顶端和真空接液管支管上装上无水氯化钙干燥管？

4. 本实验制备无水乙醇时，为什么使用氧化钙作无水乙醇的脱水剂而不是无水氯化钙呢？

5. 使用 200mL 95%的工业乙醇制备无水乙醇时，理论上需要多少氧化钙呢？

6. 分子筛法制备无水乙醇的优点是什么？

7. 说明饱和蒸气压、正常沸点、沸腾温度的含义。

8. 克劳修斯-克拉贝龙方程在什么条件下才能应用？为什么本实验测得的只是平均蒸发焓？

参考文献

[1]范望喜．有机化学实验[M]．武汉：华中师范大学出版社，2015.
[2]东北师范大学，等．物理化学实验[M]．2 版．北京：高等教育出版社，2007.
[3]周建敏，蔡洁．物理化学实验[M]．北京：中国石化出版社，2012.

实验 11　肉桂酸的制备

一、实验目的

(1)学习制备肉桂酸的原理和方法。

(2)掌握无水回流装置的安装和使用。

(3)学习水蒸气蒸馏的操作和注意事项。

二、实验背景和原理

1. 肉桂酸的性质和用途

肉桂酸，又名β-苯丙烯酸、3-苯基-2-丙烯酸，是一种有机物，化学式为 $C_9H_8O_2$，是从肉桂皮或安息香分离出的有机酸。常温下肉桂酸为白色粉状固体结晶，有香脂香气，并有肉桂和杏的香韵，熔点133℃，沸点300℃，相对密度为1.248，溶于乙醇、甲醇、石油醚、氯仿，易溶于苯、乙醚、丙酮、冰醋酸、二硫化碳及油类，不溶于冷水。

肉桂酸用途广泛，具体包括以下五个方面：

(1)肉桂酸本身就是一种香料，具有很好的保香作用，通常作为配香原料，可使主香料的香气更加清香挥发，被用作日化香精中的定香剂。肉桂酸的各种酯也可用作定香剂，用于饮料、冷饮、糖果、酒类等食品。

(2)肉桂酸有抑制形成酪氨基酸酶的作用，对紫外线有一定的隔绝作用，能使褐斑变浅，甚至消失，是高级防晒霜中必不可少的成分之一。肉桂酸显著的抗氧化功效对于延缓皱纹的出现也有很好的疗效。

(3)医药工业中，肉桂酸可用于合成治疗冠心病的重要药物如乳酸心可定和心痛平，还可用来制造“心可安”、局部麻醉剂、杀菌剂、止血药等，也可用来合成氯苯氨丁酸和肉桂苯哌嗪，用作脊椎骨骼松弛剂和镇静剂，主要用于治疗脑血栓、脑动脉硬化、冠状动脉硬化等病症。肉桂酸对肺腺癌细胞增殖有明显抑制作用，是A-5491人肺腺癌细胞有效的抑制剂，在抗癌方面具有重要的应用价值。

(4)肉桂酸具有抗菌和抗氧化的特性，可以有效地保护农作物免受病虫害的侵袭，提高农作物的抗病能力。肉桂酸还可以刺激植物的生长，提高植物的光合作用效率，有助于提高农作物的产量和品质。肉桂酸具有防霉防腐杀菌等效果，可应用于粮食、蔬菜、水果中的保鲜、防腐，是在食品防腐保鲜上无公害的环保防腐剂。肉桂酸用于蜜饯中，能改善口感风味，还可用在葡萄酒中使其色泽光鲜。

(5)在有机合成领域，肉桂酸可作为镀锌板的缓释剂、聚氯乙烯的热稳定剂、多氨基甲酸酯的交联剂、乙内酰和聚己内酰胺的阻燃剂，以及化学分析试剂等。在塑料工业中，肉桂酸可用于 PVC 的热稳定剂、杀菌防霉除臭剂，还可添加在橡胶、泡沫塑料中制成防臭鞋和鞋垫，也可用于棉布和各种合成纤维、皮革、涂料、鞋油、草席等制品中防止霉变。

2. 肉桂酸的合成方法

合成肉桂酸的方法众多，常见的有肉桂醛氧化法、肉桂醇的石英光解法、芳香酮的纳米铁催化法、Perkin 反应法等。Perkin 反应法，即芳香醛和酸酐在相应的羧酸钠(或钾)盐的存在下发生的类似羟醛缩合的反应，生成α，β-不饱和芳香酸，是较常用的制备肉桂酸的方法，有时也可以用碳酸钾或叔胺作催化剂。

其中催化剂的作用是使脂肪酸酐变成碳负离子，碳负离子作为亲核试剂与苯甲醛的醛基发生亲核加成，之后经过氧酰基交换生成更稳定的β-酰氧基丙酸负离子，最后经过消除得到肉桂酸盐，经酸化后，得到肉桂酸。理论上肉桂酸存在顺反两种异构体，但由 Perkin 反应制得的肉桂酸都是反式的。

利用乙酸钾作催化剂的反应式为

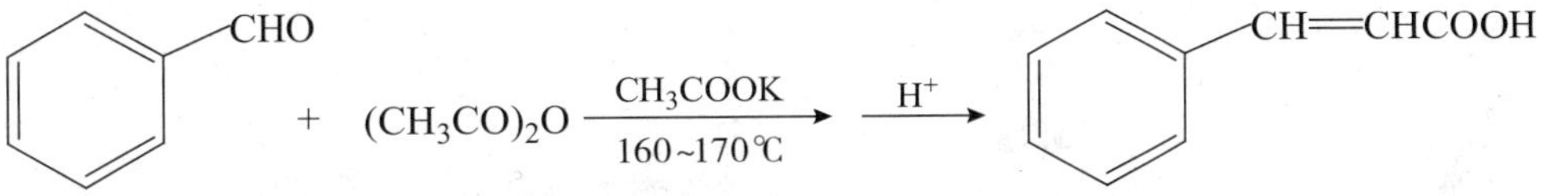

利用碳酸钾作催化剂时的反应式为

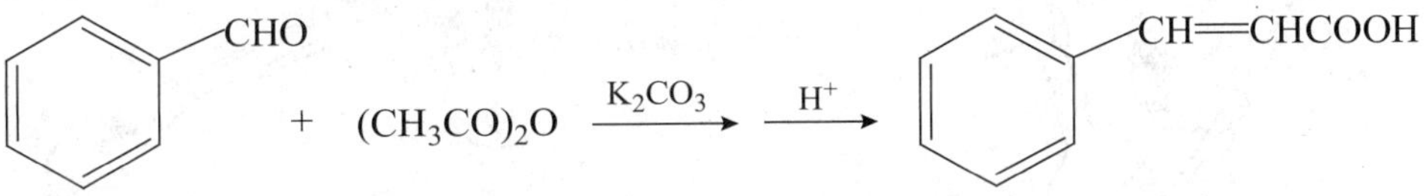

未反应的苯甲醛在碱性条件下可用水蒸气蒸馏的方法蒸去。

三、仪器与试剂

仪器：三颈烧瓶、冷凝管、干燥管、电热套、锥形瓶等。

试样：肉桂醛(A. R)、碳酸钾(A. R)、乙酸钾(A. R)、乙酸酐(A. R)、饱和碳酸钠溶液。

四、实验参数

实验参数如表 11-1 所示。

表 11-1　　实验参数

药品名称	分子量	熔点/℃	沸点/℃	密度/(g/cm^3)	溶解性
苯甲醛	106.1	−26	179	1.04	微溶于水，混溶于乙醇等

续表

药品名称	分子量	熔点/℃	沸点/℃	密度/(g/cm^3)	溶解性
碳酸钾	138.2	891		2.428	易溶于水
乙酸钾	98.1	292		1.57	易溶于水
乙酸酐	102.1	−73	140	1.087	溶于乙醇、乙醚
反式肉桂酸	148.2	133	300	1.248	不溶于冷水，溶于乙醇
顺式肉桂酸	148.2	42	125(2.533×10^3Pa) 265(分解)	1.284	微溶于水，溶于乙醇

五、实验装置

实验装置如图 11-1 和图 11-2 所示。

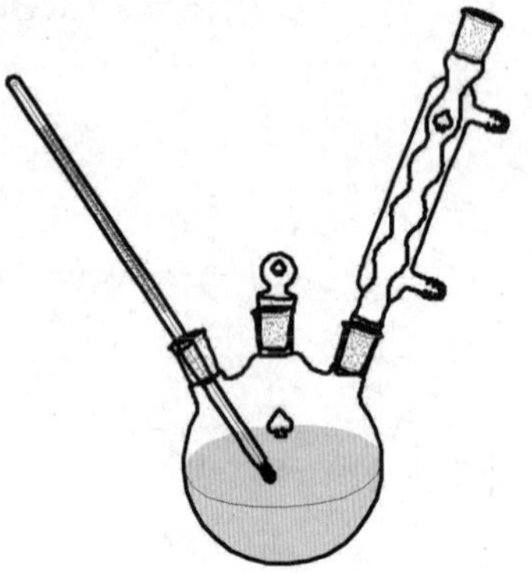

图 11-1　回流装置

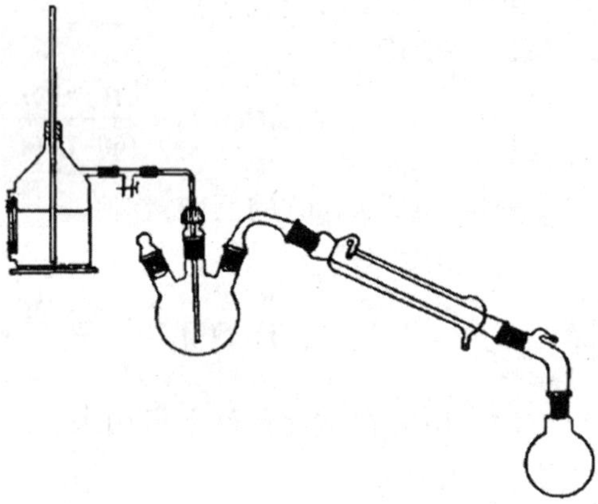

图 11-2　水蒸气蒸馏装置

六、实验步骤

1. 使用乙酸钾作催化剂

1) 肉桂酸的合成

称取 3g 新熔融并研细的无水乙酸钾粉末置于 100mL 三颈烧瓶中，再向瓶中加入 3mL 新蒸的苯甲醛、5.5mL 乙酸酐，振荡使之混合均匀。然后按照图 11-1 装上冷凝管和温度计，并在冷凝管上连接一无水氯化钙干燥管。要求温度计水银球处于液面以下，但不能与反应瓶底或瓶壁接触。加热使反应温度维持在 150~170℃，保温 1h，停止加热。将反应物趁热转入锥形瓶中，用少量沸水冲洗反应瓶并一起转入锥形瓶中。然后在搅拌下慢慢地加入饱和碳酸钠溶液直到反应混合物呈弱碱性(pH=8)为止。

2)水蒸气蒸馏除杂

将锥形瓶中混合溶液转移到三颈烧瓶中，按照图 11-2 安装水蒸气蒸馏装置进行水蒸气蒸馏，直到馏出液无油珠为止。

3)进一步纯化

将水蒸气蒸馏后的三颈烧瓶中的剩余反应液体转入烧杯，并向烧杯中加入少许活性炭(0.5~1.0g)，加热煮沸 10min，趁热过滤，得无色透明液体。

用浓盐酸对滤液小心地进行酸化，使其呈明显的酸性，然后冷水浴冷却，则肉桂酸呈无定形固体状态析出。待冷至室温且结晶基本完成后，减压过滤，晶体用少量水洗涤并尽量挤去水分，干燥，即得粗肉桂酸。

将粗肉桂酸用 30%乙醇进行重结晶，可得无色晶体。

2. 使用碳酸钾作催化剂

1)肉桂酸的合成

在干燥的 100mL 三颈烧瓶中加入 3mL 新蒸馏的苯甲醛、8mL 醋酸酐和 4.2g 碳酸钾，按照图 11-1 装上冷凝管、温度计，并在冷凝管的上口装一个无水氯化钙干燥管。装置安装好后，加热回流 30min，停止加热。待冷却到大约 80℃，用饱和碳酸钠溶液将混合物调至弱碱性(pH=8)。

2)水蒸气蒸馏除杂

按照图 11-2 将装置改为水蒸气蒸馏装置进行水蒸气蒸馏，直至馏出液无油珠为止。

3)进一步纯化

将反应瓶中的剩余液体转入烧杯中，冷却，然后加少量活性炭煮沸 10min，趁热过滤，得无色透明液体。将滤液用浓盐酸慢慢酸化至不再有新的沉淀析出，冷却使肉桂酸固体完全析出。抽滤得固体，干燥，即得粗肉桂酸。

将粗肉桂酸用 30%乙醇进行重结晶，可得无色晶体，即较纯的肉桂酸。

七、注意事项

(1)使用乙酸钾作催化剂时，由于无水乙酸钾的粉末可吸收空气中水分，故每次称完药品后应立刻盖上盛放乙酸钾的试剂瓶盖，并放回原干燥器中，以防吸水。无水乙酸钾也可用无水乙酸钠代替。

(2)本实验的反应装置中使用的反应瓶、回流冷凝管、干燥管都应事先干燥，否则缩合反应不能顺利进行。

(3)若用未蒸馏过的苯甲醛试剂代替新蒸馏过的苯甲醛进行实验，产物中可能含有苯甲酸等杂质，而苯甲酸等不易从最后的产物中分离出去，反应体系的颜色也较深一些。

(4)反应过程中体系的颜色会逐渐加深，有时会有棕红色树脂状物质出现。

(5)在使用乙酸钾作催化剂时的操作中加入热的蒸馏水后，体系分为两相即下层水相，上层油相，呈棕红色。水蒸气蒸馏结束时，油层消失，体系呈均相，为浅棕黄色。有时体系中会悬浮有少许难溶于水的棕红色固体颗粒，可用活性炭等除杂。

（6）水蒸气蒸馏时操作要规范，要注意安全管内的水柱和T形管，及时排除故障。

思考题

1. 具有何种结构的酯能进行Perkin反应？
2. 为什么不能用氢氧化钠溶液代替碳酸钠溶液来中和水溶液？
3. 用水蒸气蒸馏除去什么？能不能不采用水蒸气蒸馏而使用其他方法呢？

参考文献

[1]叶彦春，郭燕文，黄学斌．有机化学实验[M]．2版．北京：北京理工大学出版社，2014.

[2]叶彦春．有机化学实验[M]．3版．北京：北京理工大学出版社，2018.

[3]熊志勇，徐惠娟．有机化学实验[M]．2版．武汉：华中科技大学出版社，2020.

实验 12 乙酰水杨酸的制备及紫外光谱分析

一、实验目的

(1)学习用乙酸酐作酰基化试剂，酰化水杨酸制备乙酰水杨酸的方法。
(2)掌握重结晶、抽滤等基本操作。
(3)了解乙酰水杨酸的应用价值。
(4)学习紫外光谱的操作和注意事项。

二、实验背景和原理

1. 乙酰水杨酸的来历及性质和用途

阿司匹林，又名乙酰水杨酸，是一种有机化合物，化学式为 $C_9H_8O_4$。

18 世纪，人们从柳树皮提取出了水杨酸，它可以作为止痛、退热和抗炎的药物，但对肠胃刺激作用较大。1853 年夏天，弗雷德里克·热拉尔用水杨酸与乙酸酐合成了乙酰水杨酸，但未引起广泛关注。1897 年，德国化学家费利克斯·霍夫曼再次合成该物质，并用于治疗其父亲的风湿性关节炎，疗效显著。同年，德国拜耳公司首次工业化合成了构成阿司匹林的主要物质。阿司匹林于 1898 年上市后，人们发现它还具有抗血小板凝聚的作用，因而重新受到广泛关注。将阿司匹林及其他水杨酸衍生物与聚乙烯醇、醋酸纤维素等含羟基聚合物进行熔融酯化，使其高分子化，所得产物的抗炎性和解热止痛性比游离的阿司匹林更为长效。截至 2015 年，阿司匹林已应用百年，成为医药史上三大经典药物之一，至今它仍是世界上应用最广泛的解热、镇痛和抗炎的药物，也是作为比较和评价其他药物的标准制剂。

乙酰水杨酸为白色结晶或结晶性粉末，无臭或微带醋酸味，遇湿气即缓缓水解。溶于乙醇、乙醚，微溶于水，在氢氧化钠溶液或碳酸钠溶液中溶解，但同时分解。乙酰水杨酸在人体内具有抗血栓的作用，它能抑制血小板的释放反应，抑制血小板的聚集，还能镇痛解热、消炎抗风湿、治疗关节炎、抗血栓。

2. 乙酰水杨酸的合成

水杨酸是一种具有酚羟基和羧基双官能团的化合物，能进行两种不同类型的酯化反应。当水杨酸与过量甲醇反应时生成水杨酸甲酯，即冬青油，第一个作为冬青树的香味成分被发现的物质；与乙酸酐反应时即得乙酰水杨酸，也是本实验要合成的产物。

以水杨酸和乙酸酐为原料合成乙酰水杨酸的反应式为

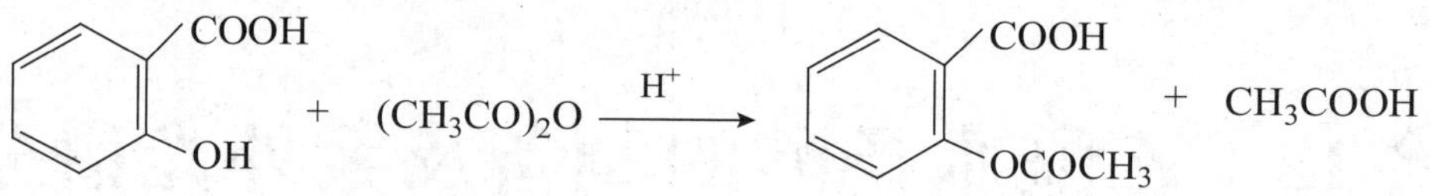

可能的副反应，少量的聚合物：

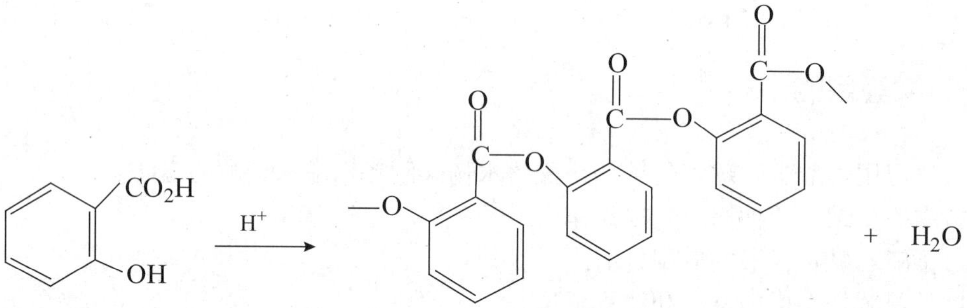

酚羟基与羧基容易形成分子内氢键，阻碍酯化或酰化的发生，加入浓硫酸、浓磷酸或高氯酸可破坏氢键，不仅可降低反应温度，还可减少副产物的生成。最后产物中的杂质可能有未反应的或产物处理过程中水解产生的水杨酸和副产物聚合物。聚合物不溶于碳酸氢钠水溶液，乙酰水杨酸能与碳酸氢钠形成水溶性钠盐；水杨酸在水中的溶解度大大高于乙酰水杨酸，因此可通过重结晶除去杂质。

水杨酸含酚羟基，可与三氯化铁溶液形成深色络合物，乙酰水杨酸不含酚羟基，则不与三氯化铁溶液发生颜色反应，因此可以用三氯化铁溶液检验产物中是否含杂质水杨酸。

三、仪器与试剂

仪器：烧杯、玻璃棒、非磨口锥形瓶、热滤漏斗、磁力加热搅拌器、布氏漏斗、抽滤瓶、循环水式多用真空泵、紫外-可见分光光度计等。

试样：水杨酸(A. R)、乙酸酐(A. R)、浓硫酸(A. R)、碳酸钠(A. R)、碳酸氢钠(A. R)、1%三氯化铁溶液等。

四、实验参数

实验参数如表 12-1 所示。

表 12-1 **实验参数**

名称	分子量	熔点/℃	沸点/℃	密度/(g/cm³)	水溶性
水杨酸	138.1	158~161	336.3	1.375	微溶于冷水，易溶于热水、乙醇
乙酸酐	102.1	-73	140	1.087	与水反应，溶于乙醇

续表

名称	分子量	熔点/℃	沸点/℃	密度/(g/cm^3)	水溶性
乙酰水杨酸	180.2	134~136	321.4	1.35	微溶于水，溶于乙醇

五、实验装置

实验装置如图 12-1 所示。

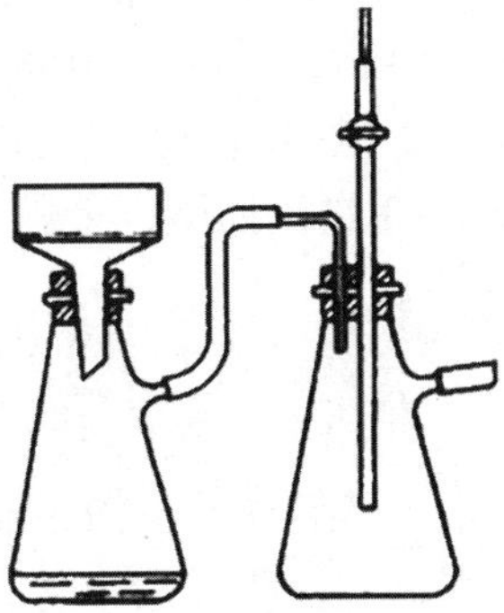

图 12-1　抽滤装置

六、实验步骤

1. 乙酰水杨酸的制备

方法一：称取 2g 水杨酸加入 100mL 干燥的锥形瓶中，再在不断振摇的同时加入 3.5mL 乙酸酐，以防止出现不溶物。然后向锥形瓶中滴加 2 滴浓硫酸并充分振摇，使水杨酸溶解。然后置于 75~80℃的磁力加热搅拌器中，并不断振摇，保温反应 15~20min。自然冷却至室温，则会有晶体析出(若无晶体析出可用玻璃棒摩擦瓶壁至出现结晶)。如果冷却速度过快，则溶液中容易出现油状物，影响产品质量。若出现油状物则需重新水浴加热，并用玻璃棒将油状物完全打散。

待晶体出现后，在不断搅拌下加 50mL 蒸馏水至锥形瓶中，使晶体充分分散并与水接触，以促使晶体上沾的未反应的乙酸酐分解。继续在冷水浴中冷却至晶体析出完全。抽滤，并用少量蒸馏水洗涤晶体 2~3 次。待晶体抽干后，将晶体转移至表面皿中，自然晾干或在烘箱中烘干即得乙酰水杨酸粗产物。

方法二：在 100mL 干燥的锥形瓶中加入 2g 水杨酸、0.1g 无水碳酸钠及 1.8mL 乙酸酐，充分振摇使水杨酸溶解。然后将锥形瓶置于 75~80℃的磁力加热搅拌器中，并不断振摇，保温反应 10min。在搅拌下，趁热将锥形瓶中的反应液倒入盛有 30mL 蒸馏水及

0.5mL 浓盐酸的烧杯中，以使乙酰水杨酸游离出来。在冷水浴中冷却至晶体析出完全。抽滤，并用少量蒸馏水洗涤晶体 2～3 次，然后干燥，即得乙酰水杨酸粗产物。

2. 乙酰水杨酸的纯化

方法一：将乙酰水杨酸粗产物置于 50mL 锥形瓶中，加入 5mL 95%乙醇，水浴加热使乙酰水杨酸固体完全溶解。待固体溶解后，趁热滴加 50～60℃的温水 15mL，溶液将会变混浊，然后自然冷却，则会有大量晶体析出。待晶体基本析出完全，抽滤，并用 10mL 体积比为 1∶3 的乙醇-水溶液洗涤晶体 2～3 次，抽干晶体，干燥，即得较纯的乙酰水杨酸，称量，计算产率。

方法二：将乙酰水杨酸粗产物置于 100mL 烧杯中，加入 25mL 饱和碳酸氢钠溶液，然后搅拌至无气泡产生。抽滤以除去不溶物，并用 5～10mL 蒸馏水洗涤不溶物。将滤液转入盛有 4mL 浓盐酸和 10mL 水的烧杯中，搅拌均匀，则有晶体析出。在冷水浴中冷却至晶体析出完全，抽滤，用冷水洗涤晶体 2～3 次，抽干，干燥，即得较纯的乙酰水杨酸，称量，计算产率。

3. 检验产物乙酰水杨酸

取少量乙酰水杨酸产品溶于水中，然后向此溶液中滴入 1～2 滴 1%三氯化铁溶液，观察有无颜色变化，若有深色物质出现，则说明样品中含有未反应或水解析出的水杨酸；若无深色物质，则不含水杨酸，产物较纯。

4. 紫外光谱分析

分别称取 0.02g 水杨酸和制备的阿司匹林，然后分别配制成 200mL 水溶液。在 200～700nm 范围内利用紫外-可见分光光度计扫描曲线，分析其波峰位置，对比水杨酸和产物乙酰水杨酸的紫外光谱图。

七、注意事项

(1)药品应规范量取，顺序加入，尤其是浓硫酸应最后加入。

(2)磁力加热搅拌器中注意要添加足量的水，保证水浴效果及仪器的安全，不要将水洒到搅拌器内的线路上。若桌面上有水，应及时擦干净。

(3)注意取用浓盐酸、乙酸酐及其他挥发性药品时必须在通风橱中进行，不要随便移出。

(4)最终产品阿司匹林要及时烘干称重，回收到相应回收瓶中，不应随便丢弃。

(5)反应过程中，反应温度不宜过高，否则副产物增多。反应过程中盛有反应物的锥形瓶不能离开水浴，否则反应不完全。

(6)在合成乙酰水杨酸时，方法二中加入盐酸的目的是使乙酰水杨酸游离，游离的乙酰水杨酸在水中的溶解度较小，可从溶液中析出。

思考题

1. 在方法一中，水杨酸与醋酐的反应过程中，浓硫酸的作用是什么？
2. 反应中为什么使用过量的乙酸酐，而不用过量的水杨酸？
3. 在硫酸的存在下，水杨酸与乙醇作用将得到什么产物？写出反应方程式。
4. 反应中有哪些副产物？应如何除去？加水的目的是什么？
5. 通过什么样的简便方法可以鉴定出阿司匹林是否变质？
6. 重结晶操作包括哪些步骤？什么叫混合溶剂重结晶？结合本实验说明一下混合溶剂重结晶的方法是怎样的？

参考文献

林玉萍，万屏南．有机化学实验[M]．武汉：华中科技大学出版社，2020.

实验 13　植物生长调节剂 2，4-二氯苯氧乙酸的制备

一、实验目的

(1) 了解植物生长调节剂的定义和作用机制。
(2) 了解植物生长调节剂的特点。
(3) 熟悉制备 2，4-二氯苯氧乙酸的方法和注意事项。

二、实验背景和原理

1. 植物生长调节剂的介绍

植物激素是指植物体内天然存在的对植物生长、发育有显著作用的微量有机物质，也被称为植物天然激素或植物内源激素。它的存在可影响和有效调控植物的生长和发育等生命全过程，包括细胞生长、分裂，到生根、发芽、开花、结实、成熟和脱落等。

植物生长调节剂是指人们在了解天然植物激素的结构和作用机制后，通过人工合成与植物激素具有类似生理和生物学效应的物质，即人工合成的对植物的生长发育有调节作用的化学物质和从生物中提取的天然植物激素，在农业生产上使用，有效调节作物的生育过程，达到稳产增产、改善品质、增强作物抗逆性等目的。植物生长调节剂是有机合成、微量分析、植物生理和生物化学以及现代农林园艺栽培等多种科学技术综合发展的产物。

20 世纪 20—30 年代，发现植物体内存在微量的天然植物激素如乙烯、3-吲哚乙酸和赤霉素等，具有控制生长发育的作用。到 40 年代，开始人工合成类似物的研究，陆续开发出 2，4-D、胺鲜酯(DA-6)、氯吡脲、复硝酚钠、α-萘乙酸、抑芽丹等，逐渐推广使用，形成农药的一个类别。经过 30 多年的发展，人工合成的植物生长调节剂种类越来越多，但由于应用技术比较复杂，其发展不如杀虫剂、杀菌剂、除草剂迅速，应用规模也较小。但从农业现代化的需要来看，植物生长调节剂有很大的发展潜力，20 世纪 80 年代已有加速发展的趋势。中国自 50 年代起开始生产和应用植物生长调节剂。

对目标植物而言，植物生长调节剂是外源的非营养性化学物质，通常可在植物体内传导至作用部位，以很低的浓度就能促进或抑制其生命过程的某些环节，使之向符合人类的需要发展。每种植物生长调节剂都有特定的用途，而且应用技术要求相当严格，只有在特定的施用条件(包括外界因素)下才能对目标植物产生特定的功效。往往改变植物生长调节剂的浓度就会得到相反的结果，例如某些植物生长调节剂在低浓度下有促进作用，而在

高浓度下则变成抑制作用。

植物生长调节剂有很多用途，因品种和目标植物而不同。例如，控制萌芽和休眠；促进生根；促进细胞伸长及分裂；控制侧芽或分蘖；控制株型(矮壮防倒伏)；控制开花或雌雄性别，诱导无子果实；疏花疏果，控制落果；控制果的形或成熟期；增强抗逆性(抗病、抗旱、抗盐分、抗冻)；增强吸收肥料能力；增加糖分或改变酸度；改进香味和色泽；促进胶乳或树脂分泌；脱叶或催枯(便于机械采收)；保鲜等。某些植物生长调节剂以高浓度使用时就成为除草剂，而某些除草剂在低浓度下也有生长调节作用。

植物生长调节剂具有诸多特点，具体如下：

(1)作用面广，应用领域多。可适用于几乎包含了种植业中的所有高等和低等植物，如大田作物、蔬菜、果树、花卉、林木、海带、紫菜、食用菌等，并通过调控植物的光合、呼吸、物质吸收与运转、信号传导、气孔开闭、渗透调节、蒸腾等生理过程的调节而控制植物的生长和发育，改善植物与环境的互作关系，增强作物的抗逆能力，提高作物的产量，改进农产品品质，使作物农艺性状表达按人们所需求的方向发展。

(2)用量小、速度快、效益高、残毒少。大部分作物一季只需按规定时间喷用一次。

(3)可对植物的外部性状与内部生理过程进行双调控。

(4)针对性强，专业性强。可解决一些其他手段难以解决的问题，如形成无籽果实、防治大风、控制株型、促进插条生根、果实成熟和着色、抑制腋芽生长、促进棉叶脱落。

(5)植物生长调节剂的使用效果受多种因素的影响，而难以达到最佳。气候条件、施药时间、用药量、施药方法、施药部位以及作物本身的吸收、运转、整合和代谢等都将影响到其作用效果。

2. 2，4-二氯苯氧乙酸的合成方法

2，4-D 即 2，4-二氯苯氧乙酸就是一种具有代表性的合成植物生长素，化学式为 $C_8H_6Cl_2O_3$。1941 年美国人 R. 波科尼发表了 2，4-D 的合成方法。1942 年 P. W. 齐默尔曼和 A. E. 希契科克首次报道 2，4-D 用作植物生长调节剂。1944 年美国农业部报道了 2，4-D 的杀草效果。后因其用量少、成本低而一直是世界主要除草剂品种之一。常温下 2，4-二氯苯氧乙酸为白色至黄色晶体粉末，无臭，工业品略带酚气味，微溶于水，微溶于油类，溶于乙醇等。农业上 2，4-二氯苯氧乙酸用作除草剂和植物生长剂，常加工成钠盐、铵盐或酯类的液剂、粉剂、乳剂、油膏等使用。制备 2，4-二氯苯氧乙酸的常用方法有：

(1)首先由苯酚钠与氯乙酸反应合成防霉剂苯氧乙酸，也叫防落素，可减少农作物落花落果。

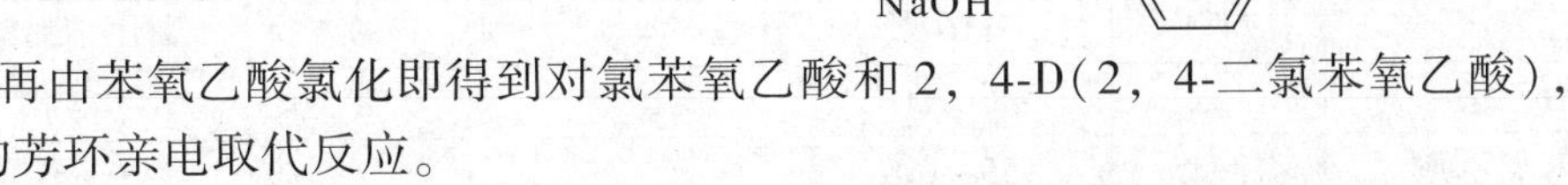

(2)再由苯氧乙酸氯化即得到对氯苯氧乙酸和 2，4-D(2，4-二氯苯氧乙酸)，该反应为重要的芳环亲电取代反应。

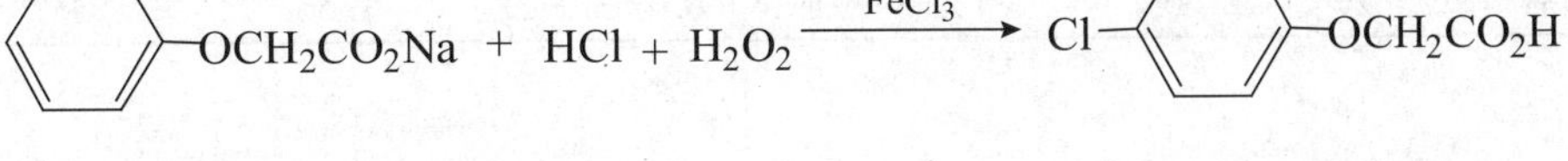

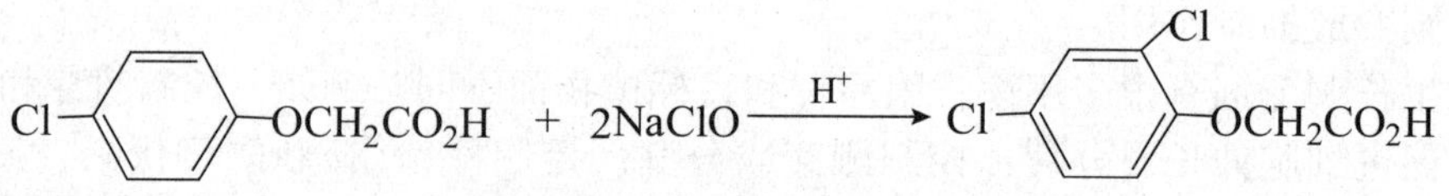

本实验采用的浓盐酸加过氧化氢和次氯酸钠在酸性介质中氯化，可避免直接使用氯气带来的不便和危险，其具体生成氯化剂的反应过程为

$$2HCl+H_2O_2 \longrightarrow Cl_2+2H_2O$$

$$HClO+H^+ \rightleftharpoons H_2\overset{+}{O}Cl$$

$$2HClO \longrightarrow Cl_2O+H_2O$$

其中：$H_2\overset{+}{O}Cl$、Cl_2O 皆为优良的氯化剂，氯气也是一种氯化剂。

三、主要仪器与试剂

主要仪器：磁力加热搅拌器、三颈烧瓶、锥形瓶、恒压滴液漏斗、回流冷凝管等。

主要试剂：氯乙酸、饱和碳酸钠溶液、苯酚、35%氢氧化钠溶液、浓盐酸、冰乙酸、34%双氧水、三氯化铁、5%次氯酸钠溶液、6mol/L 盐酸溶液、乙醚、10%碳酸钠溶液、刚果红试纸等。

四、实验参数

实验参数如表 13-1 所示。

表 13-1　　实验参数

试剂名称	分子量	熔点/℃	沸点/℃	密度/(g/cm^3)	水溶性
氯乙酸	94.5	63(α 型) 55~56(β 型) 50(γ 型)	189	1.58	溶于水
碳酸钠	106.0	851	1600	2.532	易溶于水
苯酚	94.1	43	181.9	1.071	稍溶于水
氢氧化钠	40.0	318.4	1390	2.13	极易溶于水
冰乙酸	60.1	16.6	117.9	1.049	易溶于水
过氧化氢	34.0	-0.42	152(分解)	1.465	与水任意比混溶
三氯化铁	162.2	304		2.8	易溶于水
次氯酸钠	74.4	-16	111	1.25	易溶于水
乙醚	74.1	-116.2	34.5	0.714	微溶于水
苯氧乙酸	152	98~100	285	1.2143	溶于水
对氯苯氧乙酸	186.5	155~156			不溶于水
2，4-二氯苯氧乙酸	221.0	137	160(0.4mm Hg)	1.563	微溶于水

五、实验装置

实验装置如图 13-1 所示。

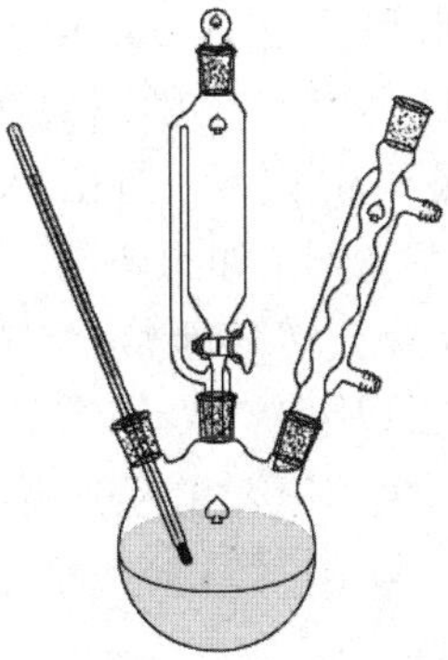

图 13-1　反应装置

六、实验步骤

1. 苯氧乙酸的制备

按照图 13-1 装上 100mL 三颈烧瓶、回流冷凝管和恒压滴液漏斗，向瓶中加入 3.5g 氯乙酸和 5mL 水及一颗搅拌子。启动搅拌，在搅拌下通过恒压滴液漏斗慢慢滴加饱和碳酸钠溶液至 pH=7~8(约需 7mL 饱和碳酸钠溶液)。然后再加入 2.5g 苯酚，搅匀。之后在搅拌下缓慢滴加 35%氢氧化钠溶液至混合体系 pH=12。然后，在沸水浴中继续搅拌反应 15min。反应完成后，移出水浴，趁热将三颈烧瓶中的混合液体倒入锥形瓶中，在搅拌下加入浓盐酸调节 pH=3~4。自然冷却(必要时可在冰水浴中冷却)结晶，待结晶完全，抽滤，并用少量冷水洗涤滤饼 2~3 次，再在 60~65℃下干燥即得苯氧乙酸粗品，该粗产物可直接用于对氯苯氧乙酸的制备。

2. 对氯苯氧乙酸的制备

按照图 13-1 装好 100mL 三颈烧瓶、回流冷凝管和恒压滴液漏斗，并加入 3g 上一步制备的苯氧乙酸和 10mL 冰乙酸，水浴加热并搅拌。当水浴温度达到 55℃时，加入少量三氯化铁(约 20mg)和 10mL 浓盐酸。当水浴温度升到 60~70℃时，在 10min 内慢慢滴加 3mL 过氧化氢(34%左右的)，滴加完毕后保持此温度继续搅拌反应 20min。升高水浴温度，使瓶内固体全溶。然后迅速趁热将三颈烧瓶中的反应液转移至锥形瓶中，慢慢冷却结晶。待结晶完全，抽滤，并用少量冷水洗涤滤饼 2~3 次。粗产品可用 1：3 乙醇-水溶液重结晶，然后在烘箱中烘干即得产品对氯苯氧乙酸。

3. 2，4-二氯苯氧乙酸的制备

在 100mL 锥形瓶中加入 1g 干燥的上一步制备的对氯苯氧乙酸和 12mL 冰乙酸，搅拌使固体溶解。然后将锥形瓶置于冰水浴中冷却，在搅拌下分批加入 19mL 5%次氯酸钠溶液。待次氯酸钠溶液加完后，将锥形瓶从冰水浴取出，待温度恢复到室温后继续保持 5min，此时溶液颜色会变深。向锥形瓶中加入 50mL 蒸馏水，搅匀后用 6mol/L 的盐酸调节 pH 至刚果红试纸变蓝(pH 小于 3 时变蓝)。然后每次用 25mL 乙醚萃取反应物两次，合并乙醚萃取液(有机层)。在分液漏斗中先用 15mL 水洗涤有机层，保留有机层；再用 15mL 10%碳酸钠溶液萃取有机层至显碱性(如果不够，可再补充碳酸钠溶液，要注意二氧化碳的溢出)。保留水相的碱性萃取液，转移至烧杯中并加入 25mL 水，然后用浓盐酸酸化至刚果红试纸变蓝(即调节 pH 至 3 以下)。冷却结晶，待结晶完全，抽滤并用少量冷水洗涤滤饼 2~3 次，烘干即得 2，4-二氯苯氧乙酸粗产品。可用四氯化碳重结晶。

七、注意事项

(1)在制备苯氧乙酸时，添加饱和碳酸钠溶液是使其与氯乙酸反应生成盐，防止氯乙酸水解，加碱速度要缓慢。

(2)制备对氯苯氧乙酸时，开始滴加盐酸时，可能有沉淀产生，不断搅拌后又会溶解；盐酸是过量的，但不能过量太多，否则会生成烊盐而溶于水，若未见沉淀出现，可再补加 2~3mL 浓盐酸。

(3)在制备 2，4-二氯苯氧乙酸时，次氯酸钠过量会使产品产量降低，应注意用量。

(4)在第三步制备 2，4-二氯苯氧乙酸的过程中使用 10%碳酸钠溶液萃取产物时要小心二氧化碳大量释放造成的影响。

(5)每个步骤都要注意 pH 的必要变化。

(6)反应过程中要注意通风，以便及时排除有害气体，避免伤害。

思考题

1. 说明实验各步反应调节 pH 的目的和意义。

2. 以苯氧乙酸为原料，如何制备对溴苯氧乙酸呢？能用此法制备对碘苯氧乙酸吗？为什么？

参考文献

兰州大学、复旦大学化学系有机化学教研室．有机化学实验[M]．北京：高等教育出版社，1994.

实验 14　香豆素-3-羧酸的制备

一、实验目的

(1)学习香豆素及香豆素-3-羧酸的性质和用途。

(2)学习香豆素及香豆素-3-羧酸的合成方法。

二、实验背景和原理

1. 香豆素及香豆素-3-羧酸的性质及用途

香豆素，又名1，2-苯并吡喃酮、邻氧萘酮，化学式 $C_9H_6O_2$，是一种重要的有机化合物。通常情况下香豆素为白色结晶性粉末，不溶于冷水，易溶于热水、醇、乙醚、氯仿和氢氧化钠溶液等。香豆素存在于许多天然植物中，它最早于1820年从香豆的种子中发现。香豆素也存在于薰衣草、桂皮的精油中。香豆素具有香茅草的香气，是重要的香料，常用作定香剂、脱臭剂，配制香水和香料，也用作饮料、食品、香烟、塑料制品、橡胶制品等的增香剂。香豆素的衍生物还可以用作农药。

香豆素-3-羧酸，分子式为 $C_{10}H_6O_4$，是香豆素的衍生物之一。通常情况下香豆素-3-羧酸为无色结晶或白色粉末状固体，在常温下能溶于乙醇、乙醚和氯仿等有机溶剂中。香豆素-3-羧酸相对稳定，但在光照下会发生光解。香豆素-3-羧酸是一种相对安全的化合物，但制备和使用时仍要注意：

(1)香豆素-3-羧酸可能对皮肤和眼睛有刺激性，使用时应避免接触皮肤和眼睛。

(2)由于香豆素-3-羧酸对光的敏感性，储存和使用时应避免暴露在强光下，应将其保存在暗处。

(3)在使用香豆素-3-羧酸的实验操作中，必须遵循正确的操作程序和安全

措施，如佩戴适当的防护装备和使用实验室通风设施。

香豆素-3-羧酸在化学和医药领域具有广泛的用途：

(1)化学试剂。香豆素-3-羧酸可作为有机合成中的试剂和起始物，用于合成其他化合物或药物。

(2)香料。它也可用作食品、饮料和香水中的香料成分，给产品带来独特的香味。

2. 香豆素及香豆素-3-羧酸的合成方法

天然物质中香豆素含量较少，通常采用合成手段获得。1868 年，Perkin 采用邻羟基苯甲醛(水杨醛)与乙酸酐、乙酸钾一起加热制得了香豆素，该方法也被称为 Perkin 合成法。

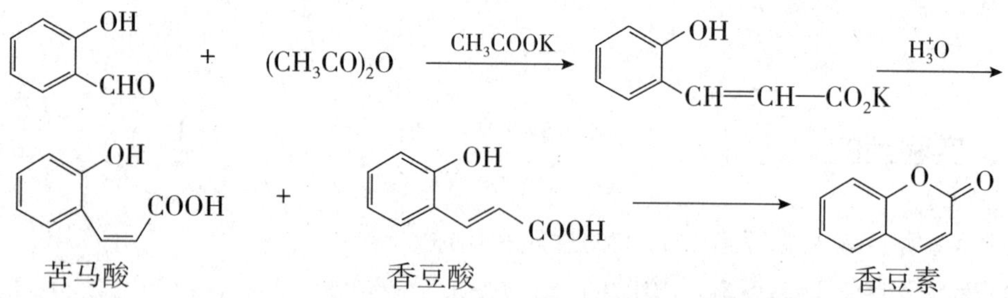

但是，Perkin 法存在反应时间长，反应温度高，产率有时较低等缺点，因此常采用先合成香豆素-3-羧酸，再以香豆素-3-羧酸为原料制备香豆素。

制备香豆素-3-羧酸的方法通常有：①香豆素氧化制备香豆素-3-羧酸。②其他合成路线的方法，比如本实验的水杨醛和丙二酸二乙酯在有机碱的催化下，在较低温度下合成香豆素的衍生物香豆素-3-羧酸的方法。

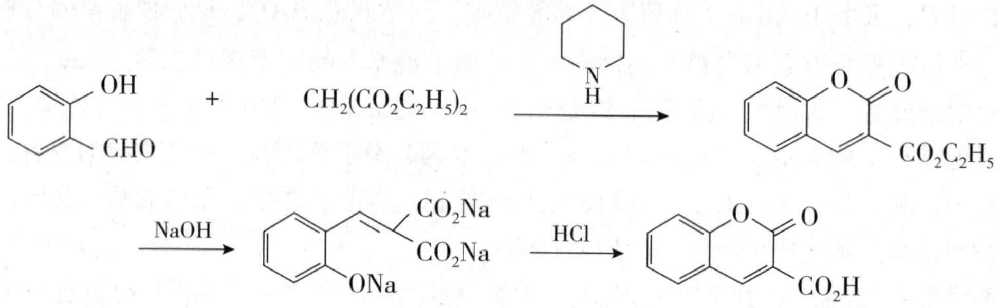

这种在有机碱催化作用下促进羟醛缩合反应的方法称作 Knoevenagel 反应。该法将 Perkin 法中的酸酐改为活泼亚甲基化合物，需要有一个或两个吸电子基团增加亚甲基氢的活泼性；同时，采用碱性较弱的有机碱作为反应介质，避免了醛的自身缩合，扩大了缩合反应的原料使用范围。本实验中除了要加入有机碱六氢吡啶外，还需加入少量冰醋酸加快反应的进行。

三、仪器与试剂

仪器：烧杯、玻璃棒、圆底烧瓶、冷凝管、布氏漏斗、抽滤瓶、磁力加热搅拌器、循环水式多用真空泵等。

试样：水杨醛(A. R)、丙二酸二乙酯(A. R)、无水乙醇(A. R)、六氢吡啶(A. R)、冰醋酸(A. R)、氢氧化钠(A. R)、浓盐酸(A. R)等。

四、实验参数

实验参数如表 14-1 所示。

表 14-1　　**实 验 参 数**

试剂名称	分子量	熔点/℃	沸点/℃	密度/(g/cm^3)	水溶性
水杨醛	122.1	-7	193.7	1.226	微溶于水
丙二酸二乙酯	160.2	-50	199.3	1.06	不溶于水
六氢吡啶	85.1	-11	106	0.862	可溶于水
乙醇	46.1	-114.1	78.3	0.789	混溶于水
乙酸	60.1	16.6	117.9	1.05	溶于水

五、实验装置

实验装置如图 14-1 和图 14-2 所示。

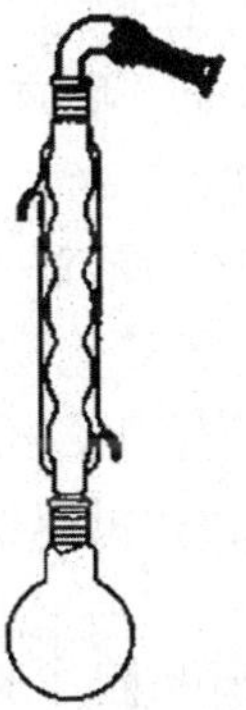

图 14-1　回流装置

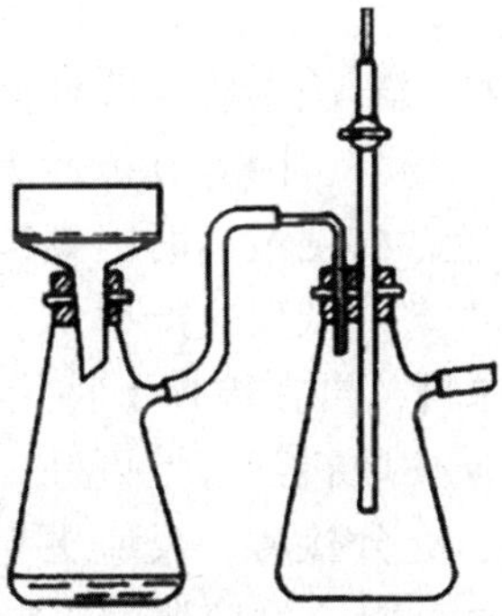

图 14-2　抽滤装置

六、实验步骤

1. 香豆素-3-甲酸乙酯的合成

在干燥的 100mL 圆底烧瓶中加入 4.2mL 水杨醛、6.8mL 丙二酸二乙酯、25mL 无水乙醇、0.5mL 六氢吡啶和 2 滴冰醋酸及一颗搅拌子，按照图 14-1 将装置安装到磁力加热搅拌器中。启动搅拌并水浴回流反应 2h。反应完毕后冷却，稍微冷却后在搅拌下向圆底烧瓶中加入 30mL 水。待混合均匀后将圆底烧瓶中的混合液转入烧杯中，将烧杯置于冰水浴中冷却。待结晶完全后，抽滤，每次用 2~3mL 冰冷过的 50%乙醇洗涤所得晶体 2~3 次，即得白色的香豆素-3-甲酸乙酯粗品。若纯度不够，可用 25%乙醇重结晶。烘干，称重。

2. 香豆素-3-羧酸的合成

在 100mL 圆底烧瓶中加入 4g 香豆素-3-甲酸乙酯、3g 氢氧化钠、20mL 95%乙醇和 10mL 水，并加入一颗搅拌子，按照图 14-1 将装置安装到磁力加热搅拌器中。待水浴加热至酯溶解后，再继续在搅拌下回流 15min。稍冷后，在搅拌下将反应混合物转移到盛有 10mL 浓盐酸和 50mL 水的烧杯中，则立即会有大量白色结晶析出。将烧杯置于冰水浴中冷却，待结晶完全后，抽滤，用少量冰水洗涤晶体，压干。

3. 香豆素-3-羧酸的纯化

用无水乙醇或 95%乙醇重结晶，料液比($m_{样品}$ ∶ $V_{乙醇}$)为 1 ∶ 15g/mL。加热回流至香豆素-3-羧酸完全溶解，冷却析晶(若有少量不溶物，可先抽滤再将滤液转移到烧杯中冷却结晶)，抽滤即得较纯的香豆素-3-羧酸，烘干称重，并用毛细管法测定其熔点。

七、注意事项

(1)合成香豆素-3-甲酸乙酯、香豆素-3-羧酸时所用仪器及试剂必须干燥，否则对实验产率有很大影响。

(2)水杨醛或者丙二酸酯过量，都可使平衡向右移动，提高香豆素-3-甲酸乙酯的产率，本实验使用过量水杨醛，因为其极性大，后处理简单。

该反应为放热反应，温度过高时，碳链易断裂，副产物增加，会引起树脂化反应，导致产物不易被分离，大大降低反应产率。

(3)先加入其他原料，再在搅拌下将用滴加的方式将溶于乙醇的丙二酸二乙酯加入圆底烧瓶，无水乙醇介质使原料互溶性更好，每次加入数滴，可以使其完全包裹在水杨醛与六氢吡啶的混合液内，充分接触，反应更充分。

(4)乙醇的沸点为 78℃，反应温度以能让乙醇匀速缓和回流为好，反应温度应控制在 88℃以下，超过 88℃会大大增加无水乙醇的挥发程度，增加副反应的发生。

(5)在制备香豆素-3-甲酸乙酯时，随着催化剂六氢吡啶量的增加，产率有所提高，主要是因为碱性增强，碳负离子数目增多，导致产率增大。但六氢吡啶用量过多时，其会与已生成的香豆素-3-甲酸乙酯生成酰胺，导致产率降低，故其与丙二酸二乙酯的物质的量最适宜比为 1 ∶ 1。

(6)在制备香豆素-3-甲酸乙酯时，加入醋酸的原因是：仅用六氢吡啶不足以使反应发生，无法得到目标产物，当反应体系中加入一滴冰醋酸，反应即可在较低温度下进行，且可将反应时间缩短至 2h 左右。

(7)在制备香豆素-3-甲酸乙酯时，用冰 50%乙醇洗涤可以减少酯在乙醇中的溶解，还可洗去粗产物中的黄色杂质。

(8)纯香豆素-3-羧酸熔点为 190℃(分解)，所以烘干温度不能太高。

(9)在合成香豆素-3-羧酸时，如果香豆素-3-甲酸乙酯加热回流很长时间不溶时，可以补加一些氢氧化钠。

思考题

1. 试写出利用 Knoevenagel 反应制备香豆素-3-羧酸的反应机理。

2. 在制备香豆素-3-甲酸乙酯的反应中加入冰醋酸的目的是什么?

3. 如何利用香豆素-3-羧酸制备香豆素? 试设计从香豆素-3-羧酸制备香豆素的反应过程和实验方法。

4. 在香豆素-3-羧酸时，羧酸盐在酸化得羧酸沉淀操作中如何避免酸的损失，提高酸的产量?

参考文献

[1]郑春满，李德湛，盘毅. 有机与高分子化学实验[M]. 北京：国防工业出版社，2014.
[2]王春华. 药学化学实验 2[M]. 2 版. 北京：科学出版社，2020：252-255.
[3]张择瑞. 制药工程专业实验实训[M]. 北京：化学工业出版社，2022.
[4]何树华，朱云云，陈贞干. 有机化学实验[M]. 武汉：华中科技大学出版社，2012.

实验 15　己二酸的制备

一、实验目的

(1)学习制备己二酸的原理和方法。

(2)掌握尾气吸收装置的安装和使用。

(3)掌握抽滤操作。

二、实验背景和原理

1. 己二酸的性质及用途

己二酸，又称肥酸，是一种重要的有机二元酸，结构式为 $HOOC(CH_2)_4COOH$。

常温下己二酸为白色结晶体或结晶性粉末，有骨头烧焦的气味，易溶于乙醇、乙醚等大多数有机溶剂，微溶于水。己二酸在水中的溶解度随温度变化较大，当溶液温度由 28℃升至 78℃时，其溶解度可增大 20 倍。

己二酸是典型的羧酸，能和碱性物质发生反应，从而显示酸性。己二酸可以与醇在一定条件下发生酯化反应。己二酸中的羧基还可以与氨基发生酰胺化反应。作为二元羧酸，它能与二元胺或二元醇缩聚成高分子聚合物。己二酸是尼龙 66 和工程塑料的原料，也是生产各种酯、聚氨基甲酸酯弹性体的原料，是食品和饮料的酸化剂，也是医药、杀虫剂、黏合剂、合成革、合成染料和香料的原料。己二酸的 pH 在较大浓度范围内变化较小，是较好的 pH 调节剂。

1937 年，美国杜邦公司用硝酸氧化环己醇，首先实现了己二酸的工业化生产。进入 20 世纪 60 年代，工业上逐步改用环己烷氧化法，即先由环己烷制中间产物环己酮和环己醇混合物，然后再进行硝酸或空气氧化。

2. 己二酸的合成方法

目前制备己二酸的常用方法有环己烷氧化法、环己醇氧化法、环己酮氧化法等。本实验采用的是环己醇氧化法和环己酮氧化法，常采用的氧化剂有硝酸、高锰酸钾等。

使用硝酸作催化剂，采用环己醇氧化法的反应式为

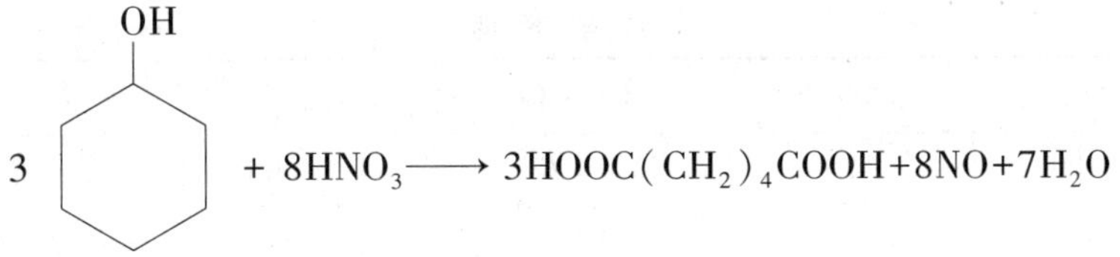

反应中产生的一氧化氮容易被空气中氧气氧化为红棕色的二氧化氮，需用碱液吸收。

使用高锰酸钾作催化剂，采用环己醇氧化法的反应式为

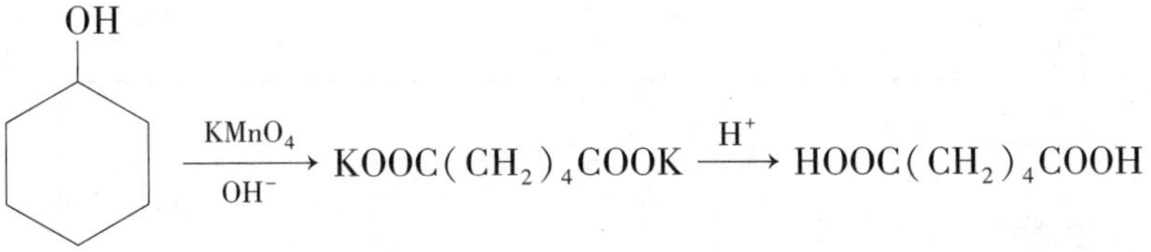

使用高锰酸钾作催化剂，采用环己酮氧化法的反应式为

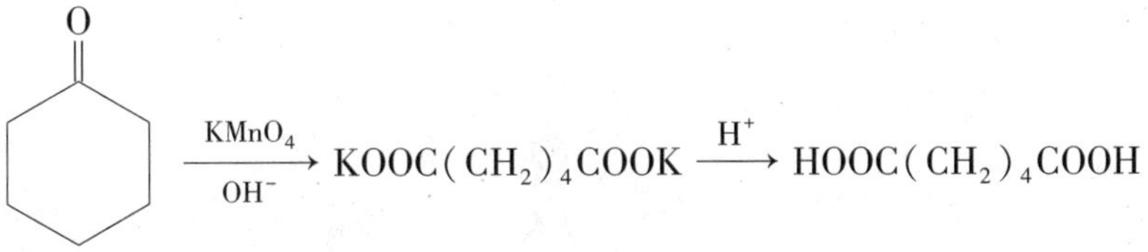

三、仪器与试剂

主要仪器：

方法 1：三颈烧瓶、温度计、恒压滴液漏斗、干燥管、冷凝管、布氏漏斗、水循环真空泵、磁力加热搅拌器、抽滤瓶等。

方法 2：三颈烧瓶、温度计、恒压滴液漏斗、冷凝管、烧杯、酒精灯、布氏漏斗、水循环真空泵、磁力加热搅拌器、抽滤瓶等。

方法 3：三颈烧瓶、温度计、恒压滴液漏斗、冷凝管、烧杯、酒精灯、布氏漏斗、水循环真空泵、磁力加热搅拌器、抽滤瓶等。

主要试剂：

方法 1：环己醇(A. R)、50%硝酸、钒酸铵、氢氧化钠等。

方法 2：环己醇(A. R)、高锰酸钾(A. R)、浓盐酸(A. R)、0. 3mol · L^{-1}的氢氧化钠溶液等。

方法 3：环己酮(A. R)、高锰酸钾(A. R)、浓盐酸(A. R)、10%氢氧化钠溶液等。

四、实验参数

实验参数如表 15-1 所示。

表 15-1　　　　　　　　　　　　　　实验参数

药品名称	分子量	熔点/℃	沸点/℃	密度/(g/cm^3)	溶解性
环己醇	100.2	23	159.6	0.968	溶于水，混溶于乙醇
环己酮	98.1	-47	155	0.947	微溶于水，混溶于乙醇
己二酸	146.1	152	330.5(分解)	1.36	微溶于水，易溶于乙醇
高锰酸钾	158.0	240		2.7	溶于水
硝酸	63.0	-42	83	1.50	易溶于水

五、实验装置

实验装置如图 15-1 所示。

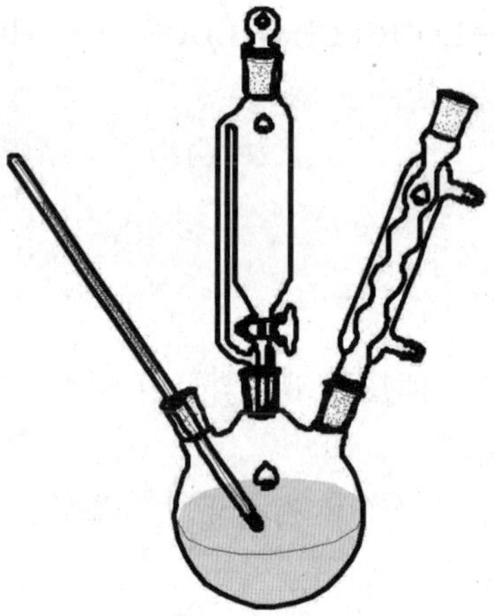

图 15-1　反应装置

六、实验步骤

1. 方法一

按照图 15-1 在磁力加热搅拌器中装上 100mL 三颈烧瓶、搅拌子、冷凝管、温度计和恒压滴液漏斗，在冷凝管上端开口处连接一个装有无水氯化钙干燥剂的干燥管，并安装尾气吸收装置，用碱液吸收产生的氧化氮气体。向三颈烧瓶中加入 16mL 浓度为 50%的硝酸和一小粒钒酸铵。将 5.3mL 环己醇置于恒压滴液漏斗中。

利用水浴加热将三颈烧瓶加热至约 60℃，然后在搅拌下慢慢地将环己醇滴入硝酸中，反应放热，瓶内温度上升并有红棕色气体产生。要控制环己醇的滴加速度，使反应温度保持在 50~60℃，必要时可用预先准备好的冰水浴或热水浴调节温度。滴加过程大约需 30min。待环己醇滴加完后，继续搅拌下在沸水浴中保温反应约 15min，至基本不再有红棕色气体为止，冷却。

稍冷后将反应物小心地倒入一个冰水浴中的烧杯里，待结晶完全后，抽滤收集晶体，并用 10~20mL 冷水洗涤晶体，烘干即得己二酸粗产品。可用水重结晶提纯己二酸。

2. 方法二

按照图 15-1 在磁力加热搅拌器中装上三颈烧瓶、搅拌子、冷凝管、温度计和恒压滴液漏斗。向三颈烧瓶中加入 13g 高锰酸钾及 80mL 0.3mol·L^{-1}的氢氧化钠溶液。将 3mL 环己醇置于恒压滴液漏斗中。

利用水浴加热使溶液温度达 45℃。然后在搅拌下慢慢地将环己醇滴入三颈烧瓶中，滴加环己醇过程中维持反应温度在 50~60℃。当环己醇滴加完后，反应体系温度自然降至 40℃左右时，再在沸水浴中加热混合物 10~15min。

检验高锰酸钾是否作用完全。待高锰酸钾基本反应完后，用两张滤纸趁热抽滤，并用少量热水冲洗滤饼。将滤液转入烧杯中，滴加 8mL 浓盐酸酸化，然后小心加热使烧杯中溶液浓缩到 20mL 左右。然后先自然冷却，再在冰水浴中冷却至结晶完全。抽滤，用 3mL 水洗涤结晶，将产品移入表面皿中在烘箱中烘干，称重。可用水重结晶提纯己二酸。

3. 方法三

按照图 15-1 在磁力加热搅拌器中装上三颈烧瓶、搅拌子、冷凝管、温度计和恒压滴液漏斗。向三颈烧瓶中加入 5.27mL 环己酮和 100mL 蒸馏水。在热水浴上预热至 25℃，在不断搅拌下分批加入 17g 高锰酸钾，加料时应使反应温度控制为 30℃左右，在 20min 内加完即可。然后，加入 3mL 10% NaOH 溶液，在 50℃下搅拌反应 1h。

将三颈烧瓶在沸水浴中继续加热 10min，然后趁热用双层滤纸抽滤反应混合物。将滤液转入干净的烧杯中，于石棉网上小火加热、浓缩滤液。当滤液浓缩至 35mL 左右时，稍冷后加入半药匙活性炭使溶液脱色，再煮沸 5min，趁热过滤。把滤液移入烧杯中，用浓盐酸酸化至 pH 为 1~2，此时滤液能使刚果红试纸变蓝，再多加 2mL 浓盐酸。将溶液静置冷却，待晶体析出完全，抽滤，并用少量蒸馏水洗涤晶体至不再呈强酸性，此时 pH 为 3~4。抽滤获得晶体，并转移至表面皿，烘箱中烘干，称重，计算产率。

七、注意事项

(1)方法一中，钒酸铵($(NH_4)_3VO_4$)为催化剂，市售品一般为偏钒酸铵(NH_4VO_3)，偏钒酸铵在水溶液中形成钒酸铵与多钒酸铵的平衡体系，其中各种钒酸根的浓度之比取决于溶液的 pH。

(2)方法一中在量取环己醇时不可使用量过硝酸的量筒，否则二者会激烈反应，容易发生意外。

(3)方法一和方法二中环己醇熔点为 23℃，在较低温度下为针状晶体，熔化时为黏稠液体，不易倒净，因此量取后可用少量水荡洗量筒，并一并加入恒压滴液漏斗中，这样既可减少器壁黏附损失，也可因为少量水的存在而降低环己醇的熔点，避免在滴加过程中结晶堵塞恒压滴液漏斗。

(4)本反应强烈放热，反应过程中要严格控制反应温度，方法一和方法二中环己醇的一次加入量也不可太多，滴加不可过快，否则反应太剧烈，会使反应物冲出反应器，甚至可能引起爆炸。实验进行时必须特别注意控制环己醇的滴加速度，尤其在反应开始阶段，滴加速度更应慢一些。

(5)在方法三中高锰酸钾的加入速度也不能太快。

(6)在沸水浴中加热并搅拌可使反应进行得更完全，但这一步必须在环己醇滴加完后或高锰酸钾加完后，反应不是很剧烈时进行。

(7)方法二和方法三中检验高锰酸钾是否反应完时，可用玻璃棒蘸取 1 滴反应液到滤纸上看是否还有紫色，如还有紫色，可加入少量固体亚硫酸钠以除去过量的高锰酸钾。

(8)己二酸在水中的溶解度($g \cdot (100mL)^{-1}$)分别为 1.44(15℃)、2.3(25℃)、160(100℃)，所以洗涤晶体的滤液或重结晶滤出晶体后所得母液若经浓缩后再冷却结晶，还可回收一部分纯度较低的产品。

(9)方法一的尾气吸收装置要安装好，并要注意倒扣的漏斗不能完全浸没在吸收用碱液中。

(10)方法一中反应完毕后，要趁热倒出反应液。若任其冷却至室温，己二酸就有结晶析出，不易倒出，造成产品的损失。

思考题

1. 为何须严格控制反应温度？

2. 为什么方法一和方法二中在加入环己醇之前要预先加热？实验开始时加料速度较慢，待反应开始后可以适当提高加料速度？

3. 如果方法二和方法三中，反应完后趁热抽滤时所得滤液显紫色说明什么？应该怎么处理呢？

4. 方法一中为什么用氢氧化钠溶液吸收尾气？

参考文献

[1]熊志勇，徐惠娟．全国应用型本科院校化学课程统编教材有机化学实验[M]．2 版．武汉：华中科技大学出版社，2020.

[2]林玉萍，万屏南．有机化学实验[M]．武汉：华中科技大学出版社，2020.

[3]范长岭．材料化学基础实验[M]．长沙：湖南大学出版社，2020.

实验 16　对氨基苯甲酸的制备及红外光谱分析

一、实验目的

(1)熟悉制备对氨基苯甲酸的原理和方法。
(2)掌握回流装置的安装和使用。
(3)掌握真空泵的使用方法和注意事项。
(4)了解并掌握红外光谱的制备和分析方法。

二、实验背景和原理

1. 羧酸的性质和制备方法

分子中具有羧基(—COOH)的化合物称为羧酸，是一类通式为 RCOOH 或 $R(COOH)_n$ 的化合物。羧基是羧酸的官能团，通式 RCOOH 中 R 为脂烃基或芳烃基，分别称为脂肪酸或芳香酸；又可根据羧基的数目分为一元酸、二元酸与多元酸；还可以分为饱和酸和不饱和酸。

羧酸呈酸性，可与碱反应生成盐。羧酸与三氯化磷反应可生成酰氯；用五氧化二磷脱水，又可生成酸酐；在酸催化下羧酸与醇反应生成酯；羧酸与氨反应可生成酰胺；用四氢化锂铝($LiAlH_4$)还原羧酸可生成醇。

低级脂肪酸是重要的化工原料，例如纯乙酸可制造人造纤维、塑料、香精、药物等。高级脂肪酸是油脂工业的基础。二元羧酸广泛用于纤维和塑料工业。某些芳香酸(如苯甲酸、水杨酸等)具有多种重要的工业用途。

羧酸的制备方法很多，最常用的是氧化法。烯烃、醇、醛等都可用来制备羧酸，所用的氧化剂有高锰酸钾、硝酸、过氧化氢、重铬酸钾-硫酸等。

制备脂肪族一元酸时，可用伯醇作原料。因为羧酸不易继续氧化，又比较容易分离提纯，操作比较简单。但用重铬酸钾加硫酸氧化伯醇时，中间产物醛容易与醇反应生成缩醛，因此产物中酯较多。仲醇和酮经过强烈氧化也能得到羧酸，但会发生碳链断裂，可用于制备己二酸等，同时伴随着一些降价的二元羧酸。

腈的水解、格氏试剂与二氧化碳的作用及氯仿反应，也是实验室制备某些羧酸的常用方法。

芳环上的支链不论长短，强烈氧化后皆变成羧基，因此苯环上的侧链氧化是制备羧酸的常用方法。芳环上存在卤素、硝基、磺酸基等基团时并不影响芳烃侧链的氧化。但当芳环上存在羟基和氨基时，大多数氧化物会使分子遭受破坏而得到复杂产物，需在氧化前先作妥善处理。若存在烷氧基和乙酰氨基时，烷基的氧化却不受影响，因此将芳环上的羟基和氨基先转化成烷氧基或乙酰氨基，可保证芳环上烷基的氧化。

氧化反应一般都是放热反应，因此需严格控制反应条件和反应温度。如果反应失控，不但会破坏反应降低产率，还可能发生爆炸。

工业上大规模制备羧酸，大多采用催化氧化的方法，即在催化剂存在下，用空气做氧化剂。

2. 对氨基苯甲酸的性质、用途和合成方法

4-氨基苯甲酸，又名对氨基苯甲酸(PABA)，是一种有机化合物，化学式为 $C_7H_7NO_2$。对氨基苯甲酸是机体细胞生长和分裂所必需的物质维生素 B_{10}(叶酸)的组成部分之一。细菌将对氨基苯甲酸作为组分之一合成叶酸，磺胺药物则具有抑制这种合成的作用。对氨基苯甲酸在酵母、肝脏、麸皮、麦芽中含量甚高，它可用于染料和医药中间体。对氨基苯甲酸是无色针状晶体，在空气中或光照下变为浅黄色，具有中等毒性，刺激皮肤及黏膜。对氨基苯甲酸易溶于热水、乙醚、乙酸乙酯、乙醇和冰醋酸，难溶于冷水、苯，不溶于石油醚，主要用作医药、染料中间体，也可用作分析试剂、防晒剂。

对氨基苯甲酸合成涉及的三个反应：

(1)将对甲苯胺用乙酸酐处理变为相应酰胺，此酰胺比较稳定，这样可以在高锰酸钾的氧化反应中保护氨基，避免氨基被氧化。

(2)高锰酸钾将对甲基乙酰苯胺中的甲基氧化成相应的羧基，氧化过程中高锰酸钾就变成二氧化锰。由于反应中会产生氢氧根离子，故要加入少量硫酸镁作缓冲剂，避免碱性太强而使酰基发生水解。反应产物羧酸盐经酸化后得到羧酸，可从溶液中析出。

(3)水解除去起保护作用的乙酰基，此反应在稀酸溶液中很容易进行。

合成对氨基苯甲酸的反应式为

$$p\text{-}CH_3C_6H_4NH_2 \xrightarrow[CH_3CO_2Na]{(CH_3CO)_2O} p\text{-}CH_3C_6H_4NHCOCH_3+CH_3CO_2H$$

$$p\text{-}CH_3C_6H_4NHCOCH_3+2KMnO_4 \longrightarrow p\text{-}CH_3CONHC_6H_4CO_2K+2MnO_2+H_2O+KOH$$

$$p\text{-}CH_3CONHC_6H_4CO_2K+H^+ \longrightarrow p\text{-}CH_3CONHC_6H_4CO_2H$$

$$p\text{-}CH_3CONHC_6H_4CO_2H+H_2O \longrightarrow p\text{-}NH_2C_6H_4CO_2H+CH_3CO_2H$$

3. 红外光谱分析

红外光谱是分子能选择性吸收某些波长的红外线，从而引起分子中振动能级和转动能级的跃迁，检测红外线被吸收的情况可得到物质的红外吸收光谱，又称分子振动光谱或振转光谱。

通常将红外光谱分为三个区域：近红外区(0.75～2.5μm)、中红外区(2.5～25μm)和远红外区(25～1000μm)。一般说来，近红外光谱是由分子的倍频和合频产生的；中红外光谱属于分子的基频振动光谱；远红外光谱则属于分子的转动光谱和某些基团的振动光谱。由于绝大多数有机物和无机物的基频吸收带都出现在中红外区，因此中红外区是研究和应用最多的区域，积累的资料也最丰富，仪器技术最为成熟，通常所说的红外光谱即指

中红外光谱。

红外光谱分析的关键是建立物质的吸收光谱图谱，这通常通过将红外辐射通过样品，然后测量透射光的强度来实现。红外吸收光谱是由分子不停地作振动和转动运动而产生的，分子振动是指分子中各原子在平衡位置附近作相对运动。分子振动主要有伸缩振动(包括对称伸缩振动和不对称伸缩振动)和弯曲振动(包括面内弯曲振动和面外弯曲振动)等。不同基团吸收不同波长的红外辐射，且吸收量不同，对应于分子的振动模式也不同。通过比较样品的吸收光谱图谱与标准谱图，可以确定样品中存在的化学键和官能团。

通常红外光谱的横坐标用波数 ν 表示，波数 $\nu(cm^{-1}) = 10^4/\lambda$，纵坐标一般为光的强度，通常包括透过率 $T\%$(峰朝下)和吸光度 A(峰朝上)两种情况。

红外光谱对样品的适用性相当广泛，固态、液态或气态样品均可测定，无机、有机、高分子化合物都可检测。此外，红外光谱还具有测试迅速、操作方便、重复性好、灵敏度高、试样用量少、仪器结构简单等特点、该技术在高聚物的构型、构象、力学性质的研究以及物理、天文、气象、遥感、生物、医学等领域也有广泛的应用。

(1)红外光谱是物质定性的重要的方法之一。它的解析能够提供许多关于官能团的信息，可以帮助确定部分乃至全部分子类型及结构。红外光谱定性分析有特征性高、分析时间短、需要的试样量少、不破坏试样、测定方便等优点。

(2)红外光谱也可进行定量分析，定量分析法的依据是朗伯-比尔定律。红外光谱定量分析法与其他定量分析方法相比，存在一些缺点，因此只在特殊的情况下使用。它要求所选择的定量分析峰应有足够的强度，即摩尔吸光系数大的峰，且不与其他峰相重叠。红外光谱的定量方法主要有直接计算法、工作曲线法、吸收度比法和内标法等，常用于异构体的分析。

制作并使用红外光谱的步骤主要有制样、扫描、分析图谱三个步骤。

1)制样

样品分为固液气三态，分别使用气体样品池、液体样品池和固体模具。本实验的对氨基苯甲酸使用的是固体模具。需先将样品与稀释剂溴化钾等混合研磨混合成极细的粉末，一般待测样品用量与溴化钾的比例为 1 ∶ 50～1 ∶ 100。然后利用模具在压片机中在 15～20MPa 压力下压制成薄片。

2)扫描

打开红外光谱仪对应的软件后，先设置好参数，选择好扫描模式，然后放入压制好的溴化钾样品薄片，进行扫描。

3)分析图谱

扫描完成后，对所得图谱进行分析。首先将谱图先划分为特征区(4000～1300cm^{-1})和指纹区(1300～400cm^{-1})，然后根据资料上数据对应寻找对氨基苯甲酸的羰基、羟基、氨基及苯环的特征峰等，并对比原料的红外光谱图及对氨基苯甲酸的标准红外光谱图，分析实验结果。

三、仪器与试剂

主要仪器：圆底烧瓶、温度计、回流冷凝管、烧杯、锥形瓶、酒精灯、铁架台、布氏漏斗、水循环真空泵、磁力加热搅拌器、抽滤瓶、傅里叶红外光谱仪等。

主要试剂：对甲苯胺（A. R）、乙酸酐（A. R）、结晶乙酸钠（$CH_3COONa \cdot 3H_2O$）（A. R）、高锰酸钾（A. R）、硫酸镁晶体（$MgSO_4 \cdot 7H_2O$）（A. R）、乙醇（A. R）、盐酸（A. R）、20%硫酸、10%氨水（A. R）等。

四、实验参数

实验参数如表 16-1 所示。

表 16-1　　　　**实验参数**

药品名称	分子量	熔点/℃	沸点/℃	密度/(g/cm^3)	水溶性
乙酸酐	102.1	−73	140	1.087	溶于乙醇
对甲苯胺	107.2	41~46	197.4	0.973	微溶于水
三水乙酸钠	136.1	58		1.45	易溶于水
对甲基乙酰苯胺	149.2	148~151	307(升华)	1.212	微溶于水
七水硫酸镁晶体	246.5	1124		2.66	易溶于水
高锰酸钾	158.0	240		2.7	溶于水
对乙酰氨基苯甲酸	179.2	259~262	439.6	1.326	难溶于水
对氨基苯甲酸	137.1	187~189	339.9	1.374	微溶于水

五、实验装置

实验装置如图 16-1 所示。

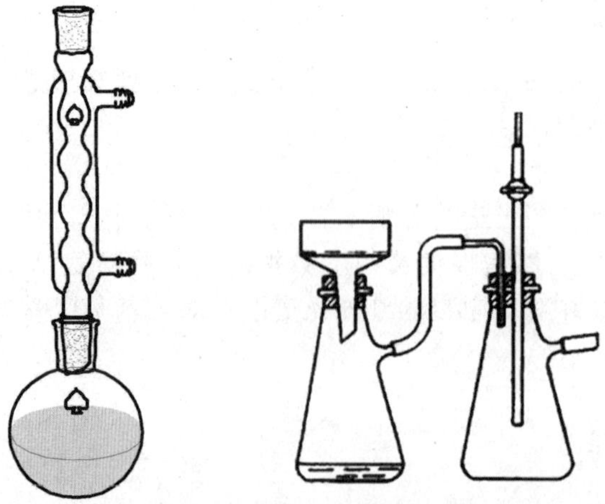

图 16-1　反应装置　　　图 16-2　抽滤装置

六、实验步骤

1. 对甲基乙酰苯胺的合成

250mL 烧杯中加入 3. 8g 对甲苯胺、88mL 水、3. 8mL 浓盐酸，搅拌使之溶解，必要时可用水浴温热。若颜色较深，则可加少量活性炭煮沸脱色并过滤后再进行下一步操作。同时称量 6g 乙酸钠晶体于装有 10mL 水的烧杯中，搅拌溶解使之成为溶液，必要时也可温热使固体溶解。

将脱色后的盐酸对甲基苯胺溶液加热至 50℃，然后在搅拌下加入 4mL 乙酸酐，并立即加入配制好的乙酸钠溶液，充分搅拌后，将混合溶液置于冰水浴中冷却，即析出对甲基乙酰苯胺白色固体，抽滤，并用少量水洗涤滤饼，烘干后称重，计算产率。

2. 对乙酰氨基苯甲酸的合成

500mL 烧杯中加入上一步制得的固体对甲基乙酰苯胺、10g 硫酸镁晶体和 175mL 水，将混合物水浴加热到约 85℃。同时，将 10. 3g 高锰酸钾溶于约 35mL 沸水，制成溶液。

充分搅拌下将高锰酸钾溶液分批加到对甲基乙酰苯胺的混合物中，以免氧化剂局部浓度过高破坏产物。加完后继续在 85℃下搅拌 15min，混合物变深棕色。还可用玻璃棒蘸取少许到滤纸上观察是否还有紫色存在，以保证反应进行更完全。待紫色基本消失后，趁热用两张滤纸抽滤除去二氧化锰沉淀，并用少量热水洗涤二氧化锰。若滤液呈紫色，可加入 2~3mL 乙醇，煮沸直至紫色消失，将滤液再趁热抽滤一次。

将滤液转入另一干净烧杯中冷却，待无色滤液冷却后，用 20%硫酸酸化至溶液显酸性，此时会出现白色固体，抽滤压干，湿产品可直接用于下一步操作。

3. 对氨基苯甲酸的制备

称量上一步得到的湿的对乙酰氨基苯甲酸重量，并按照每克湿产物 5mL 18%盐酸的量计算水解时所需的盐酸用量。然后将湿的对乙酰氨基苯甲酸和 18%的盐酸加入圆底烧瓶中，并加入 2~3 粒沸石。按照图 16-1 安装好装置，加热缓慢回流，并不时摇动圆底烧瓶以保证反应完成，回流时间 30min 左右，然后停止加热。

待反应液稍冷，转移到 250mL 烧杯中，加入 15mL 冷水，然后用 10%氨水调节 pH 至出现大量固体(调节 pH 的过程中，随氨水的加入，会出现固体先逐渐溶解然后到接近终点时忽然出现大量固体的现象，终点在 pH 4 左右)，氨水切勿过量，必要时可用玻璃棒摩擦器壁或放入晶种引发结晶。待结晶完全，抽滤，烘干，称重，计算产率。

4. 红外光谱扫描。

取少量烘干后的产品对氨基苯甲酸到玛瑙研钵中，并加入适量的溴化钾，研磨混合产品和溴化钾。待混合均匀且已研磨到极细的程度，取部分粉末加入模具中，在压片机中在 15~20MPa 压力下压制成薄片。待红外光谱仪参数设置好后，在红外光谱仪中进行扫描以获得红外光谱图。分析其红外光谱图，标示对氨基苯甲酸的氨基、羟基、羰基及苯环的吸收峰位置，并与对氨基苯甲酸的标准图谱进行对照。

七、注意事项

(1)药品应规范量取，顺序加入。

(2)药品取完后应及时盖紧瓶盖。

(3)磁力加热搅拌器中注意要添加足量的水，保证水浴效果及仪器的安全，不要将水洒到搅拌器内的线路上，若桌面上有水，应及时擦干净；

(4)注意取用浓盐酸、氨水及其他挥发性药品时必须在通风橱中进行，不要随便移出。

(5)在制备对甲基乙酰苯胺时，乙酸酐加入后，要立即加入乙酸钠溶液，以减少乙酸酐的水解等副反应。

(6)由于高锰酸钾氧化对甲基乙酰苯胺时会放热，因此加入高锰酸钾时要缓慢分批加入，还要注意在搅拌的情况下加入，以免反应过于剧烈导致产生大量泡沫溢出容器。

(7)制备对乙酰氨基苯甲酸时，在高锰酸钾加入完毕后，要注意判断高锰酸钾是否已反应完。

(8)如果使用酒精灯加热，酒精灯中的酒精加入量必须符合要求，不要加多了。

(9)要按要求安装装置，操作要规范。

(10)抽滤时要注意操作规范及注意事项。

(11)加入氨水调节 pH 时，开始可滴加得快些，当反应完成后转移到烧杯中时溶液中析出的固体完全溶解后就要放慢氨水滴加速度，以免氨水过量使 pH 过大影响产品的析出。

(12)对氨基苯甲酸产品烘干后，要称重并回收到规定容器中，废液也倒入相应废液缸中。

思考题

1. 对甲苯胺用乙酸酐乙酰化的反应中加入乙酸钠的目的是什么?
2. 对甲基乙酰苯胺用高锰酸钾氧化时，为何要加入硫酸镁晶体?
3. 在氧化步骤中，若滤液呈紫色，须加入少量乙醇煮沸，发生了什么反应?
4. 在最后水解步骤中，用氢氧化钠溶液代替氨水中和，可以吗?为什么?

参考文献

[1]汪建红，廖立敏．精细化学品化学实验[M]．武汉：武汉大学出版社，2022.
[2]熊志勇，徐惠娟．有机化学实验[M]．2 版．武汉：华中科技大学出版社，2020.
[3]仲山民，黄丽主．食品营养学[M]．北京：中国轻工业出版社，2017.

实验 17　乙酸乙酯的制备及皂化反应速率常数的测定

一、实验目的

(1)学习制备乙酸乙酯的原理和方法。
(2)掌握分液漏斗的使用方法及注意事项。
(3)掌握固体干燥液体有机化合物的方法。
(4)复习蒸馏装置的安装、使用及注意事项。
(5)掌握电导法测定反应速率常数的原理和方法。
(6)学会用图解计算法求取二级反应的速率常数。

二、实验背景和原理

1. 乙酸乙酯的性质及用途

乙酸乙酯又称醋酸乙酯，是一种具有官能团—COOR 的酯类(碳与氧之间是双键)。乙酸乙酯是一种无色澄清的黏稠状液体，毒性较低，有甜味，有强烈的类似醚的气味，带有清灵、微带果香的酒香味，浓度较高时有刺激性气味，易挥发，易燃，具有优异的溶解性、快干性，是一种重要的有机化工原料和工业溶剂，也是重要的精细化学品。

乙酸乙酯对空气敏感，吸收水分时会缓慢水解而呈酸性。乙酸乙酯能溶于水，能与氯仿、乙醇、丙酮和乙醚混溶；能溶解某些金属盐类(如氯化锂、氯化钴、氯化锌、氯化铁等)。乙酸乙酯为允许使用的食用香料，可少量用于玉兰、依兰、桂花、兔耳草花及花露水、果香型等香精，还适用于樱桃、桃子、杏子、葡萄、草莓、悬钩子、香蕉、生梨、凤梨、柠檬、甜瓜等食用香精及酒用香精的制作。乙酸乙酯也是一种快干性溶剂，具有优异的溶解能力，是极好的工业溶剂。它可用于柱层析的洗脱剂，还可用于制备硝酸纤维、乙基纤维、氯化橡胶和乙烯树脂、乙酸纤维素酯、纤维素乙酸丁酯和合成橡胶，以及制作复印机用液体硝基纤维墨水。乙酸乙酯可作黏接剂的溶剂、喷漆的稀释剂。此外，乙酸乙酯还可用作分析试剂、色谱分析标准物质等。

2. 乙酸乙酯的制备和纯化方法

乙酸乙酯的制备主要是通过酯化反应。酯化反应的原料酰氯、酸酐、羧酸及醇等。当羧酸空间位阻较大时，先转化为酰氯等，再与醇反应实现酯化。酰氯、酸酐适合于与伯醇、仲醇反应生成酯；碱性条件下叔醇会与酰氯生成卤代烃，但在叔胺存在下，能顺利乙酰化。酸酐能和大多数醇反应，在酸和碱(叔胺和醋酸钠等)催化下，能加速酰化反应。

乙酸乙酯合成的主反应方程式为

$$CH_3COOH+CH_3CH_2OH \underset{110-120℃}{\overset{H_2SO_4}{\rightleftharpoons}} CH_3COOC_2H_5+H_2O$$

可能的副反应有

$$2CH_3CH_2OH \underset{140℃}{\overset{H_2SO_4}{\rightleftharpoons}} CH_3CH_2OCH_2CH_3+H_2O$$

$$CH_3CH_2OH \xrightarrow{H_2SO_4} CH_2{=}CH_2 + H_2O$$

$$CH_3CH_2OH+H_2SO_4 \longrightarrow CH_3CHO+SO_2+2H_2O$$

$$CH_3CH_2OH+H_2SO_4 \longrightarrow CH_3COOH+SO_2+2H_2O$$

从主反应可看出：

该反应是可逆反应，所以提高产物乙酸乙酯产率或提高原料转化率的方法有两个：

(1)通过采用边合成边蒸馏装置，在反应的同时将副产物水及产物乙酸乙酯蒸出，同时保证原料不被或少被蒸出。

(2)增加原料乙醇的用量，以提高另一原料乙酸的转化率。

浓硫酸在反应中的作用是作为催化剂和脱水剂。从反应式中还可看到，如果温度过高，易产生大量乙醚、乙烯等杂质，影响产率，因此应控制好加热速度。

反应得到的产物中含有未反应完的乙醇、乙酸，及乙烯、乙醚、二氧化硫、硫酸等杂质。通过蒸馏方法可将乙酸乙酯等蒸出，从而将硫酸等不易挥发的杂质分离除去。

然后可在分液漏斗中用水洗涤，除去大部分的乙醇、乙酸、二氧化硫等杂质；用饱和碳酸氢钠溶液洗涤，除去残留的乙酸、二氧化硫等；用饱和氯化钠溶液洗涤，除去洗涤时带入的碳酸氢钠等杂质，并降低乙酸乙酯在水中的溶解度，以便于分离；用饱和氯化钙洗涤，除去残留的乙醇、乙烯、乙醚等杂质；再通过水，洗除去氯化钙。

加入干燥剂干燥，可除去洗涤后的产物中的水。再次蒸馏即可获得较纯的产物乙酸乙酯。

3. 乙酸乙酯皂化反应

乙酸乙酯的皂化反应为二级反应：

$$CH_3COOC_2H_5+NaOH \equiv CH_3COONa+CH_3CH_2OH$$

在这个实验中，将 $CH_3COOC_2H_5$ 和 NaOH 采用相同的浓度，设 a 为起始浓度，同时设反应时间为 t 时，反应所生成的 CH_3COONa 和 CH_3CH_2OH 的浓度为 x，那么 $CH_3COOC_2H_5$ 和 NaOH 的浓度为 $(a-x)$，即

	$CH_3COOC_2H_5$	+ NaOH	$\longrightarrow CH_3COONa$	+ ROH	电导(或电导率)
$t=0$ 时，	a	a	0	0	κ_0
$t=t$ 时，	$a-x$	$a-x$	x	x	κ_t
$t\to\infty$ 时，	0	0	a	a	κ_∞

其反应速度的表达式为

$$r=\frac{dx}{dt}=k\,(a-x)^2$$

式中，k 为反应速率常数，将上式积分，可得

$$kt=\frac{x}{a(a-x)}$$

乙酸乙酯皂化反应是在稀溶液中进行的，可以认为生成的 CH_3COONa 是全部电离的，因此对体系电导值有影响的有 Na^+、OH^- 和 CH_3COO^-，而 Na^+ 在反应的过程中浓度保持不变，因此其电导值不发生改变，可以不考虑，而 OH^- 的减少量和 CH_3COO^- 的增加量又恰好相等，又因为 OH^- 的导电能力要大于 CH_3COO^- 的导电能力，所以体系的电导值随着反应的进行是减少的，并且减少的量与 CH_3COO^- 的浓度成正比，设：κ_0 为反应开始时体系的电导率，κ_∞ 为反应完全结束时体系的电导率，κ_t 为反应时间为 t 时体系的电导率。

则有

$t=0$ 时，　　$\kappa_0=A_{1a}$

$t\to\infty$ 时，　　$\kappa_\infty=A_{2a}$

$t=t$ 时，　　$\kappa_t=A_{1(a-x)}+A_{2x}$

则 $x=a(\kappa_0-\kappa_t)/(\kappa_0-\kappa_\infty)$，其中比例系数 A_1、A_2 全部约去。

代入式 $kt=x/[a(a-x)]$ 得

$$\kappa_t=\frac{1}{a\cdot k}\cdot\frac{\kappa_0-\kappa_t}{t}+\kappa_\infty$$

以 κ_t 对 $(\kappa_0-\kappa_t)/t$ 作图，得一直线，其斜率为 $1/(a\cdot k)$，由此求得 k 值及 $t_{1/2}$。

若测得两个温度下的 k，则可由 $\ln(k_2/k_1)=E_a(T_2-T_1)/(RT_1T_2)$ 求出 E_a。

三、仪器与试剂

1. 仪器

圆底烧瓶、温度计、冷凝管、蒸馏头、尾接管、锥形瓶、电热套、铁架台、分液漏斗、数显玻璃恒温水浴槽、电导率仪、秒表等。

2. 试剂

冰乙酸(A. R)、无水乙醇(A. R)、饱和碳酸氢钠溶液、饱和氯化钠溶液、饱和氯化钙溶液、无水硫酸镁(A. R)、$0.01mol\cdot L^{-1}KCl$、$0.02mol\cdot L^{-1}NaOH$ 标准溶液等。

四、实验参数

实验参数如表 17-1 所示。

表 17-1　　**实验参数**

药品名称	分子量	熔点/℃	沸点/℃	密度/(g/cm^3)	水溶性
冰醋酸	60.1	16.6	117.9	1.0492	混溶于水
无水乙醇	46.1	-114.1	78.3	0.7893	混溶于水
乙酸乙酯	88.1	-84	76.5~77.5	0.902	溶于水
浓硫酸	98.1	10.37	338	1.8305	易溶于水

五、实验装置

实验装置如图 17-1 和图 17-2 所示。

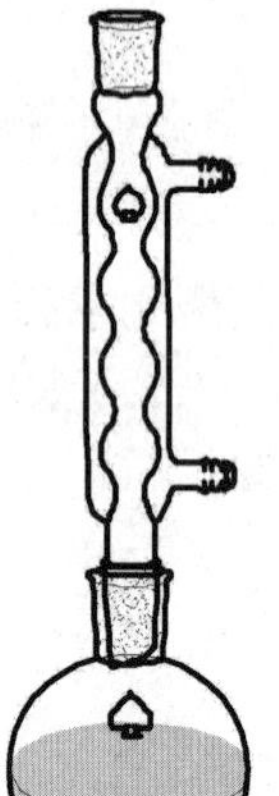

图 17-1　回流装置

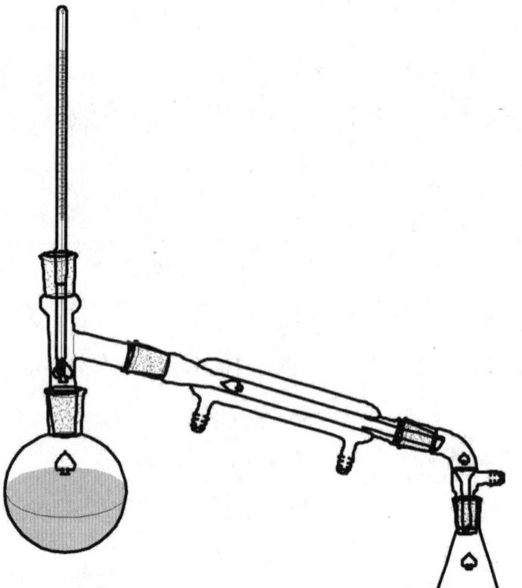

图 17-2　蒸馏装置

六、实验步骤

1. 乙酸乙酯的制备

1)乙酸乙酯的合成

50mL 圆底烧瓶中加入 7.2mL 冰乙酸和 11.5mL 无水乙醇，然后缓慢加入 3.8mL 浓硫酸，边加边振荡，并放入 2~3 粒沸石。待混合均匀后，冷却到常温，然后按照图 17-1 的回流装置连好装置，通冷凝水，加热，待微沸，开始计时，保持微沸状态加热回流 0. 5h，停止加热。

2)蒸馏获取粗产品

待装置稍冷后，按照图 17-2 改为蒸馏装置，并补加 1~2 粒沸石，蒸馏直到上层油层消失或沸水浴不再出现馏出物为止，即得粗乙酸乙酯。

3)乙酸乙酯粗产品的洗涤

蒸馏获得的粗产品中除乙酸乙酯外，还有未反应完的乙醇、乙酸、乙烯、乙醚、二氧化硫等杂质。

对分液漏斗经过检漏、涂凡士林及选择好合适的铁圈等操作后，将粗乙酸乙酯转入分液漏斗中，先加入水洗以除去大部分的乙醇、乙酸、二氧化硫等，注意判断产物在哪一层?

再加入饱和碳酸氢钠溶液，直到不再有二氧化碳气体冒出为止，或 pH 试纸显示中性或弱碱性为止，分出有机层。此步洗涤主要是除去二氧化硫、乙酸等酸性杂质。

然后用 5mL 饱和氯化钠溶液洗涤有机层以除去上一步洗涤带入的碳酸氢钠等杂质，注意判断哪一层是有机物，分出有机层。

每次用 5mL 饱和氯化钙溶液洗涤有机层两次，以除去乙烯、乙醚等杂质，注意判断产物在哪一层?分出有机层，弃去水相。

4)乙酸乙酯的干燥及再次蒸馏纯化

将洗涤后的有机层转入干燥的带塞子的锥形瓶中，向其中加入足量无水硫酸镁干燥。干燥剂足够的标准是：①液体试剂澄清；②干燥剂不溶解，不结块，不粘在底部，能以粉末游离状态自由移动。

将干燥好的乙酸乙酯转入干燥的 50mL 圆底烧瓶中，装上干燥的蒸馏装置，蒸馏收集 73~78℃的馏分，量体积，计算产率。

2. 乙酸乙酯皂化反应速率常数的测定

(1)将恒温槽的温度调至 25℃，同时电导率仪提前打开预热。

(2)采用 0. 01mol·L^{-1} KCl 溶液校准电导率仪。

(3)配制 0. 02mol·L^{-1} NaOH 溶液和 0. 02mol·L^{-1}乙酸乙酯溶液(采用称重法)。

(4)测 0. 01mol·L^{-1} NaOH 溶液在 25℃时的电导率(κ_0)。

(5)分别取 25mL 的 0. 02mol·L^{-1} NaOH 溶液和 0. 02mol·L^{-1}乙酸乙酯溶液到两个 100mL 的锥形瓶中，盖紧盖子，以免挥发，然后置于恒温水槽中，恒温 10~15min。然后将此 25mL NaOH 溶液倒入那个装有 25mL 乙酸乙酯溶液的锥形瓶中，倒入一半时按下秒表计时，然后再将混合液倒回恒温的装 NaOH 溶液的锥形瓶中混合均匀，将电极插入反应溶液中，每隔 5min 测量一次(κ_t-t)数据，0. 5h 后每隔 10min 测量一次(κ_t-t)数据，测 1h 后停止。

(6)实验完毕后，洗净电导池。电导电极用去离子水淋洗后放入装有去离子水的锥形瓶中。

七、数据记录与处理

室温：________℃ 大气压 pa：________kPa

实验温度/℃：	$\kappa_0/(\mu s \cdot cm^{-2})$：
t/min	
$\kappa_t/(\mu s \cdot cm^{-2})$	

八、注意事项

(1)冰乙酸、浓硫酸须按照要求排队取用，不要超量。

(2)加浓硫酸时，必须慢慢加入并充分振荡烧瓶，使其与乙醇均匀混合，以免在加热时因局部酸过浓引起有机物碳化等副反应。

(3)加药品时必须按加料顺序操作，顺序不能颠倒。

(4)由于乙醇、乙酸乙酯皆易燃烧，因此实验进行时尽量避免使用明火加热。

(5)加热不能太快，要控制好温度，微沸状态即可，避免副产物过多。

(6)反应时间到后，必须冷却后才能进行下一步的操作。

(7)精制时弄清楚原理，明确洗涤目的，分清有机层和无机层，搞清楚取谁弃谁。

(8)使用分液漏斗操作应规范，分液应分干净。

(9)本实验酯的干燥用无水硫酸镁，通常干燥 0.5h 以上，最好放置过夜，但在本实验中，为了节省时间，可放置 15min 左右，要注意判断干燥剂用量是否足够，干燥剂可略多；由于干燥不完全，可能前馏分多些。

(10)再次蒸馏时仪器必须干燥，一定要弃馏头，记录好产品的沸程、颜色、状态、体积等。

(11)洗涤及蒸馏时剩下的废液倒入相应的废液缸中。

(12)$\kappa_t \sim t$ 读数要同步。

(13)每次测量 κ_t 的时候，电导率仪如果有偏移需要及时校正。

(14)所有容器用蒸馏水洗净后，再用去离子水润洗 3 遍，锥形瓶烘干待用。

思考题

1. 酯化反应有什么特点？在实验中如何创造条件促使酯化反应尽量向生成物方向进行？

2. 合成乙酸乙酯的实验中浓硫酸的作用是什么？用量过多或过少会对实验产生什么影响？

3. 合成乙酸乙酯的实验中可能有哪些副反应？加热过快会对实验带来什么影响？

4. 在酯化反应中，用作催化剂的硫酸量，一般只需醇质量的 3%就足够了，为何实验中用了 3. 8mL?

5. 合成乙酸乙酯的实验中若采用醋酸过量的做法是否合适？为什么？
6. 洗涤纯化乙酸乙酯的过程中，能否用氢氧化钠溶液代替饱和碳酸氢钠溶液洗涤？
7. 为什么皂化反应过程中乙酸乙酯和氢氧化钠的浓度必须足够稀？
8. 皂化反应过程中乙酸乙酯和氢氧化钠的起始浓度如果不相等会怎样？
9. 在进行皂化反应前，量取乙酸乙酯时应当注意什么？

参考文献

[1]兰州大学、复旦大学化学系有机化学教研室主编．有机化学实验[M]．北京：高等教育出版社，1994.
[2]东北师范大学，等．物理化学实验[M]．2 版．北京：高等教育出版社，2007.
[3]周建敏，蔡洁．物理化学实验[M]．北京：中国石化出版社，2012.

附：乙酸乙酯、乙醇、水组成的各种恒沸物的沸点如表 17-2 所示：

表 17-2　**恒沸物的组成与沸点**

恒沸物的组成/%			恒沸物沸点/℃
乙酸乙酯	乙醇	水	
82. 6	8. 4	9. 0	70. 2
91. 9	—	8. 1	70. 4
69	31	—	71. 8

实验 18　己二酸二甲酯的制备

一、实验目的

(1)学习己二酸二甲酯的性质和用途。
(2)学习己二酸二甲酯的制备方法。
(3)复习蒸馏及减压蒸馏操作及注意事项。

二、实验背景和原理

1. 己二酸二甲酯的性质及用途

己二酸二甲酯，又称己二酸双甲酯、肥酸二甲酯，化学式为 $C_8H_{14}O_4$，是一种重要的有机化合物。通常情况下，己二酸二甲酯为无色透明液体，具有特殊香味。己二酸二甲酯的熔点为 8℃，沸点为 109～110℃(14mmHg)、228.7℃(760mmHg)。己二酸二甲酯不溶于水，能溶于醇、醚等有机溶剂。己二酸二甲酯在常温下相对稳定，不易被氧化或分解；在酸或碱催化作用下可发生水解、醇解、氨(胺)解反应。己二酸二甲酯属于低毒类物质，但应避免与皮肤和眼睛接触。在使用过程中，应佩戴适当的防护设备，如防护眼镜、手套和防护服等。

在有机合成中己二酸二甲酯可用作重要的中间体，也常被用作酯化反应的原料，还可用于合成多种有机化合物，如药物、香料等。此外，己二酸二甲酯也可作为乙基添加剂，用于改善汽油的抗爆燃性能；还可用作医药、香料的原料，用作增塑剂和高沸点溶剂；同时也是尼龙酸二甲酯的主要成分，可作为加氢生产 1，6-己二醇的原料，以及用作气相色谱标准物质。

2. 己二酸二甲酯的合成方法

制备己二酸二甲酯最经典的方法是以己二酸和甲醇为原料，以浓硫酸作催化剂来合成。用硫酸作催化剂的特点是活性高，但选择性差，产品质量不理想，设备腐蚀严重。因此有很多高校和研究部门及生产企业对己二酸二甲酯的新合成技术进行了试验研究，以树脂、一水合硫酸氢钠、杂多酸、微波加硫酸氢钠、对甲苯磺酸等为催化剂取得了一定成果。本实验就采用一水合硫酸氢钠作催化剂，以己二酸和甲醇为原料合成己二酸二甲酯，主要反应式为

$$HOOC(CH_2)_4COOH+CH_3OH \xrightarrow[\triangle]{NaHSO_4 \cdot H_2O} CH_3OOC(CH_2)_4COOCH_3+H_2O$$

此反应一般采用甲醇过量，因此提纯产物时需利用蒸馏的方法将甲醇除去。由于产物己二酸二甲酯沸点较高，为 228.7℃，因此需采用减压蒸馏的方法获得较纯的产物己二酸二甲酯。760mmHg 压力下己二酸二甲酯的沸点为 228.7℃，14mmHg 压力下己二酸二甲酯的沸点为 109℃左右。

一般从大气压降至 3332Pa(25mmHg)时，高沸点(250~300℃)化合物的沸点随之下降 100~125℃。当气压在 3332Pa(25mmHg)以下时，压力每降低一半，沸点下降 10℃；当压力在 1333~1999Pa(10~15mmHg)时，气压每相差 1mmHg 即 133.3Pa，沸点相差约 1℃。

除了按照经验规律估算外，也可用下面的压力-温度关系图(图 18-1)来查找，即利用某一压力下的沸点近似推算另一压力下的沸点。

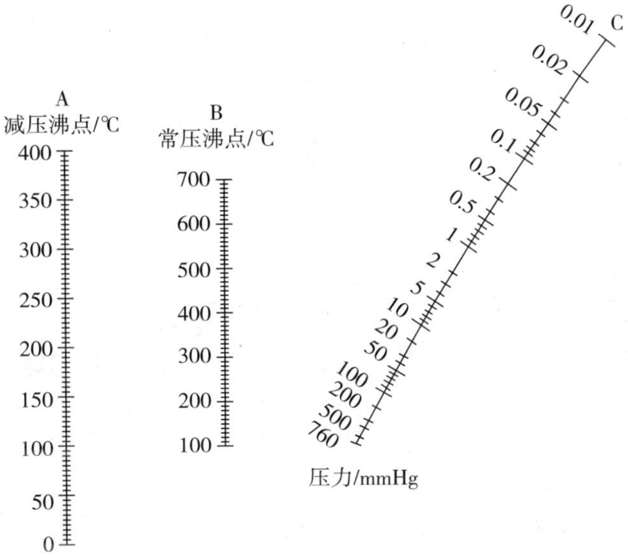

图 18-1 液体在常压、减压下的沸点近似关系图(1mmHg=133.3Pa)

三、仪器与试剂

仪器：三颈烧瓶、冷凝管、分液漏斗、温度计、蒸馏头、真空接液管、克氏蒸馏头、三叉燕尾管、锥形瓶、铁架台、磁力加热搅拌器等。

试样：己二酸(A.R)、甲醇(A.R)、一水硫酸氢钠(A.R)、10%$NaHCO_3$ 溶液、饱和氯化钠溶液、无水硫酸镁(A.R)等。

四、实验参数

实验参数如表 18-1 所示。

表 18-1　　　　　　　　　　　　　　实 验 参 数

试剂名称	分子量	熔点/℃	沸点/℃	密度/g/cm^3	溶解性
己二酸	146. 1	152	330. 5	1. 36	微溶于水，易溶于乙醇
甲醇	32. 0	−97. 8	64. 7	0. 791	溶于水，混溶于醇、乙醚
己二酸二甲酯	174. 2	8	228. 7	1. 063	不溶于水，能溶于醇、醚

五、实验装置

实验装置如图 18-2~图 18-4 所示。

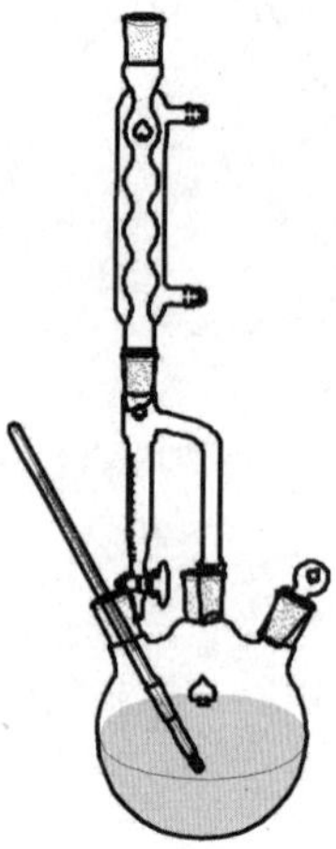

图 18-2　反应装置

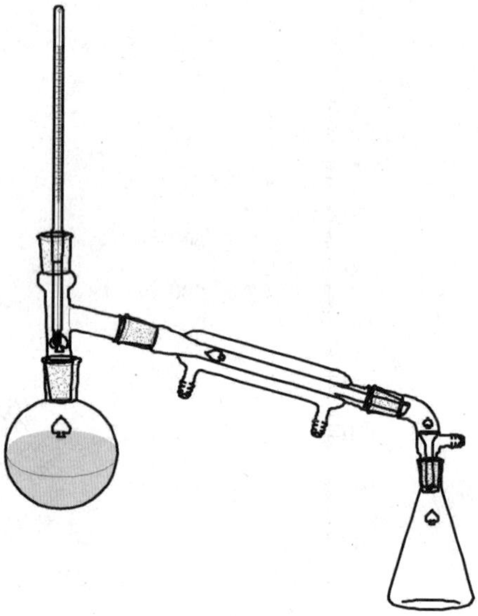

图 18-3　蒸馏装置

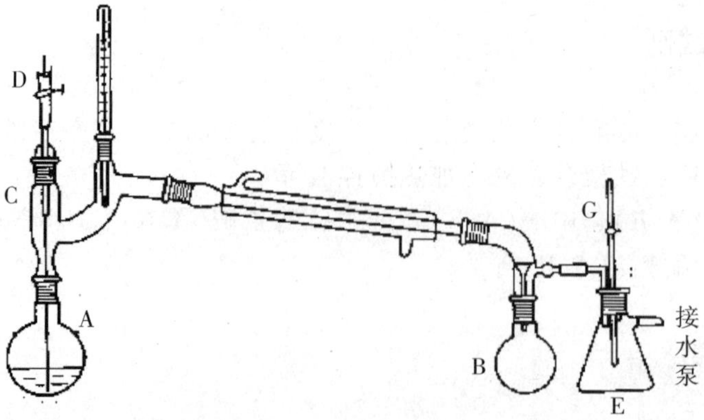

图 18-4　减压蒸馏装置

六、实验步骤

向三颈烧瓶中依次加入 1.5g 己二酸、1.7g 无水甲醇和约 0.03g $NaHSO_4 \cdot H_2O$，再加入一颗搅拌子。按图 18-2 装好装置，水浴加热回流 1h。

稍冷后倾出反应液，并转入分液漏斗中，先用 10mL 水洗涤，再用 10～15mL 10% $NaHCO_3$ 溶液洗涤，然后用 10mL 饱和氯化钠溶液洗涤。洗涤时注意产物在哪一层？

将有机相转入干燥的带塞子的锥形瓶，加入足量的无水 $MgSO_4$ 干燥。干燥剂足够的标准是：①液体试剂澄清；②干燥剂不溶解，不结块，不粘在底部，能以粉末游离状态自由移动。

将上述干燥好的液体转入干燥的圆底烧瓶中，按照图 18-3 装上蒸馏装置常压蒸出甲醇。然后再按照图 18-4 减压蒸馏，收集 109～110℃/14mmHg 左右的馏分，会得到无色液体，即己二酸二甲酯，量体积，计算产率，回收。

七、注意事项

(1)本实验要按照顺序加入原料。

(2)洗涤粗产物时分液漏斗的操作要规范，要注意分液漏斗使用前的准备工作，要注意使用分液漏斗时及时放气，要注意判断产物在哪一层？

(3)本实验中酯的干燥使用无水硫酸镁，通常干燥 0.5h 以上，最好放置过夜，但在本实验中，为了节省时间，可放置 15min 左右，要注意判断干燥剂用量是否足够，干燥剂可略多；由于干燥不完全，可能前馏分多些。

(4)蒸馏及减压蒸馏的操作要规范。

思考题

1. 本实验中硫酸氢钠的作用是什么？

2. 加入饱和氯化钠溶液的目的是什么？

3. 本实验可否使用无水氯化钙干燥？为什么？

4. 下面 4 张图(图 18-5～图 18-8)是己二酸及己二酸二甲酯的 ^1H-NMR 和 IR 谱图，请对其进行分析。

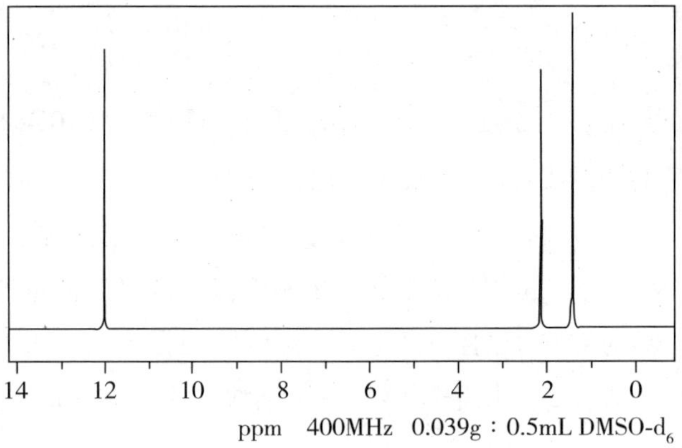

图 18-5　己二酸的^{1}H-NMR 图

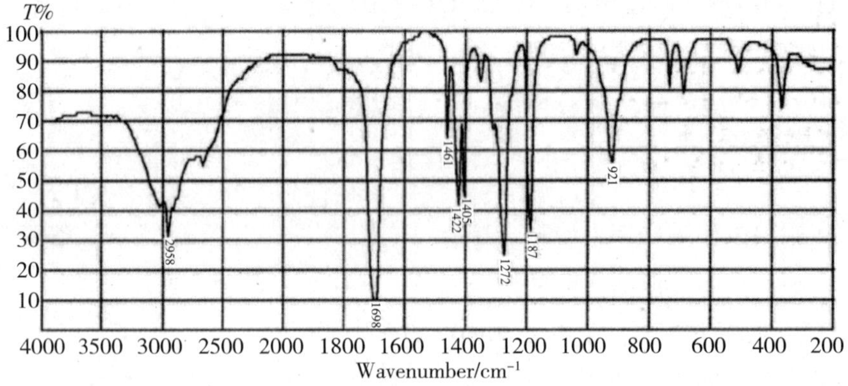

图 18-6　己二酸的 IR 图

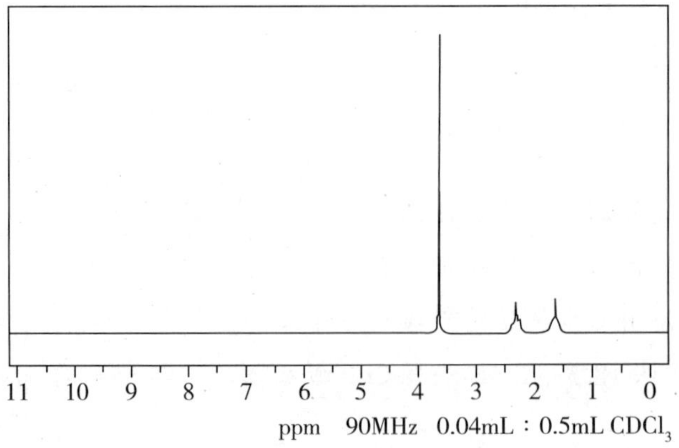

图 18-7　己二酸二甲酯的^{1}H-NMR 图

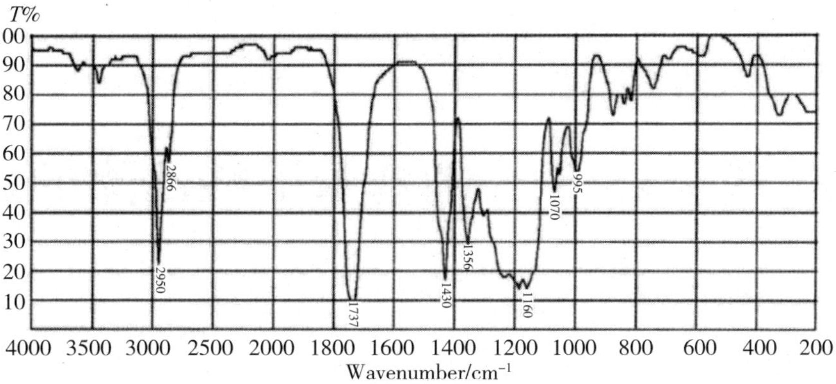

图 18-8　己二酸二甲酯的 IR 图

参考文献

[1]胡满成，汤发有．大学综合化学实验[M]．西安：陕西师范大学出版社，2009.

[2]王成刚，徐海洋．综合化学实验教程[M]．武汉：华中师范大学出版社，2013.

实验19　3，5-二硝基苯甲酸乙酯的制备

一、实验目的

(1)学习3，5-二硝基苯甲酸乙酯的制备原理及方法。
(2)熟悉尾气吸收装置的安装和使用。
(3)复习抽滤操作。

二、实验背景和原理

3，5-二硝基苯甲酸乙酯，化学式为$C_9H_8N_2O_6$，是一种常用的有机合成中间体，常用于制备多种有机化合物。常温下，3，5-二硝基苯甲酸乙酯为白色晶体，难溶于水。

3，5-二硝基苯甲酸乙酯通常由3，5-二硝基苯甲酸与乙醇在酸性条件下加热酯化生成，也可由3，5-二硝基苯甲酰氯与乙醇反应合成。本实验采用了这两种方法分别合成3，5-二硝基苯甲酸乙酯。

以3，5-二硝基苯甲酸与乙醇为原料，以浓硫酸为催化剂合成3，5-二硝基苯甲酸乙酯的反应式为

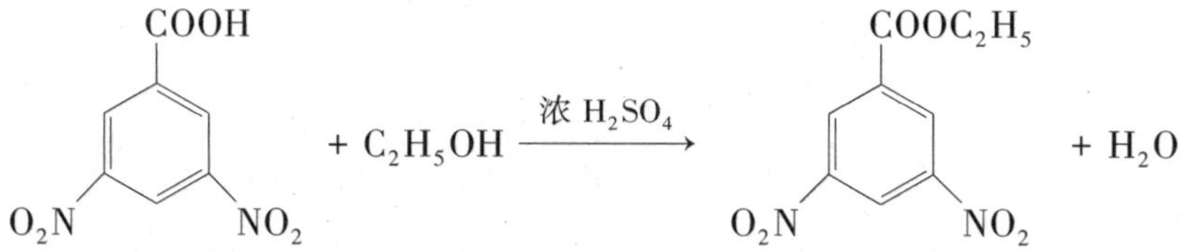

以3，5-二硝基苯甲酰氯与乙醇为原料，合成3，5-二硝基苯甲酸乙酯的反应式为

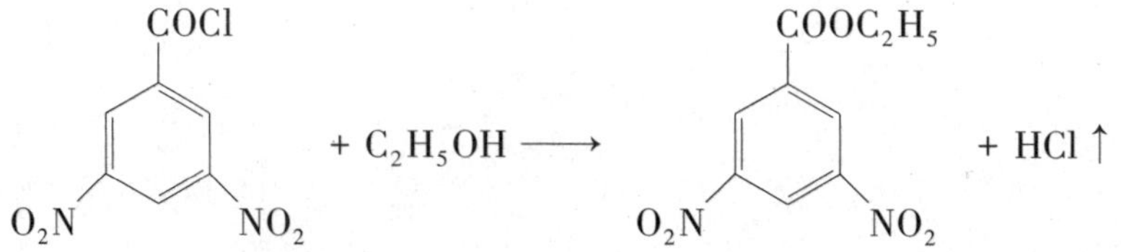

反应完成后获得的除了产物3，5-二硝基苯甲酸乙酯外，还有未反应完的或水解产生的3，5-二硝基苯甲酸，可用碳酸钠溶液洗涤除去。获得产物后可测定其熔点，并制作其红外光谱图，进行分析。

三、仪器与试剂

主要仪器：

方法一：圆底烧瓶、冷凝管、锥形瓶、铁架台、布氏漏斗、抽滤瓶、磁力加热搅拌器、烧杯、尾气吸收装置等。

方法二：圆底烧瓶、冷凝管、锥形瓶、铁架台、布氏漏斗、抽滤瓶、磁力加热搅拌器、烧杯等。

主要试剂：

方法一：3，5-二硝基苯甲酰氯(A. R)、无水乙醇(A. R)、10%碳酸钠溶液等。

方法二：3，5-二硝基苯甲酸(A. R)、无水乙醇(A. R)、浓硫酸(A. R)、10%碳酸钠溶液等。

四、实验参数

实验参数如表 19-1 所示。

表 19-1　**实验参数**

药品名称	分子量	熔点/℃	沸点/℃	密度/(g/cm^3)	水溶性
3，5-二硝基苯甲酸	212.1	204~206	395.5	1.683	微溶于水
3，5-二硝基苯甲酸乙酯	240.2	94	367.1	1.433	不溶于水
浓硫酸	98.1	10.37	338	1.8305	易溶于水
3，5-二硝基苯甲酰氯	230.6	68~70	339	1.652	遇水水解

五、实验装置

实验装置如图 19-1 和图 19-2 所示。

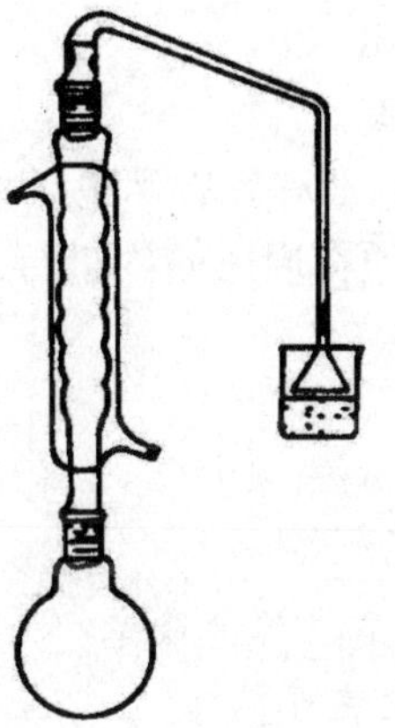

图 19-1　反应装置(一)

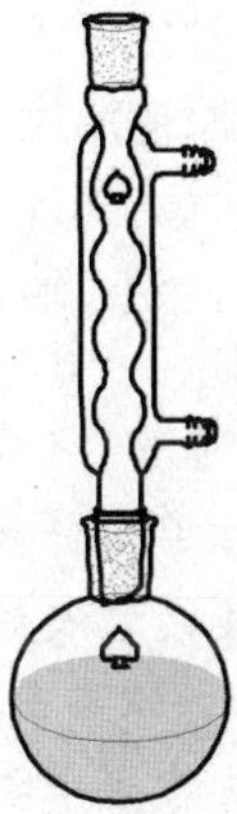

图 19-2　反应装置(二)

六、实验步骤

1. 方法一

在干燥的圆底烧瓶中加入 1g 3，5-二硝基苯甲酰氯、5mL 无水乙醇及一颗搅拌子，按照图 19-1 将装置安装在磁力加热搅拌器中并装上尾气吸收装置。启动搅拌，水浴加热，在 75~85℃下搅拌反应 10min，然后冷却。

向圆底烧瓶中加入 20mL 冷水，并将圆底烧瓶内混合物转入烧杯中。将烧杯置于冰水浴中冷却使结晶析出，必要时可用玻璃棒摩擦器壁帮助结晶。

待结晶完全，抽滤，得到滤饼。用 10%碳酸钠溶液洗涤滤饼至滤出来的液体达中性或弱碱性，即得产物 3，5-二硝基苯甲酸乙酯。可用乙醇的水溶液对产物进行重结晶。烘干，称重，计算产率。

2. 方法二

向圆底烧瓶中加入 1g 3，5-二硝基苯甲酸、5mL 无水乙醇，并加入 5 滴浓硫酸及 2~3 粒沸石。按照图 19-2 装上冷凝管，加热，保持微沸 1h，冷却。待冷却至室温，撤去装置，加入 5mL 水。将反应混合物转入烧杯中，待结晶完全，抽滤。用 10%碳酸钠溶液洗涤滤饼至滤出来的液体达中性或弱碱性，即得产物 3，5-二硝基苯甲酸乙酯。

七、注意事项

(1) 方法一中可能会产生氯化氢等有害气体，因此需安装尾气吸收装置。

(2) 方法一中加入水解未反应的 3，5-二硝基苯甲酰氯时，可能产生氯化氢等有害气体，因此需在通风橱内进行。

(3) 用碳酸钠洗涤可除去残留的 3，5-二硝基苯甲酸。

(4) 反应的所有仪器均需干燥。

(5) 方法二加入浓硫酸时要慢慢加入，避免溢出。

(6) 反应过程中要注意保持温度，控制反应速率。

(7) 方法一中反应完成后，须加入水以便 3，5-二硝基苯甲酰氯水解变成 3，5-二硝基苯甲酸，以便下一步除去 3，5-二硝基苯甲酸，且须在通风橱内进行。

思考题

1. 方法二中浓硫酸的作用是什么？
2. 实验过程中加入碳酸钠溶液的目的是什么？
3. 方法二中，是 3，5-二硝基苯甲酸过量，还是乙醇过量呢？为什么？
4. 为什么方法一的反应装置中要安装尾气吸收装置？
5. 方法一中反应完成后加入水的目的是什么呢？

6. 方法一中，是 3，5-二硝基苯甲酰氯过量，还是乙醇过量呢？为什么？

参考文献

黄涛．有机化学实验[M]．2 版．北京：高等教育出版社，1998.

实验 20 苯偶酰的合成与表征

一、实验目的

(1)学习合成苯偶酰的原理和方法。

(2)学习固体样品红外光谱的制备及分析方法。

二、实验背景和原理

苯偶酰，又名联苯甲酰、1，2-二苯基乙二酮，是黄色棱形结晶粉末，溶于乙醇、乙醚、氯仿、乙酸乙酯、苯、甲苯和硝基苯，不溶于水。苯偶酰可用作光固化胶黏剂的光引发剂，适用于不饱和聚酯树脂、苯乙烯类树脂、丙烯酸树脂等体系。

苯偶酰还是有机合成中间体，可用于杀虫剂的制备。其作为紫外线固化树脂(UV 树脂)的光敏剂具有良好的应用前景。

苯偶酰的合成方法主要有：

(1)由苯甲酰与氰化钠缩合生成苯偶姻(安息香)后，再经硝化而得；或由二苯基乙烯氧化合成苯偶酰。

(2)采用盐酸二甲胺三氧化铬/硅胶载体氧化剂氧化苯偶姻体系，合成苯偶酰类化合物。

(3)本实验采用安息香直接氧化法。目前的安息香直接氧化法主要包括硝酸氧化法、铬酸盐氧化法、高锰酸盐氧化法、氯化铁氧化法、硫酸铜氧化法等。三氯化铁是安息香氧化制备苯偶酰的优良氧化剂，具有氧化效率较高、易于回收且环境污染少等优点，因此本实验采用三氯化铁氧化法，并选择冰乙酸作为溶剂替代水，以避免形成氢氧化铁胶体。

合成苯偶酰的反应式为

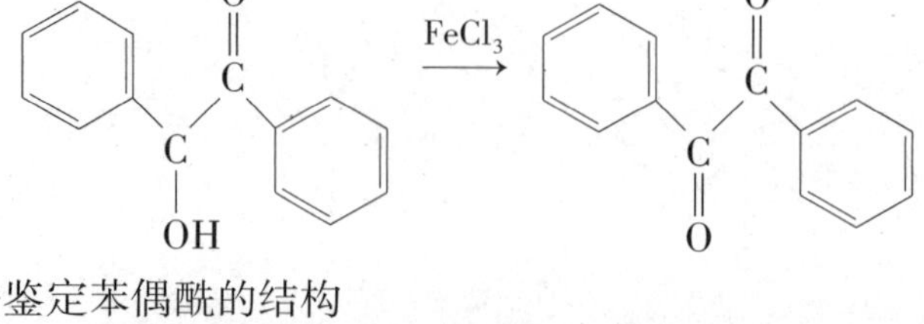

(4)波谱分析法鉴定苯偶酰的结构

红外光谱、紫外光谱、核磁共振谱和质谱是分析有机化合物结构的主要工具。在表面活性剂的鉴定中，红外光谱的作用尤为重要。这是因为表面活性剂中的主要官能团均能在红外光谱中产生特征吸收峰，据此可以确定其类型，借助红外标准谱图可以进一步确定其结构。

三、仪器与试剂

主要仪器：红外分光光度计、三颈烧瓶、温度计、冷凝管、烧杯、磁力加热搅拌器、研钵、天平、真空泵、抽滤瓶、布氏漏斗等。

主要试剂：冰乙酸(A. R)、安息香(A. R)、三氯化铁(A. R)、95%乙醇(A. R)等。

四、实验参数

实验参数如表 20-1 所示。

表 20-1 实验参数

药品名称	分子量	熔点/℃	沸点/℃	密度/(g/cm^3)	水溶性
乙醇	46. 1	−114. 1	78. 3	0. 7893	混溶于水
冰乙酸	60. 1	16. 6	117. 9	1. 05	混溶于水
安息香	212. 3	133～137	344	1. 31	不溶于冷水
三氯化铁	162. 2	304		2. 8	易溶于水
苯偶酰	210. 2	94～97	346～348	1. 084	不溶于水

五、实验装置

实验装置如图 20-1 所示。

图 20-1 反应装置

六、实验步骤

1. 苯偶酰的合成

在三颈烧瓶中加入2.12g安息香、4.87g三氯化铁，再加入100mL冰乙酸、5mL蒸馏水及一颗搅拌子，按照图20-1装上反应装置。启动磁力搅拌，并水浴加热到60℃，保温反应1h。反应结束后，将反应液冷却至室温，然后加蒸馏水搅拌，并移至大烧杯内，继续加冷水搅拌，析出乳白色絮状物，静置。减压抽滤，用蒸馏水洗涤至中性，干燥后得到粗品。再用体积分数为95%的乙醇重结晶，得到淡黄色晶体苯偶酰。放入烘箱干燥，称重，计算其产率，最后测定其熔点。

2. 苯偶酰的红外光谱分析

1）苯偶酰的红外光谱制作

按照所用红外分光光度计的操作规程打开和调试好仪器。取少量烘干后的苯偶酰，在玛瑙研钵中和提前烘干的适量溴化钾混合均匀并研磨到足够细。然后将粉末在模具中，在压片机作用下压制成样品薄片。然后利用红外分光光度计扫描获得红外光谱图。

2）谱图解析

查阅红外标准谱图，判别红外吸收峰的归属。

七、注意事项

（1）本实验采用冰乙酸作溶剂，可防止三氯化铁形成氢氧化铁胶体，从而避免对反应造成影响。

（2）由于冰乙酸具有一定的刺激性和腐蚀性，取用冰乙酸时应在通风橱内进行，并戴好防护手套。

（3）进行红外光谱分析时，除了观察苯环的特征吸收峰和羰基的特征吸收峰外，还要注意羟基的特征吸收峰是否已消失，以判断原料安息香是否有残留。

思考题

1. 制备苯偶酰时，三氯化铁的作用是什么？

2. 为什么本实验使用冰乙酸作溶剂而不是水？

3. 对苯偶酰进行红外光谱分析时，原料和产物特征吸收峰最明显的差异应该在哪个波数位置？为什么？

参考文献

沈未豪，钱俊梅，王亚军．超声波辅助合成苯偶酰[J]．山东化工，2014，41(7)：31-33.

实验 21 偶氮苯的合成及光学异构化

一、实验目的

(1)学习制备偶氮苯的原理和方法。
(2)掌握无水装置的安装及操作。
(3)掌握薄层色谱法分离有机物的方法。
(4)学习偶氮苯光学异构化的原理和顺反结构的鉴定。

二、实验背景和原理

1. 偶氮苯的性质和应用

偶氮苯是一种有机化合物，化学式为 $C_{12}H_{10}N_2$。常温下，偶氮苯为橙色至红色结晶性粉末，溶于乙醇、乙醚和冰乙酸，不溶于水。偶氮苯化合物含有共轭 π 体系，在紫外光至可见光波段具有很强的吸收。偶氮苯化合物在紫外光区域显示一组很强的 π-π * 跃迁，而在可见光区域显示一组较弱的 n-π * 跃迁。偶氮苯主要有顺式和反式两种异构体，最常见的形式是反式异构体。对大多数偶氮苯化合物而言，反式异构体在紫外光(365nm)照射条件下，90%可以转变为热力学上不稳定的顺式异构体；如果用日光照射，则只有略高于 50%的转化为顺式异构体。而在加热等条件下，顺式异构体又可以完全可逆地转变为反式异构体。两种异构体均为橘红色晶体，可用薄层色谱法检测出顺反异构体的存在。

目前偶氮苯主要用于制备联苯染料和橡胶促进剂。2017 年 10 月 27 日，世界卫生组织国际癌症研究机构公布的致癌物清单初步整理参考显示，偶氮苯在 3 类致癌物清单中。因此在制备和使用偶氮苯时要注意做好防护，并确保通风环境良好。

2. 偶氮苯的合成方法

通常情况下，用金属铁、锡等在强酸性条件下还原硝基苯会经过羟胺、偶氮苯、氢化偶氮苯、氧化偶氮苯等中间体，最后还原成芳胺。这些中间体很活泼，难以分离。但在碱性条件下，金属镁、锌则可将硝基苯还原成偶氮苯，因此本实验采用此方法。

制备偶氮苯的反应式为

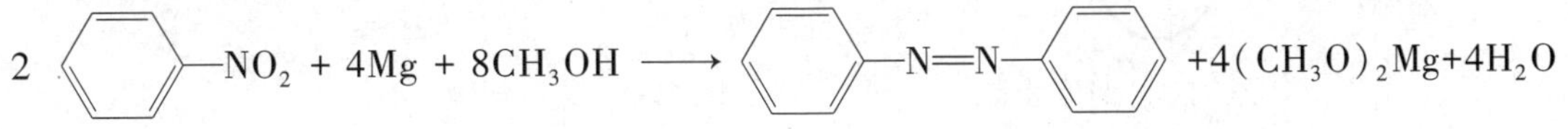

三、仪器与试剂

仪器：烧杯、圆底烧瓶、冷凝管、锥形瓶、蒸馏头、真空接液管、干燥管、循环水式多用真空泵。

试样：硝基苯(A. R)、金属镁(A. R)、无水甲醇(A. R)、金属钠(A. R)、无水氯化钙、乙酸、体积比 9∶1 的环己烷-氯仿溶液。

四、实验参数

实验参数如表 21-1 所示。

表 21-1　　实验参数

药品名称	分子量	熔点/℃	沸点/℃	密度/(g/cm^3)	溶解性
偶氮苯	182.2	66	293	1.09	不溶于水，溶于乙醇
硝基苯	123.1	5~6	210~211	1.205	难溶于水，易溶于乙醇
乙酸	60.1	16.6	117.9	1.05	溶于水、乙醇
环己烷	84.2	6.5	80.7	0.78	不溶于水，溶于乙醇
氯仿	119.4	-63.5	61.2	1.48	不溶于水，溶于乙醇

五、实验装置

实验装置如图 21-1 和图 21-2 所示。

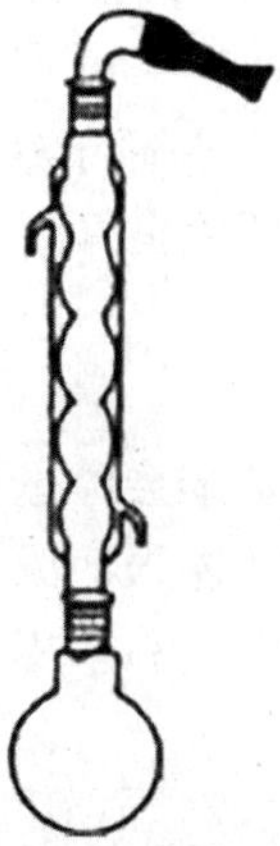

图 21-1　回流装置

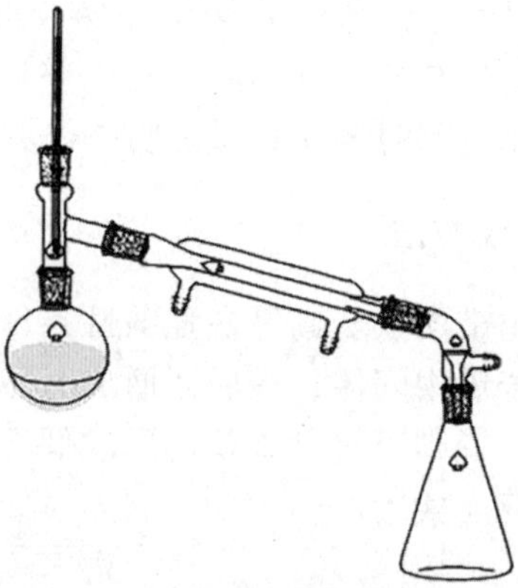

图 21-2　蒸馏装置

六、实验步骤

1. 无水甲醇的处理

取0.1~0.3g金属钠置于干燥的圆底烧瓶中，加入35mL无水甲醇及2~3粒沸石，并按照图21-1安装装置，加热回流至钠完全溶解，停止加热。

将回流装置按照图21-2改装为蒸馏装置，补加2~3粒沸石，在真空接液管支管处连接无水氯化钙干燥管，加热蒸出甲醇。此步骤中，回流装置和蒸馏装置的所有仪器均需保持干燥。

2. 偶氮苯的制备

在100mL圆底烧瓶中加入1.3g硝基苯、28mL处理过的无水甲醇、0.75g镁屑和1小粒碘，迅速按照图21-1装上冷凝管和无水氯化钙干燥管。反应会迅速发生并放热，导致溶液剧烈沸腾。若沸腾过于剧烈，可用冰水浴冷却。待大部分镁屑反应后，在70~80℃水浴下回流30min，冷却。待反应液冷却后，将反应液倒入装有10mL冰水的烧杯中，搅拌均匀后，加入乙酸中和至溶液pH为中性或弱酸性，就会有大量红色固体析出。冰水浴冷却，结晶完全后，抽滤，并用少量冰水冲洗滤饼，即得偶氮苯粗产品。粗产品可用95%乙醇重结晶，即得橙红色针状晶体。

3. 偶氮苯的光学异构化和薄层色谱分离

取0.5g偶氮苯和5mL苯在试管中溶解，然后分成两份，装入两支试管中。将其中一支试管在日光下照射1h或365nm紫外灯下照射30min，另一支试管用黑纸包好避免光照。

取一块活化好的薄层色谱板，用铅笔在色谱板上靠一端约1cm的位置轻轻画上起始线，然后在起始线上用毛细管点上两个样点，一个样点是光照后的偶氮苯，另一个样点是没有经过光照的偶氮苯，两个样点的距离为1~1.5cm。待样点干燥后，取装有5mL左右体积比为9∶1的环己烷-氯仿溶液(也可用体积比为3∶1的环己烷-苯溶液)的棕色集气瓶，将点样后的薄层色谱板放在其中展开。当展开剂接近薄层色谱板上端离边沿0.3~0.5cm位置时，取出薄层色谱板，立即记下展开剂前沿的位置。薄层色谱板晾干后观察两个点的展开情况，经过光照的偶氮苯在色谱板上有两个黄色斑点，判断哪个是顺式偶氮苯的斑点？哪个是反式偶氮苯的斑点？

七、注意事项

(1)处理无水甲醇的所有仪器均需保持干燥，制备偶氮苯的回流装置的所有仪器同样需保持干燥。

(2)制备偶氮苯的镁屑在使用前应将表面的氧化层清理干净。

(3)由于制备偶氮苯的反应较为剧烈，因此必要时可用冰水浴冷却；待反应平稳后，需用水浴加热以确保金属镁反应完全。

(4)薄层色谱板在使用前应先进行活化处理。

(5)用铅笔在薄层色谱板上画起始线时，不能划破薄层色谱板上的硅胶层。

(6)点样后的薄层色谱板进行展开时，展开剂液面不能淹没点有样点的起始线。

(7)点样后的薄层色谱板进行展开时，展开用的集气瓶必须是棕色的或避光的，以免影响展开情况；必须盖紧瓶盖，防止易挥发的展开剂迅速挥发。

思考题

1. 经过光照的偶氮苯在展开后在薄层色谱板上有两个黄色斑点，哪个是顺式偶氮苯的斑点？哪个是反式偶氮苯的斑点？为什么？

2. 为什么展开点了偶氮苯样点的薄层色谱板时需要用棕色瓶，为什么？

参考文献

[1]叶彦春. 有机化学实验[M]. 3版. 北京：北京理工大学出版社，2018.

[2]李兆陇，阴金香，等. 有机化学实验[M]. 北京：清华大学出版社，2001.

第三部分　提取类综合实验

该部分内容主要是关于一些天然物质中某些功能成分提取、分离和分析的实验，主要涉及回流操作、滴定操作、蒸馏操作、水蒸气蒸馏操作、索氏提取操作、升华操作、萃取操作、紫外光谱分析、气相色谱分析、质谱分析、薄层色谱分析等。

该部分综合性实验的内容主要有：海带中碘的提取、分离和含量测定，柑橘类果皮中粗多糖提取及抗氧化活性测试，柑橘皮中橘皮油的提取及GC-MS分析，柑橘皮中黄酮的提取、测定及抗氧化性分析，绿叶中色素的提取和分离，柠檬籽苦素的提取，花生粗油脂的提取，茶叶中的咖啡因提取与纯化。

实验 22　海带中碘的提取、分离和含量测定

一、实验目的

(1) 学习从海带中提取碘的原理和方法。

(2) 掌握利用灰化、浸取、浓缩和升华等实验技术或离子交换法获取海带中的碘的方法及操作。

(3) 巩固用氧化还原滴定法测定物质含量的原理和方法。

(4) 复习硫代硫酸钠标准溶液的标定方法。

二、实验背景和原理

1. 碘的性质及用途

碘是一种深紫色的固体，在常温常压下呈片状晶体。碘具有较强的挥发性，当受热时，固体碘会直接转变为紫色的气体，这个过程称为升华。碘具有活泼化学性质，它能够与多种元素形成化合物。在水中，碘不溶解，但可以溶解于一些有机溶剂中，如乙醇和二甲苯。碘具有氧化性，在一些反应中可以作为氧化剂。

碘是人体必需的微量元素之一，是甲状腺激素的一种成分，甲状腺激素在人体内起着极其重要的作用，尤其对促进生长发育、调节蛋白质的合成与分解、维持体内的新陈代谢、促进糖和脂质的代谢、调节水与无机盐的平衡、促进生物的氧化等有重要生理作用。健康成人的体内含碘量约为 20mg。碘对于儿童和孕妇的健康发育也尤为重要，碘缺乏会影响大脑发育和认知功能，因此在一些地区，政府和卫生组织会通过盐碘化等方式进行碘的补充。碘为一种具有强氧化性的物质，通常被用作外科消毒剂，以碘为主要成分的消毒剂常见的有碘酊和碘伏。碘化物在医学影像学中被用作造影剂，用于 X 射线、CT 扫描和核磁共振成像等检查。海带中就含有丰富的碘，每 100g 海带中的含碘量约为 240mg，适当吃海带可预防由碘缺乏引起的疾病。

2. 海带中碘的提取方法

海带中碘常用的提取方法有：

(1) 利用灼烧、灰化、浸取和炒干等操作步骤将海带中的碘变成碘化物，再利用氧化剂将 I^- 氧化成 I_2，进一步升华分离获得海带中的碘。

$$K_2Cr_2O_7+KI \xrightarrow{\triangle} K_2O+Cr_2O_3+KIO_3$$

$$KIO_3+5KI \xrightarrow{\triangle} 3I_2+3K_2O$$

(2)用水浸泡海带，将其中的 I^- 及褐藻糖浆等可溶性杂质浸泡到提取液中，再利用加碱生成沉淀的方法除去褐藻糖浆，然后再使用离子交换树脂进行纯化。

离子交换树脂是一种具有网状立体结构的高分子聚合物。网状结构的骨架部分一般十分稳定，在其网状结构的骨架上有许多可被离子交换的活性基团。含酸性基团(如磺酸基—SO_3H、羧基—COOH 等)的树脂能与其他阳离子进行交换，称为阳离子交换树脂。含碱性基团(如季胺基—NR_4，氨基—NH_2 等)的树脂能与其他阴离子进行交换，称为阴离子交换树脂。根据活性基团酸碱性的强弱，又可分为强酸型、弱酸型阳离子交换树脂和强碱型、弱碱型阴离子交换树脂。

离子交换树脂的交换反应是可逆的，即交换上其他离子的树脂用强酸或强碱处理，又可恢复原型，这一过程称树脂的再生，因此离子交换树脂可反复使用。

本实验使用的是 717 型强碱性阴离子交换树脂，活性基团是—OH。强碱性阴离子交换树脂(用 R-OH 表示)对多碘离子 I_3^- 及 I_5^-的交换吸附量($700\sim800g\cdot L^{-1}$)远大于对 I^-的吸附量($150\sim170g\cdot L^{-1}$)，因此常用氧化剂($NaNO_2$、NaClO、Cl_2、H_2O_2 等)将浸泡液中的 I^-离子部分氧化，使其生成 I_2 或 I_3^- 及 I_5^-离子，再用树脂交换吸附。例如，在酸性溶液中：

$$2I^-+2NO_2^-+4H^+ \rightleftharpoons I_2+2NO+2H_2O$$

$$I_2+I^- \rightleftharpoons I_3^-$$

然后用强碱型阴离子树脂交换吸附 I_3^-：

$$R^+—OH^-+I_3^- \rightleftharpoons R^+—I_3^-+OH^-$$

树脂吸附多碘离子达饱和后呈黑红色，先采用 Na_2SO_3 将 I_3^- 还原为不易被吸附的 I^-离子，再用高浓度 $NaNO_3$ 溶液将被树脂吸附的 I^-洗脱下来。

$$I_3^-+SO_3^{2-}+H_2O \rightleftharpoons SO_4^{2-}+3I^-+2H^+$$

$$R^+—I_3^-+NO_3^- \rightleftharpoons R—NO_3+I^-$$

用 $NaNO_2$ 将洗脱下来的 I^-离子氧化而得到 I_2。

若需进一步精制碘，可采用升华法或浓 H_2SO_4 熔融法。由于强碱型阴离子交换树脂对 I_3^- 的吸附能力远大于 NO_3^-，树脂不用再生即可反复使用。

3. 碘的提取量的测定

碘的提取量可采用间接碘量法测定。

三、仪器与试剂

仪器：天平、离子交换柱(或碱式滴定管)、蒸发皿、酒精灯、量筒、烧杯、移液管、布氏漏斗、水循环真空泵、抽滤瓶、滴管、微型滴液漏斗、锥形瓶等。

试剂：海带、$K_2Cr_2O_4$、$Na_2S_2O_3$、$3mol\cdot L^{-1}$ H_2SO_4 溶液、$400g\cdot L^{-1}$ NaOH 溶液、

$6mol \cdot L^{-1}$ H_2SO_4 溶液、$100g \cdot L^{-1}$ $NaNO_2$ 溶液、$4mol \cdot L^{-1}$ $NaNO_3$ 溶液、$0.1mol \cdot L^{-1}$ Na_2SO_3 溶液、$0.1mol \cdot L^{-1}$ KI 溶液、$100g \cdot L^{-1}$ KI 溶液、$5g \cdot L^{-1}$ 淀粉溶液、717 型强碱型阴离子交换树脂等。

四、实验装置

实验装置如图 22-1 所示。

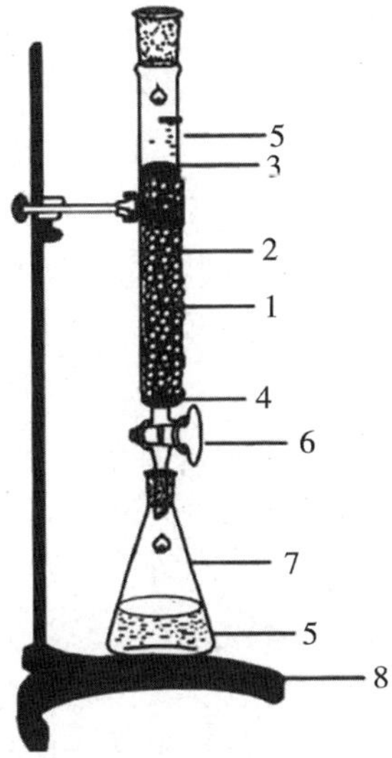

1—交换柱，2—树脂，3、4—玻璃纤维，5—溶液，6—螺旋夹，7—接收器，8—铁架台

图 22-1　离子交换柱装置

五、实验步骤

1. 海带中碘的提取和分离

方法一：

(1)称取约 10g 干燥的海带，在酒精灯上点燃，然后置于蒸发皿中，加热、搅拌、灼烧，使海带完全灰化。

(2)将海带灰研磨细后转移至烧杯中，加入 25mL 蒸馏水熬煮 5min 后抽滤。再次加入 25mL 蒸馏水熬煮一次，抽滤后用少量蒸馏水洗涤滤渣，将滤液合并。

(3)在滤液里加入 $3mol \cdot L^{-1}$的 H_2SO_4 溶液酸化至 pH 显中性以除去碳酸盐。

(4)将滤液在蒸发皿中蒸发浓缩至糊状，调节 $pH \approx 1$，然后尽量炒干，研细，并加入 0.5g 研细的 $K_2Cr_2O_4$ 固体与之混合均匀。

(5)在蒸发皿上盖一张刺有许多小孔且刺孔向上的滤纸，取一只大小合适的玻璃漏斗，颈部塞一小团棉花，罩在蒸发皿上，小心加热蒸发皿使生成的碘升华，碘蒸气在滤纸上凝聚，并在漏斗中看到紫色碘蒸气。当再无紫色碘蒸气产生时，停止加热，冷却。取下滤纸，将新得到的碘回收到棕色试剂瓶中。若碘较少，可用少量 KI 溶液或乙醇将其溶解并收集在试剂瓶内。

方法二：

海带中碘的浸取：称取优质海带 100g，洗净、捣碎，加入 1200mL 去离子水浸泡 24h（浸泡液约含碘 0.3g·L^{-1}）。在浸泡液中加入 400g·L^{-1}NaOH 溶液，充分搅拌，控制 pH 在 12 左右。静置，用倾泻法分离，清液备用。

在上层清液中加入 6mol·L^{-1} H_2SO_4 溶液调节 pH 至 1.5~2.0，用滴管滴加 100g·L^{-1} $NaNO_2$ 溶液，搅拌至溶液颜色刚好由浅黄色变为棕红色，表明 I^- 已转变为多碘离子（注意：$NaNO_2$ 溶液不能过量）。

离子交换柱的制备：

（1）离子交换树脂的预处理：先将 717 型阴离子交换树脂进行预处理，预处理的方法为：将离子交换树脂用水漂洗以除去杂质，再用蒸馏水浸泡 24h 使其充分膨胀，再用95%的乙醇浸泡 24h。

（2）装柱：将离子交换柱（也可用碱式滴定管代替）洗净，底部填入少量玻璃纤维（如图 22-1 所示）。将已预处理的 717 型阴离子交换树脂盛于小烧杯中，加水使树脂呈悬浮液状态，慢慢倾注树脂悬浮液于离子交换柱中。待树脂自然下沉，打开柱下端螺旋夹让水慢慢流出，直至液面略高于树脂时，旋紧螺旋夹。注意，在此后的操作过程中必须始终保持液面略高于树脂，勿使溶液流干，否则气泡浸入树脂层将影响交换效果。若出现气泡，可加入少量蒸馏水或溶液，使液面高出树脂，并用玻棒搅动树脂，以便赶走气泡。

交换吸附：用滴管将处理好的海带浸泡液注入交换柱中（树脂层高度为 12cm），调节螺旋夹，控制流速为 15~25d·min^{-1}，用 100mL 烧杯收集流出液，流出液应为淡黄色或接近无色。若流出液颜色较深，说明吸附不完全，应调节流速或再循环吸附。

洗脱：逐滴加入 0.1mol·$L^{-1}$$Na_2SO_3$ 溶液于交换柱中，控制流速为 5~8d·min^{-1}，至树脂颜色由棕红色变为无色为止。再换 4mol·$L^{-1}$$NaNO_3$ 溶液 20mL 洗脱，流速为 5~8d·min^{-1}，洗脱液收集于 50mL 烧杯中。

碘析：往洗脱液中滴加 6mol·L^{-1} H_2SO_4 使之酸化至 pH=1.5~2，再滴加 100g·L^{-1} $NaNO_2$ 溶液使碘析出，离心分离析出的碘，用少量去离子水洗涤。

2. 海带中碘的提取量测定

1）0.1mol·L^{-1} $Na_2S_2O_3$ 溶液浓度的标定

0.1mol·L^{-1} $Na_2S_2O_3$ 溶液的配制：在天平上称取 6.3g $Na_2S_2O_3 \cdot 5H_2O$ 和 0.05g Na_2CO_3 于小烧杯中，加 20mL 新煮沸冷却后的蒸馏水溶解，然后转入 250mL 棕色试剂瓶中，用蒸馏水稀释至 250mL，摇匀。置于暗处 7~10d 后再标定。

$K_2Cr_2O_7$标准溶液的配制：在分析天平上精确称取 0.40~0.45g $K_2Cr_2O_7$（在 140℃烘箱中烘至恒重）于小烧杯中，加 20mL 蒸馏水溶解后，小心转入 100mL 容量瓶中，用少量蒸馏水洗涤 2~3 次，洗涤液全部并入容量瓶中，加蒸馏水至刻度，摇匀。

$Na_2S_2O_3$ 溶液浓度的标定：用 5mL 移液管吸取 $K_2Cr_2O_7$ 标准溶液 5.00mL，置于 50mL 锥形瓶中，加入 1mL 3mol·L^{-1} H_2SO_4 溶液和 2mL 100g·L^{-1}KI 溶液，盖上瓶塞摇匀，置于暗处反应 5min。

将 $Na_2S_2O_3$ 溶液装入 10mL 碱式滴定管中，调节溶液的初始度至滴定管的零刻度。从暗处取出锥形瓶，加入 10mL 蒸馏水，立即用 $Na_2S_2O_3$ 溶液滴定析出的 I_2 至溶液呈浅黄绿色(此时已临近终点)，停止滴定，加淀粉指示剂 8~10 滴，溶液呈深蓝色，继续滴定至深蓝色恰好消失，溶液变为浅绿色时，即达到滴定终点。记录结果，重复操作至两次滴定消耗 $Na_2S_2O_3$ 溶液的体积差不超过 0.01mL，取平均值，计算 $Na_2S_2O_3$ 溶液的准确浓度。

2)碘的提取量测定

用 0.1mol·L^{-1}KI 溶液将碘溶解，加入 6mol·L^{-1} H_2SO_4 溶液酸化。以 5g·L^{-1}淀粉试液为指示剂，用 $Na_2S_2O_3$ 标准溶液滴定至蓝色刚好消失为终点。重复操作两次，至滴定消耗标准溶液体积相差不超过 0.01mL，取平均值，计算碘的提取量。

六、注意事项

(1)在离子交换树脂装柱完成后的操作过程中必须始终保持液面略高于树脂，勿使溶液流干，否则气泡浸入树脂层将影响交换效果。若出现气泡，可加入少量蒸馏水或溶液，使液面高出树脂，并用玻棒搅动树脂，以便赶走气泡。

(2)将海带浸泡液中的碘离子用 $NaNO_2$ 溶液氧化为多碘离子时，$NaNO_2$ 溶液不能过量，以免有大量碘单质析出。

(3)在洗脱离子交换树脂时，需要分两步洗脱，因为树脂上吸附的以 I_3^- 为主，需要先加亚硫酸钠还原成 I^-，洗脱液中主要是 I^-；第二次用硝酸钠洗，发生离子交换，把残留的未洗脱的 I^-洗脱下来，洗脱液主要为 I^-。如果采用一步法很难洗脱完全，收率偏低。

思考题

1. 标定 $Na_2S_2O_3$ 溶液浓度时，淀粉指示剂应在什么时候加入？为什么？

2. 用离子交换树脂纯化碘时，洗脱过程为什么要分两步进行？

3. 将海带浸泡液中的碘离子用 $NaNO_2$ 溶液氧化为多碘离子时，加入的 $NaNO_2$ 溶液为什么不能过量？

4. 在方法一中影响碘分离制备产率的因素有哪些？

参考文献

[1]刘桂艳，李耀仓，秦中立．无机及分析化学实验[M]．武汉：华中师范大学出版社，2018.

[2]章小丽，喻芳．基础化学实验[M]．昆明：云南大学出版社，2022.

[3]宋一林．基础化学实验[M]．昆明：云南大学出版社，2004.

[4]秦中立．无机及分析化学实验[M]．3 版．武汉：华中师范大学出版社，2014.

实验 23　柑橘类果皮中粗多糖提取及抗氧化活性测试

一、实验目的

(1)熟悉超声波辅助提取植物成分的原理。
(2)学习超声波提取植物成分的操作要领和方法。
(3)掌握物质抗氧化性测试方法。
(4)训练利用所学知识，运用超声波提取植物功能成分的能力。

二、实验背景和原理

多糖是指 10 个以上单糖分子通过糖苷键连接的聚合糖高分子碳水化合物，可包含数百甚至数千个单糖分子。由相同单糖组成的多糖称为同多糖，由不同的单糖组成的多糖称为杂多糖。多糖不是一种纯粹的化学物质，而是不同聚合程度的物质的混合物。在多糖结构中除单糖外，还可能含糖醛酸、氨基糖和糖醇等成分。多糖类一般不溶于水，无甜味，不能形成结晶，无还原性和变旋现象。作为糖苷类化合物，多糖可发生水解反应。在水解过程中，往往产生一系列的中间产物，最终完全水解为单糖。

多糖在自然界分布广泛且功能重要。例如，作为构成动植物细胞壁的组成成分，如肽聚糖和纤维素；作为动植物储藏的养分，如糖原和淀粉；具有特殊的生物活性，如人体中肝素的抗凝血作用和肺炎球菌细胞壁中多糖的抗原作用。柑橘皮作为生产和生活中产生的副产品，其中也含有丰富的多糖。

多糖具有免疫调节、抗肿瘤、抗氧化、抗病毒、抗衰老、降血糖、刺激造血等作用，且对机体的毒副作用较低。如果能提取柑橘皮中的多糖，必将提高柑橘的经济价值和社会价值。植物多糖的提取方法种类繁多，常用的提取方法有水提醇沉法、酶法、双水相法、超声波法等。

本实验采用超声波法，主要利用超声波的“空化效应”、机械作用和热效应有效地破碎植物的细胞壁，加速溶媒的分子运动，加速有效成分溶入提取溶媒中。超声波的空化效应使固体样品分散，增大样品与提取溶剂之间的接触面积，超声波的次级效应如机械振动、乳化、化学效应等也可以促进橘皮粉与提取溶剂的充分混合，超声波的粉碎、搅拌等特殊作用还可打破植物细胞壁，加速有效成分的溶出。

提取的橘皮多糖的得率通常由苯酚-硫酸显色法测定，本实验就先利用烘干至恒重的葡萄糖建立多糖标准曲线，再测定橘皮多糖提取液中的多糖浓度，从而计算出橘皮多糖的得率。多糖溶液抗氧化作用通常可以其对·OH 自由基的清除效果表示，本实验就通过硫酸亚铁-邻菲罗啉显色法测定提取的多糖溶液对羟基自由基的清除率来研究其抗氧化作用。

三、仪器与试剂

主要仪器设备：电热鼓风干燥箱、低速大容量离心机、中药粉碎机、超声波清洗器、电子分析天平、恒温水浴振荡器、紫外-可见分光光度计、磁力搅拌器、圆底烧瓶、冷凝管等。

材料与试剂：葡萄糖（A. R）、浓硫酸（A. R）、6% 苯酚溶液、pH = 7.4 左右的 $0.75mol \cdot L^{-1}$磷酸盐缓冲溶液、$0.75mmol \cdot L^{-1}$的邻菲罗啉乙醇溶液、$0.75mmol \cdot L^{-1}$的 $FeSO_4$ 溶液、0.1% H_2O_2 溶液。实验用水为蒸馏水。柑橘皮（根据实验需要自行采集）。

四、实验装置

实验装置如图 23-1 所示。

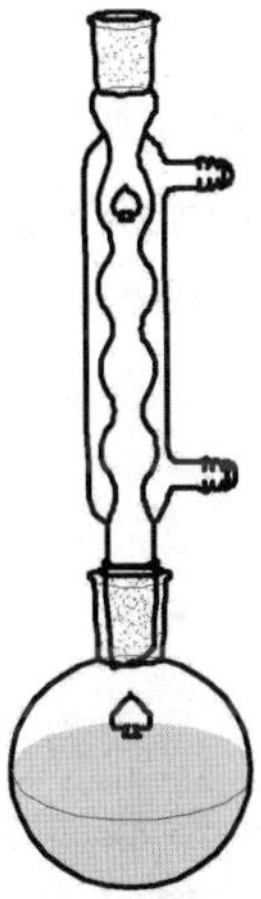

图 23-1　提取装置

五、实验步骤

1. 多糖标准曲线的绘制

准确称取 105℃ 下干燥至恒重的葡萄糖标准品 50mg，于 50mL 容量瓶中配制 $1.00mg \cdot mL^{-1}$的葡萄糖标准溶液，放置备用。

分别精确吸取上述标准溶液 0.4、0.8、1.2、1.6、2.0、2.4、2.8mL 于 50mL 比色管

中，加蒸馏水定容，即得浓度分别为 0.008mg · mL^{-1}、0.016mg · mL^{-1}、0.024mg · mL^{-1}、0.032mg · mL^{-1}、0.040mg · mL^{-1}、0.048mg · mL^{-1}、0.056mg · mL^{-1}的多糖溶液。

精确吸取上述各溶液 2.0mL 到带刻度比色管中，分别加入 1.0mL 6%苯酚溶液，振荡摇匀，缓慢加入 5.0mL 浓硫酸，摇匀，然后加入蒸馏水定容到 10mL 并摇匀，于 40℃水浴中显色 30min。以试剂空白溶液为参比，利用紫外-可见分光光度计在 488nm 波长处分别测定各个标准样品的吸光度。以被测定的溶液浓度为横坐标，吸光度值为纵坐标绘制标准曲线，并求出线性回归方程。

2. 多糖的提取

取新鲜柑橘皮，并置于烘箱中低温烘干，然后利用粉碎机粉碎制成粉末。准确称取柑橘皮粉 1.000g 置于 50mL 圆底烧瓶中，加入 30mL 蒸馏水，按照图 23-1 将装置安装到超声波清洗器中。设置超声波功率为 200W、温度为 50℃，提取 20min。

将提取的混合物转移至离心管中，于 4000r/min 转速下离心分离 10min(也可隔着纱布减压抽滤)。用蒸馏水 5mL 洗涤残渣 1 次，合并清液于 100mL 容量瓶中，并加入蒸馏水定容。

取已定容的提取液 1mL 置于 25mL 比色管中，加入 1mL 6%的苯酚溶液，摇匀，再加入 5mL 浓硫酸，摇匀，然后加入蒸馏水定容到 25mL。然后于 40℃水浴中显色 30min，利用紫外-可见分光光度计在 488nm 处测定其吸光度。根据标准曲线及其回归方程计算提取液中多糖的浓度，多糖的得率按下式计算：

$$E_t(\%)=(C\times V\times N)/M\times 100\%$$

式中：E_t 为得率,%；C 为测得的提取液浓度，g/mL；N 为稀释倍数；V 为提取液体积，mL。

3. 抗氧化活性测试

对 · OH 清除能力的测定：

(1)用移液管移取 1.00mL 0.75mmol · L^{-1}的邻菲罗啉乙醇溶液于 10mL 比色管中，再依次加入 2.00mL 的 0.75mol · L^{-1} 磷酸盐缓冲溶液(PBS，pH<7.4)，1mL 蒸馏水和 1.00mL 0.75mmol · L^{-1}的 $FeSO_4$ 溶液，摇匀混合后，继续加入 1.00mL 0.1% H_2O_2，再混合均匀。将比色管置于水浴振荡器中在 37℃下保温 60min，然后在波长 536nm 处测吸光值，即 $A_{不加样}$，重复 3 次。

(2)用 1.00mL 容量瓶中的多糖提取液代替(1)中的 1mL 蒸馏水，其他操作跟(1)相同，在波长 536nm 处测其吸光值，即 $A_{样}$，重复 3 次。

(3)用 1.00mL 蒸馏水代替(1)中的 1.00mL 0.1% H_2O_2，其他操作跟(1)相同，在波长 536nm 处测其吸光值，即 $A_{对照}$，重复 3 次。

按以下公式计算多糖提取液对羟基自由基的清除率。

$$清除率(\%)=\frac{A_{样品}-A_{不加样}}{A_{对照}-A_{不加样}}\times 100\%$$

六、注意事项

(1)圆底烧瓶内的液面要在超声波提取器液面以下，且不能接触超声波提取器的底部和侧面。

(2)利用苯酚-硫酸法显色测定橘皮多糖得率时，每加入一种显色剂都必须摇匀。

(3)测定多糖提取液对羟基自由基的清除率时，需要按照顺序加入显色剂等，尤其是 0.1% H_2O_2 必须最后加入。

思考题

1. 可能影响粗多糖得率的因素有哪些？
2. 分析多糖制备过程中哪些因素可能影响所得粗多糖样品的抗氧化活性。
3. 超声波法提取多糖有什么优点呢？

参考文献

[1]黎继烈，张慧，曾超珍，等．超声波辅助提取金橘柠檬苦素工艺研究[J]．中国食品学报，2009，9(4)：97-103.

[2]孟岳成，邱蓉，张学兵．碱法提取可溶性大豆多糖的工艺[J]．食品研究与开发，2009，30(11)：83-86.

[3]任初杰，姚华杰，王承明，等．酸提花生粕多糖工艺研究[J]．食品科学，2007，28(9)：128-132.

[4]赵瑞萌，孙庭阁，张玲．碱法提取黄精多糖及提取工艺流程的优化[J]．泰山医学院学报，2010，31(1)：45-47.

[5]刘晓丽，赵谋明．余甘子果汁活性成分与抗氧化活性研究[J]．食品与发酵工业，2006，32(5)：151-154.

[6]许效群，刘志芳，霍乃蕊，等．苦荞糠皮总黄酮的抗氧化活性及免疫调节活性[J]．中国食品学报，2012，12(6)：42-47.

[7]唐浩国．黄酮类化合物研究[M]．北京：科学出版社，2009.

[8]段久芳．天然高分子材料[M]．武汉：华中科技大学出版社，2016.

[9]汪建红，李迪．纤维素酶法提取荸荠皮中多糖的工艺研究[J]．食品工业科技，2016，37(5)：248-251.

实验 24　柑橘皮中橘皮油的提取及 GC-MS 分析

一、实验目的

（1）了解从天然产物中提取有效成分的方法。
（2）了解橘皮油的性质和用途。
（3）学习水蒸气蒸馏的操作和注意事项。

二、实验背景和原理

1. 橘皮油的性质和用途

橘皮油，又称橘子油，是精油的一种，主要从柑橘果皮中提取获得。橘皮油中含醇、酯、萜烯类等物质，是一种无色或浅黄色澄清透明液体，具果香带脂蜡香，相对密度为0. 8411，旋光度为+63°~+78°(25℃)。橘皮油中 85%的成分是一种具有橘子清香气味的D-柠檬烯，又称苎烯。除柠檬烯外，橘皮油中还含有γ-松油烯、β-月桂烯、α-蒎烯、β-蒎烯、芳樟醇、柠檬醛、α-萜品醇、7-松油烯、卜月桂烯、α-松油醇、橙皮苷、莰烯、水芹烯、莕烯、吉马烯 D、杜松烯、新橙皮苷、陈皮素、2-甲基十一醛(MNA)、反-2-反-4-癸二烯醛、5，9-二甲基-4，8-癸二烯醛(FF)、香叶醛、橙花醛(柠檬醛 A)、香草醛(3，7-二甲基-6-辛烯醛)等成分。

橘皮油的用途主要有：

（1）橘皮油在化工领域可以代替多种有毒溶剂。例如，代替二甲苯，作为天然树脂、合成树脂类产品的配伍剂，或作为各种涂料、油漆产品的稀释剂或添加剂等，可大大降低这些化工产品中有毒有害物质的含量，达到环保要求；代替对臭氧层有严重破坏作用的三氯乙烷，用作工业清洗剂和日用清洁剂的主要原材料；代替氟利昂，作为热量传导剂。

（2）在环保领域，橘皮油中的萜烯化合物具有迅速溶解泡沫塑料的功能。实验表明，将块状泡沫塑料物投入橘皮油后，在很短的时间内就会溶解，再将此泡沫塑料溶解液进行分离、还原处理，即成为可再次使用的塑料粒子，从而达到回收聚苯乙烯泡沫塑料的目的，这为大量快速地回收泡沫塑料提供了十分便利的条件。

（3）在食品产业领域，橘皮油作为天然香料和色素剂，可用于面包、糕点、饼干、奶粉等诸多食品以及各种饮料。

(4)在化妆品产业领域，橘皮油可作为原辅材料生产出香水和润肤、洁面油等产品。

(5)在医药、保健产业领域，以橘皮油为主要原材料制成胶囊或溶剂药品，具有理气化痰、和胃健脾、散结止痛、排毒养颜、消食解酒等功能。还因橘皮油中富含黄酮类及多种维生素，因此其可制成生物保健品。此外，其中的柠檬烯对化解人体内胆结石有着特殊疗效。

(6)在农业领域，橘皮油具有很强的杀虫灭菌功能，可作为生物杀虫剂，广泛用于粮、棉、油农作物以及瓜果、蔬菜等的生产。

2. 橘皮油的提取方法

精油的提纯工艺有很多，主要有直接压榨法、石灰浸泡压榨法、水蒸气蒸馏法、超临界萃取联合分子蒸馏技术等。由于橘皮油难溶于水，与水一起沸腾时不发生化学变化，且在 100℃左右时该物质的蒸气压在 1. 33kPa 以上，因此使用水蒸气蒸馏从橘皮中提取橘皮油是比较合适的。如果混合物只需少量水蒸气即可完全蒸出，可将水和有机化合物一起放在蒸馏瓶内，直接发生水蒸气来蒸馏；本实验所需的水蒸气用量较大，适合采用常规的水蒸气蒸馏方法。

3. 橘皮油的 GC-MS 分析

GC-MS 分析即气相色谱-质谱联动分析技术。气相色谱法是指用气体作为流动相的色谱法。气相色谱主要是利用物质的沸点、极性及吸附性质的差异来实现混合物的分离，当多组分的混合物样品进入色谱柱后，由于吸附剂对每个组分的吸附力不同，导致各组分在色谱柱中的运行速度产生差异。吸附力弱的组分容易被解吸下来，最先离开色谱柱进入检测器；而吸附力最强的组分最不容易被解吸下来，因此最后离开色谱柱。由此各组分得以在色谱柱中彼此分离，并按顺序进入检测器中被检测、记录下来。由于样品在气相中传递速度快，因此样品组分在流动相和固定相之间可以瞬间达到平衡。气相色谱可分为气固色谱和气液色谱，本实验采用的为气固色谱，流动相为惰性气体，以具有一定活性的吸附剂作为固定相。

质谱分析是一种测量离子质荷比(质量-电荷比)的分析方法，其基本原理是使试样中各组分在离子源中发生电离，生成不同荷质比的带电荷的离子，经加速电场的作用，形成离子束，进入质量分析器；在质量分析器中，再利用电场和磁场使发生相反的速度色散，将它们分别聚焦而得到质谱图，从而确定其质量。通过样品的质谱和相关信息，可以得到样品的定性定量结果。

三、仪器与试剂

主要仪器：水蒸气蒸馏装置、冷凝管、试管、气相色谱-质谱联用仪(GC-MS)等。

试样：新鲜柑橘皮、二氯甲烷(A. R)等。

四、实验装置

实验装置如图 24-1～图 24-3 所示。

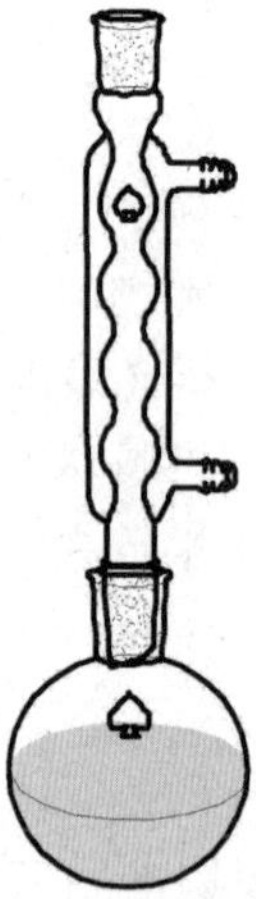

图 24-1　回流装置

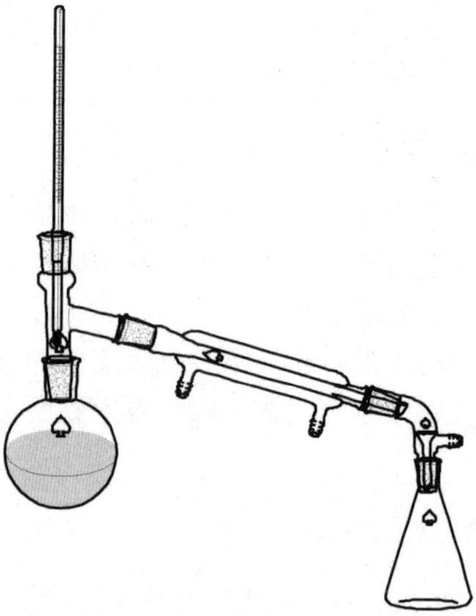

图 24-2　蒸馏装置

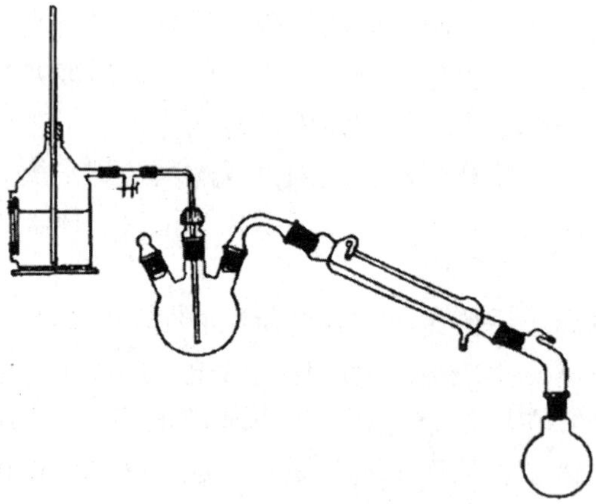

图 24-3　水蒸气蒸馏装置

五、实验步骤

1. 橘皮油的提取

称取 50g 鲜橘皮粉碎后加入 250mL 三颈烧瓶中，再向三颈烧瓶中加入 50mL 热水及

2~3 粒沸石，按照图 24-3 装上水蒸气蒸馏装置。

先打开 T 形管上的止水夹，开始加热水蒸气发生瓶。当水蒸气发生瓶内水开始沸腾且 T 形管处有大量蒸汽冒出时，夹紧止水夹，使蒸汽通入蒸馏烧瓶，蒸馏开始。当待蒸馏物的温度升高到一定程度时，开始沸腾，不久有机物和水的混合蒸汽将被蒸出，经过冷凝管冷凝进入接收器。控制馏出速度为 1 滴/秒。收集馏出液 50~75mL，转移到分液漏斗中，每次用 7mL 二氯甲烷萃取 2 次。弃去水层，保留有机层。

2. 干燥

将上一步萃取得到的有机层转入干燥的锥形瓶中，加入无水硫酸镁干燥 15min。干燥剂足够的标准是：①液体试剂澄清；②干燥剂不溶解，不结块，不粘在底部，能以粉末游离状态自由移动。

3. 蒸馏

待干燥后，转入圆底烧瓶中，按照图 24-2 装好蒸馏装置，水浴加热蒸出大部分的二氯甲烷。然后将剩余的液体转入一试管中，水浴加热除去残留的二氯甲烷，剩下的即橘皮精油。称重，计算回收重量百分比。

4. 橘皮油的 GC-MS 联用分析

设置气相色谱条件为：载气为高纯的氦气，进样口温度为 250℃，接口温度为 280℃。

然后程序升温，初始温度为 35℃，保持 2min，然后以 5℃/min 的速率上升至 80℃，再以 8℃/min 的速率上升至 180℃，再以 8℃/min 的速率上升至 250℃，四极杆温度为 150℃。

设置的质谱条件为：电离源为电子轰击离子源(electron ionization ion source，简写为 EI1 源)，电子能量为 70eV，扫描质量数范围 30~500amu，采用全扫描方式。采用手动进样，采用峰面积归一化法测定其主要成分及计算各成分相对含量。

六、注意事项

(1)使用分液漏斗前要做好检漏涂凡士林及准备好合适的铁圈等工作。

(2)在蒸馏除去二氯甲烷时为了避免着火的风险，要避免使用明火，且通风要良好，采用水浴或水蒸气加热较适宜。

(3)水蒸气蒸馏时，水蒸气发生器产生的蒸汽要充足。

(4)水蒸气蒸馏时还要注意 T 形管的状况，如果 T 形管中充满了冷凝水，要及时打开 T 形管上的止水夹，把水放出去。

(5)水蒸气蒸馏时，如果蒸馏烧瓶中的冷凝水过多，可以在烧瓶底下用小火间接加热。

(6)水蒸气蒸馏的蒸馏过程中，要注意安全管中水柱的情况，如果出现不正常的水柱上升，应该立即打开 T 形管上的止水夹，移去热源，排除故障后方可继续进行蒸馏。

(7)水蒸气蒸馏完毕后，先打开T形管上的止水夹，然后停止加热。如果不打开止水夹，就停止了加热，蒸馏烧瓶中的液体有可能会倒吸入蒸汽导管乃至水蒸气发生器中。

(8)干燥剂无水硫酸镁要足够。

思考题

1. 能用水蒸气蒸馏提纯的物质应具备哪些条件呢？

2. 水蒸气蒸馏过程中，如果出现安全管的水柱上升，并从管口喷出等现象，说明蒸馏体系发生了什么故障呢？

3. 水蒸气发生器和蒸馏瓶中间连有一T形管，T形管下方再装上一带螺旋止水夹的乳胶管，说明此装置有什么用途？

4. 停止水蒸气蒸馏时，为什么要先打开T形管处的螺旋止水夹，再停止加热？

参考文献

[1]张金艳．大学基础化学实验[M]．北京：中国农业大学出版社，2006.

[2]陈婷婷，黄炳生，周晓农，等．柠檬枝叶挥发油化学成分气相色谱-质谱分析研究[J]．现代医药卫生，2012，28(1)：3-5.

[3]朱岳麟，郑晓梅，王文广，等．早熟金柚果皮挥发油的提取及GC-MS分析[J]．植物研究，2009，29(2)：253-256.

实验 25　柑橘皮中黄酮的提取、测定及抗氧化性分析

一、实验目的

(1)了解柑橘类果皮中黄酮类化合物的分布及黄酮类化合物的应用。

(2)学习黄酮的常用提取方法及鉴定方法。

(3)学习酶法、超声波法、直接提取法等方法提取柑橘皮渣中黄酮类化合物的原理和方法及黄酮类化合物测定的原理与方法；掌握黄酮类化合物的提取工艺。

(4)学习测定黄酮类化合物抗氧化性的原理及方法。

二、实验背景和原理

1. 黄酮类化合物的结构及性质

我国种植柑橘有 4000 多年的历史，种植面积和年产量均居百果之首。柑橘皮作为柑橘类水果生产、食用和加工过程中产生的副产物，每年产量巨大，通常情况下仅作为废料或垃圾被直接抛弃。柑橘皮中含有较多的有效成分，例如黄酮、多糖、膳食纤维等，其中黄酮含量尤为丰富。

黄酮类化合物(flavonoids)是广泛存在于植物中的天然植物成分，主要指以 2-苯基色原酮为基核的化合物，其结构类型包括黄酮、异黄酮、查耳酮、黄酮醇、二氢黄酮醇、花色素等及其衍生物，具有良好的清除自由基及抗氧化能力，在抗炎症、抗凝血、抗血栓、调节内分泌功能、降血脂、降血糖等方面也具有一定的作用，已临床用于治疗高血压、高血脂、镇痛、抗过敏、抗心律失常等。

黄酮类化合物在柑橘皮中有较高的含量，因此利用柑橘皮提取黄酮类化合物，对于提高柑橘的综合利用价值具有重要的意义。

2. 黄酮类化合物的鉴定、测定和抗氧化性分析

黄酮类化合物溶液中加入镁粉/锌粉及几滴浓盐酸后，1～2min 内可发生颜色反应，大多黄酮醇、二氢黄酮及二氢黄酮醇类呈现红-紫红色，黄酮类显橙色，异黄酮及查尔酮类无变化，当 B 环上取代基为—OH 或—OCH_3 时，呈现的颜色会随之加深。三氯化铝与黄酮类化合物作用后也能生成黄酮的铝络合物，显黄色，其黄色深浅与黄酮量成正比。

黄酮类化合物具有苯并芘喃结构，其母核中含有碱性氧原子，一般都具有 4 位羰基，又带酚羟基。在反应体系中，加入亚硝酸钠和氢氧化钠，用硝酸铝作显色剂，其 3-羟基、4-羟基或 5-羟基，4-羰基或邻二位酚羟基在碱性条件下与铝离子结合能形成稳定的红色络合物，在 510nm 处有最大吸收，在一定浓度范围内，其吸光度与黄酮浓度呈线性关系，此法简便，稳定性好，重现性好，具有较高的回收率。因此与芦丁即黄酮标准品进行比较，可测定待测物中黄酮类化合物的含量。

黄酮溶液抗氧化作用通常以其对 O_2^-·和·OH 自由基的清除效果表示，本实验就通过对·OH 自由基的清除效果的测定来确定其抗氧化作用。

三、仪器与试剂

主要仪器与设备：电热鼓风干燥箱、低速大容量离心机、中药粉碎机、电子分析天平、超声波清洗器、恒温水浴振荡器、紫外-可见分光光度计、圆底烧瓶、冷凝管等。

材料与试剂：无水乙醇(A. R)，芸香叶苷(A. R)，纤维素酶(50000U/g)，1mol·L^{-1}的氢氧化钠溶液，5%亚硝酸钠溶液，10%硝酸铝溶液，pH=7.4 左右的 0.75mol·L^{-1}磷酸盐缓冲溶液，0.75mmol·L^{-1}的邻菲罗啉乙醇溶液，0.75mmol·L^{-1}的 $FeSO_4$ 溶液，0.1% H_2O_2 溶液。实验用水为蒸馏水。

柑橘皮(根据实验需要自行采集)。

四、实验装置

实验装置如图 25-1 所示。

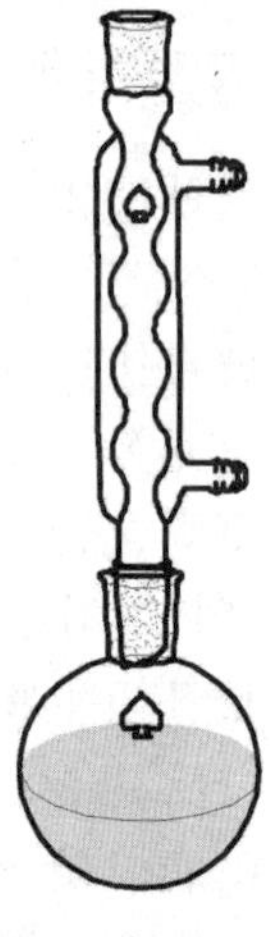

图 25-1　提取装置

五、实验步骤

1. 黄酮标准曲线的绘制

准确称取芸香叶苷 0.0200g，用 30%乙醇溶解，转移到 100mL 容量瓶中，定容(含芸香叶苷 200μg·mL^{-1}，使用时精密量取)。

分别用移液管移取芸香叶苷标准溶液 1.00mL、2.00mL、3.00mL、4.00mL、5.00mL、6.00mL，转移到 25mL 比色管中，加 5%亚硝酸钠溶液 1.0mL，摇匀，静置 6min，加 10%硝酸铝溶液 1.0mL，摇匀，静置 6min，加 1mol·L^{-1}氢氧化钠溶液 6.0mL，再加 30%乙醇定容到 25mL，摇匀，放置 15min。以芸香叶苷空白试剂为参比，用紫外-可见分光光度计在 510nm 波长处测定吸光度。以吸光度(A)为纵坐标，浓度(C/μg·mL^{-1})为横坐标，绘制标准曲线。

2. 橘皮中黄酮的提取

方法一（直接浸提法）：

取新鲜柑橘皮，并置于烘箱中低温烘干，然后利用粉碎机粉碎制成粉末。准确称取柑橘皮粉 1.00g 置于 50mL 圆底烧瓶中，加入 20mL 60%乙醇溶液及 2～3 粒沸石，按照图 25-1装上装置，在 60℃温度下提取 90min，然后冷却。

将提取的混合物转移至离心管中，于 4000r/min 转速下离心分离 10min（也可隔着纱布减压抽滤）。用 30%乙醇 5mL 洗涤残渣 1 次，合并清液于 100mL 容量瓶中，并加入 30%乙醇溶液定容。

方法二（酶法）：

精确称取酶活为 50000U/g 的纤维素酶 0.18g 溶于蒸馏水中，并在 100mL 容量瓶中定容待用（此溶液酶活为 90U/mL，也可使用其他酶活的纤维素酶配制）。

准确称取柑橘皮粉 1.00g 置于 100mL 圆底烧瓶中，加入 20mL 60%乙醇溶液、3mL 90U/mL 的纤维素酶液及 2～3 粒沸石，按照图 25-1 装上装置。在 50℃ 下提取 90min，冷却。

将提取的混合物转移至离心管中，于 4000r/min 转速下离心分离 10min（也可隔着纱布减压抽滤）。用 30%乙醇 5mL 洗涤残渣 1 次，合并清液于 100mL 容量瓶中，并加入 30%乙醇溶液定容。

方法三（超声波法）：

准确称取柑橘皮粉 1.00g 置于 50mL 圆底烧瓶中，加入 20mL 60%乙醇溶液及 2～3 粒沸石。将圆底烧瓶置于超声波清洗器中，按照图 25-1 装上装置。设置超声波功率为 200W、温度为 50℃，提取 20min。

将提取的混合物转移至离心管中，于 4000r/min 转速下离心分离 10min（也可隔着纱布减压抽滤）。用 30%乙醇 5mL 洗涤残渣 1 次，合并清液于 100mL 容量瓶中，并加入 30%乙醇溶液定容。

3. 黄酮类化合物的鉴定

盐酸-锌粉反应：取 1mL 提取液加入试管中，向试管中加入少量锌粉并滴加几滴浓盐酸，摇匀，沸水浴温热，观察颜色变化。

铝盐反应：取 1mL 提取液加入试管中，向试管中滴入几滴 1%三氯化铝溶液，摇匀，观察颜色变化。

4. 柑橘皮中黄酮提取液中黄酮含量测定

取步骤 2 中获得的已在 100mL 容量瓶中定容的提取液 1.00mL 于 25mL 比色管中，加 5%亚硝酸钠溶液 1.0mL，摇匀，静置 6min，加 10%硝酸铝溶液 1.0mL，摇匀，静置 6min，加 1mol · L^{-1}氢氧化钠 6.0mL，再加 30%乙醇定容，摇匀，放置 15min。然后，以 30%乙醇为空白，用紫外-可见分光光度计在 510nm 波长处测定其吸光度。根据标准曲线得出总黄酮浓度，然后计算出提取液的总黄酮得率。

5. 黄酮提取液抗氧化性测定

对 · OH 清除能力的测定：

(1)用移液管移取 1.00mL 0.75mmol · L^{-1}的邻二氮菲乙醇溶液于 10mL 比色管中，再依次加入 2.00mL 的 0.75mol · L^{-1} 磷酸盐缓冲溶液(PBS，pH<7.4)，1mL 蒸馏水和 1.00mL 0.75mmol · L^{-1}的 $FeSO_4$ 溶液，摇匀混合后，继续加入 1.00mL 0.1% H_2O_2，再混合均匀。将比色管置于水浴振荡器中在 37℃下保温 60min，然后利用紫外-可见分光光度计在波长 536nm 处测吸光值，即 $A_{不加样}$，重复 3 次。

(2)用 1.00 容量瓶中的黄酮提取液代替(1)中的 1mL 蒸馏水，其他操作跟(1)相同，在波长 536nm 处测吸光值，即 $A_{样}$，重复 3 次。

(3)用 1mL 蒸馏水代替(1)中的 1.00mL 0.1% H_2O_2，其他操作跟(1)相同，在波长 536nm 处测吸光值，即 $A_{对照}$，重复 3 次。

按以下公式计算清除率：

$$清除率(\%)=\frac{A_{样品}-A_{不加样}}{A_{对照}-A_{不加样}}\times 100\%$$

六、注意事项

(1)使用超声波法提取时，圆底烧瓶内的液面要在超声波清洗器液面以下，圆底烧瓶不能接触超声波清洗器的底部和侧面。

(2)使用酶法时，酶溶液最好现用现配，且使用酶法时提取温度不能太高，否则酶易失活。

(3)测定黄酮提取液的抗氧化性时，测定 $A_{不加样}$、$A_{样}$、$A_{对照}$的比色管最好同时放入水浴振荡器中保温。

(4)对黄酮提取液显色测定黄酮含量时，每次加试剂时都应混合均匀。

(5)测定黄酮提取液抗氧化活性的过程中，每次加入试剂时也应混合均匀，且加料顺序不能颠倒，尤其是 0.1% H_2O_2 必须最后加入。

(6)测定黄酮提取液抗氧化活性的过程中，在显色完后测定吸光度时，要注意排除比色管中悬浮物的干扰。

思考题

1. 分析可能影响黄酮提取率的因素。
2. 分析黄酮提取过程中哪些因素可能影响所得黄酮提取液的抗氧化活性。
3. 除纤维素酶还有哪些酶可用于提取黄酮类化合物？
4. 请列出一些黄酮类化合物的具体种类及其结构。
5. 列出常见的几种鉴定黄酮类化合物的方法？

参考文献

[1]汪建红，廖立敏，王碧．乙醇-硫酸铵双水相体系提取柠檬渣中总黄酮研究[J]．华中

师范大学学报(自然科学版), 2013, 47(1): 79-81.
[2]许效群, 刘志芳, 霍乃蕊, 等. 苦荞糠皮总黄酮的抗氧化活性及免疫调节活性[J]. 中国食品学报, 2012(6): 42-43.
[3]李琪, 廖颖, 张宏, 等. 枇杷花中黄酮的分离鉴别研究[J]. 食品与发酵科技, 2011, 47(1): 86-88.
[4]薄南南, 傅桦. 玉米须中总黄酮的提取及含量测定[J]. 首都师范大学学报(自然科学版), 2009, 30(4): 44-47.
[5]李敏, 吴茜, 张景林, 等. 桑叶黄酮提取分离方法研究[J]. 应用化工, 2010, 39(6): 790-795.

实验 26　绿叶中色素的提取和分离

一、实验目的

(1)通过绿色植物色素的提取和分离，了解天然物质提取、分离及鉴定的一般方法。
(2)掌握薄层色谱分离的基本原理，学习薄层色谱分离的操作技术。
(3)掌握比移值 R_f 的含义和计标方法。

二、实验背景和原理

20 世纪初，德国化学家韦尔斯泰特采用了当时最先进的色层分离法来提取绿叶中的物质。经过 10 年的艰苦努力，韦尔斯泰特通过处理成吨的绿叶原料，终于捕捉到了其中的神秘物质——叶绿素。由于成功地提取了叶绿素，韦尔斯泰特于 1915 年荣获了诺贝尔化学奖。

叶绿素是高等植物和其他所有能进行光合作用的生物体含有的一类绿色色素，其结构的共同特点是结构中包括四个吡咯构成的卟啉环，这四个吡咯与金属镁元素结合。这种结构使得叶绿素吸收大部分的红光和紫光但反射绿光，所以叶绿素具有独特的绿色，它在光合作用的光吸收中起核心作用，是植物进行光合作用的关键催化剂。叶绿素存在于叶片的叶绿体内的类囊体膜上。在叶绿体内，叶绿素可看成嵌在蛋白质层和带有一个位于叶绿素植醇链旁边的类胡萝卜素脂类之间。当细胞死亡后，叶绿素即从叶绿体内游离出来，游离叶绿素很不稳定，光、酸、碱、氧、氧化剂等都会使其分解。

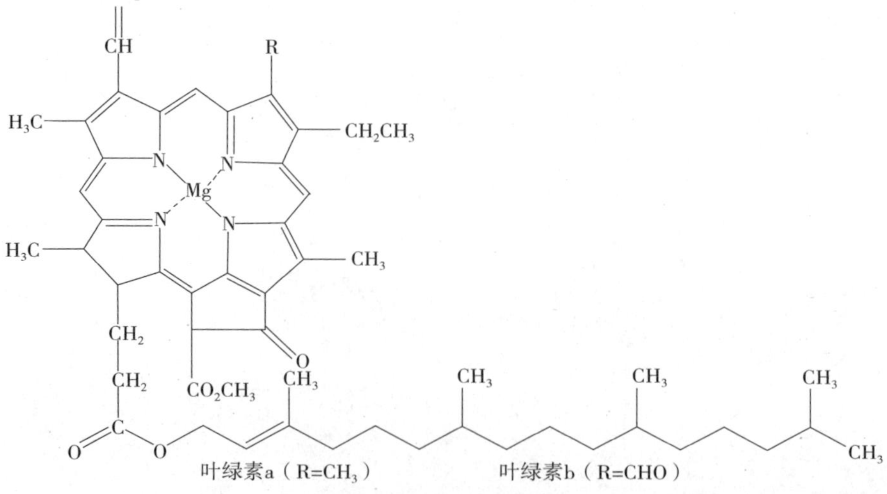

叶绿素a（$R=CH_3$）　　　叶绿素b（R=CHO）

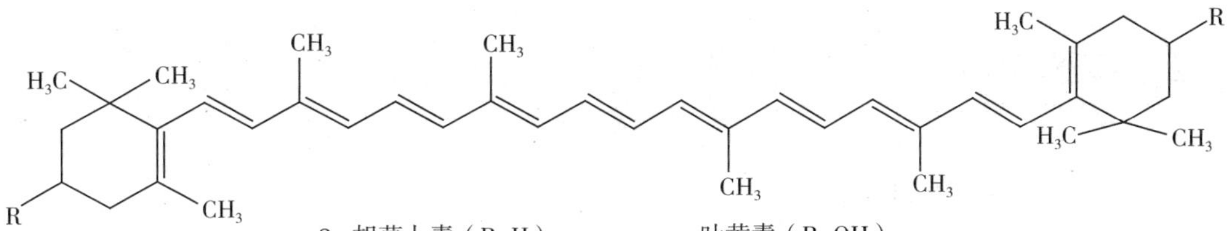

β-胡萝卜素（R=H）　　　　叶黄素（R=OH）

叶绿素主要由叶绿素 a 和叶绿素 b、胡萝卜素和叶黄素组成。叶绿素 a 和叶绿素 b 均可溶于乙醇、乙醚和丙酮等溶剂，不溶于水，因此，可以用极性溶剂如丙酮、甲醇、乙醇、乙酸乙酯等提取叶绿素。叶绿素具有抗癌、抑菌、抗氧化等作用，可用于医疗、食品、化妆品等行业。

根据其中含有的极性含氧基团的数目，一般来说这几种叶绿素的主要成分的极性大小顺序为：

叶绿素 b>叶绿素 a>叶黄素>胡萝卜素

因此提取液可用色谱层析的原理，利用薄层色谱加以分离。

先制作薄层色谱板，再活化，然后将少量含有这几种物质的溶液涂在活化后的薄层色谱的一端，然后用适当的展开剂展开，在毛细作用下，展开剂携带待分离的物质沿着色谱向上移动。由于不同组分移动的速度不同，一段时间后，不同组分移动的距离不同，从而达到将这些组分分离开的目的。若薄层色谱板、溶剂温度等保持恒定，则各种物质呈现特定的比移值(R_f)，成为鉴定物质的极重要的常数。

$$R_f = \frac{\text{溶质的最高浓度中心至原点中心的距离}}{\text{溶剂前沿至原点中心的距离}}$$

叶绿素含量的测定方法主要有紫外分光光度法、荧光分析法、活体叶绿素仪法、光声光谱法和高效液相色谱法，不过目前应用最为广泛的还是分光光度法。

三、仪器与试剂

1. 仪器

天秤、剪刀、恒温水浴锅、毛细管、广口瓶、铅笔、烘箱等。

2. 试剂及其他用品

无水乙醇(或 95%乙醇)、展开剂(体积比为 9∶1 的环己烷-乙酸乙酯混合试剂)、常见的青翠的树叶(有菠菜叶、胡萝卜叶等深绿色叶片均可选用)、脱脂棉、0.5%羧甲基纤维素钠(CMC)水溶液、硅胶 G 等。

四、实验装置

实验装置如图 26-1 所示。

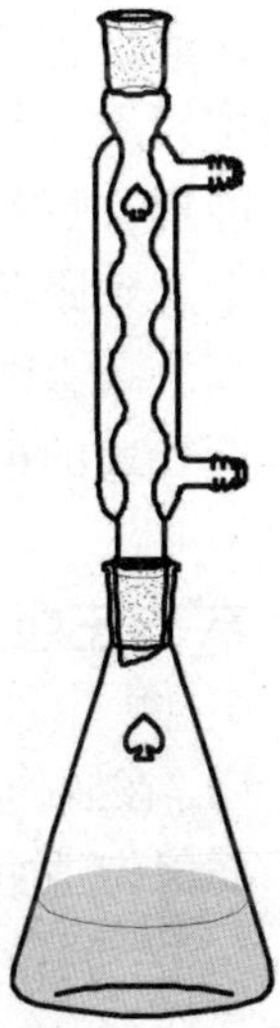

图 26-1　提取装置

五、实验步骤

1. 薄层色谱板的制备和活化

提前配制 0.5%羧甲基纤维素钠(CMC)水溶液，并加入适量硅胶 G，在搅拌下调制浆料，然后在载玻片上铺制薄层色谱板。待铺制的薄层色谱板水分基本风干完全，再放到烘箱中在 105~110℃活化烘干 30min，备用。

2. 色素的提取

酒精水浴法提取：将 5g 青翠的树叶去掉主叶脉后叶片剪碎装入锥形瓶中；倒入 20mL 的无水乙醇(或 95%乙醇)，使叶片刚好全部浸泡到乙醇中。

按照图 26-1 将装置安装在 60℃左右温水浴中，保温 15~20min，使色素充分溶于无水乙醇。

然后冷却，过滤。可将小团棉花放在漏斗颈部，过滤得墨绿色、浓度高、没有过多其他杂质的色素提取液。

3. 点样

用毛细管蘸取色素提取液在薄层色谱板的离覆盖有吸附剂的一端边沿 1cm 左右的位置轻轻画一条横线作为起始位置，点样后的线的颜色要足够浓，但不能划破硅胶。如果颜色很浅，待溶剂完全挥发后，再吸取提取液重复画线 2~3 次。然后放置，等待溶剂挥发干燥。

4. 色素的分离

待薄层色谱板上的溶剂挥发干后，将点好样的薄层色谱板用镊子放到装有展开剂的广口瓶中，展开剂不能淹没起始位置，但要浸到薄层色谱板的一定高度，用毛玻片盖住广口瓶，静置，观察展开过程。展开剂选用体积比 9∶1 的环己烷和乙酸乙酯的混合物。当展开剂上升到距薄层色谱板上硅胶上沿约 1cm 处时，取出薄层色谱板，用铅笔在展开剂前沿处画一条直线。晾干后记录每个色带(或色斑)的位置，计算比移值 R_f，确定各色带或斑点所代表的色素，回收展开剂。

六、注意事项

(1)在制作薄层色谱板时，硅胶 G 要与羧甲基纤维素钠溶液混合均匀，且浆料不要太稠，要保持适宜的流动性。

(2)在制作薄层色谱板时，必须待铺好的色谱板风干到一定程度，定型后才能放到烘箱中活化。

(3)在薄层色谱板上点样时，样点线绘制应规范，不能划破硅胶；点样后的线的颜色不能太浅，如果太浅则不利于观察，需再次点样。

(4)在薄层色谱法中进行展开时，展开剂选择要合适，用量不应太多也不应太少。

(5)在薄层色谱法中进行展开时，展开瓶不能随意挪动，以免干扰展开过程。

(6)提取滤液中色素时，绿叶应该是新鲜的，否则叶绿素可能已经被空气氧化变质，剪碎绿叶时也不能太慢。

(7)展开时的展开剂易挥发，需用毛玻璃片盖好广口瓶，必要时还需使用棕色展开瓶。

(8)绿叶中色素的提取液除了采用本实验的薄层色谱法分离外，也可采用纸色谱法分离。

思考题

1. 本实验可否使用干叶？使用干叶和新鲜叶各有什么优缺点？

2. 为什么本实验使用棉花团过滤而不使用滤纸过滤？

3. 根据薄层色谱法的原理，试比较叶绿素 a、叶绿素 b、叶黄素和胡萝卜素的极性，为什么胡萝卜素在层析柱中移动最快？

参考文献

[1]兰州大学，复旦大学化学系有机化学教研室．有机化学实验[M]. 2 版．北京：高等教育出版社，1994.

[2]王巍杰，贾晓东．菠菜叶中叶绿素 a 和其他有效成分的分离提纯[J]. 华北理工大学学报(自然科学版)，2006(2)：122-124.

[3]李玉明，林琳，陈坚刚，等．薄层色谱法在叶绿体色素分离实验中的有效应用[J]. 生物学通报，2005，40(12)：53-54.

[4]周秋平，张慕黎．绿叶中色素的提取和分离实验的改进[J]. 现代阅读(教育版)，2011(12)：157.

实验 27　柠檬籽苦素的提取

一、实验目的

(1)掌握双水相提取的原理及操作要领。
(2)了解影响双水相提取的因素。
(3)掌握双水相提取的特点及适用范围。

二、实验背景和原理

柑橘类水果为我国第三大国际贸易农产品。四川作为我国柑橘类水果的主要产地之一，盛产柠檬、柑橘、塔罗科血橙和脐橙等品种。内江地区是四川柑橘类水果的主要生产基地之一，现有柠檬种植面积 13 万亩，其附近的安岳县现有柠檬种植面积 23 万亩，总产值近 18 亿元。内江现有饮料制造企业近 50 家，内江及安岳年加工柑橘类鲜果 100 余万吨。而柑橘类果皮渣是柑橘类水果加工业的主要副产物，占整个果重的 25%~40%，因此内江及安岳每年产生 25 万~40 余万吨的柑橘类果皮渣废弃物。传统的处理方法是将其直接进行丢弃、填埋或小部分加工成饲料，从环境和经济的角度分析，都是不科学、不合理的解决途径，造成了极大的浪费，给当地环境带来了负面影响。柠檬皮渣尤其是柠檬籽中含有柠檬苦素等活性物质，对其合理利用具有较好的经济效益和环境效益。柠檬苦素类化合物是一类三萜类物质，具有明显的抗菌、抗癌和致昆虫不育等作用。

某些亲水性高分子聚合物的水溶液超过一定浓度后可以形成两相，并且在两相中水分均占很大比例，即形成双水相系统(aqueous two-phase system，ATPS)。利用亲水性高分子聚合物的水溶液可形成双水相的性质，Albertsson 于 20 世纪 50 年代后期开发了双水相萃取法(aqueous two-phase extraction)，又称双水相分配法。20 世纪 70 年代，科学家又发展了双水相萃取在生物分离过程中的应用，为蛋白质特别是胞内蛋白质的分离和纯化开辟了新的途径。生物分子的分配系数取决于溶质与双水相系统间的各种相互作用，其中主要有静电作用、疏水作用和生物亲和作用，因此，分配系数是各种相互作用的和。目前双水相体系主要有高聚物/高聚物双水相体系、高聚物/无机盐双水相体系、低分子有机物/无机盐双水相体系、表面活性剂双水相体系等。双水相体系具有含水量高(70%~90%)的特点，适宜提取水溶性的蛋白质、酶等生物活性物质，且不易引起蛋白质的变性失活。

本实验利用乙醇-硫酸铵双水相体系提取柠檬籽中的柠檬苦素。

三、仪器与试剂

主要仪器与设备：手提式高速粉碎机、电子分析天平、集热式恒温加热磁力搅拌器、循环水式多用真空泵、低速大容量离心机、紫外-可见分光光度计、圆底烧瓶、冷凝管、锥形瓶、比色管等。

试剂及材料：柠檬苦素标准品，优级纯；对二甲氨基苯甲醛(A. R)、乙醇(A. R)、硫酸铵(A. R)、硫酸(A. R)、三氯化铁(A. R)，均为分析纯。柠檬。

四、实验装置

实验装置如图 27-1 所示。

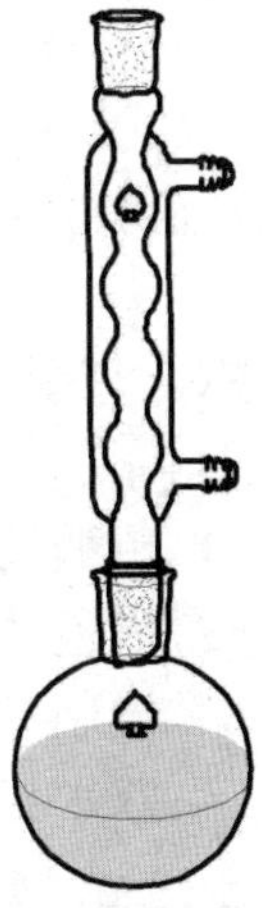

图 27-1　提取装置

五、实验步骤

1. 显色剂及标准溶液的配制

利用硫酸乙醇混合溶液（$V_{硫酸}$ ： $V_{乙醇}$ = 65 ： 35）为溶剂配制 1. 25mg · mL^{-1}的对二甲氨基苯甲醛溶液，即显色剂 A。以水为溶剂，配制 90mg · mL^{-1}的三氯化铁溶液，即显色剂 B。使用前先按 100mL 显色剂 A 和 0. 05mL 显色剂 B 的比例混合制成显色剂混合溶液。以无水乙醇为溶剂，配制 0. 20mg · mL^{-1}的柠檬苦素标准溶液。

2. 测定波长的选择

准确移取 1. 00mL 上述柠檬苦素标准溶液于 10mL 比色管中，加入 5. 00mL 显色剂混合溶液，摇匀，用无水乙醇定容，显色 30min 后，利用紫外-可见分光光度计在 300～600nm 之间进行扫描，出现最大吸收峰处的波长作为检测波长(500nm 左右)。

3. 标准曲线的绘制

分别精确移取 0. 20mg/mL 柠檬苦素标准溶液 0. 50mL、1. 00mL、1. 50mL、2. 00mL 和 2. 50mL 于 5 支带刻度比色管中，分别加入 5. 00mL 显色剂混合溶液，摇匀，用无水乙醇稀释至 10mL，显色 30min 后，利用紫外-可见分光光度计以无水乙醇为空白在最大吸收波长处测定其吸光度。以吸光度 A 为纵坐标，浓度 C 为横坐标，绘制标准曲线，并求出线性回归方程。

4. 柠檬苦素的提取

称取柠檬籽粉末 2. 00g 于 100mL 圆底烧瓶中，加入 30mL 体积分数 60%的乙醇溶液，12g 硫酸铵，按照图 27-1 装好装置，在 60℃水浴下提取 1. 5h。将提取所得的混合物转移至离心管中，于 4000r/min 转速下离心分离 10min(也可隔着纱布减压抽滤)离心。取上层清液抽滤，对滤液进行减压浓缩，用无水乙醇溶解浓缩后残留物，转移至 25mL 容量瓶中，用无水乙醇定容，得待测液。

5. 柠檬苦素的测定与提取率的计算

准确移取上述提取液 0.5mL 至带刻度比色管中，加入 5mL 显色剂混合溶液，并摇匀，用无水乙醇稀释至 25mL，显色 30min 后，利用紫外-可见分光光度计在 500nm 波长处测定其吸光度。根据标准曲线回归方程，得到提取液浓度。柠檬苦素得率按照下式计算。

$$E_t(\%)=(C\times V\times n)/m\times 100\%$$

式中：E_t 为提取率，%；C 为测得的提取液质量浓度，$g\cdot mL^{-1}$；V 为提取液体积，mL；n 为稀释倍数；m 为原料的质量，g。

六、注意事项

(1)硫酸铵的用量一定要准确，用量过多或者过少都会影响提取效果。
(2)显色体系不够稳定，理想的标准曲线较难得到，请大家要有足够的耐心。
(3)绘制标准曲线时注意试剂的纯度，否则可能得到不合理的结果。
(4)双水相萃取主要应用于蛋白质、酶等生物活性物质的提取。

思考题

1. 分析本实验所得柠檬苦素提取液中还可能存在的杂质。
2. 分析影响提取率的因素，简要说明温度控制的重要性。
3. 双水相提取的原理是什么？与超声波法、微波法、溶剂回流提取等相比有哪些突出的优点？其适用范围？

参考文献

汪建红，廖立敏，匡玉兰．柠檬籽中柠檬苦素的双水相提取方法研究及工艺改进[J]．食品工业，2016，37(11)：111-113.

实验 28　花生粗油脂的提取

一、实验目的

(1)了解油脂提取的原理和方法。

(2)掌握索氏提取器的组成。

(3)掌握索氏提取器的操作方法。

二、实验背景和原理

油脂是动植物细胞的重要组成部分，其含量高低是油料作物品质的重要标志。油脂是高级脂肪酸甘油酯的混合物，其种类繁多，均可溶于乙醚、苯、石油醚、汽油等脂溶性有机溶剂。脂类不溶于水，易溶于有机溶剂。提取脂类大多采用低沸点的有机溶剂萃取的方法，其中乙醚溶解脂肪的能力强，应用最多。乙醚有一定的极性，但不如乙醇、甲醇、水等极性强。但乙醚沸点低(34.6℃)，易燃，且可含约2%的水分。含水乙醚会同时溶解出糖分等非脂成分，所以使用时，必须采用无水乙醚作提取溶剂，且要求样品无水分。石油醚溶解脂肪的能力比乙醚弱，但吸收水分比乙醚少，不如乙醚易燃，且使用时允许样品含有微量水分。根据两种溶剂的特点，本实验以石油醚作为提取溶剂，在索氏提取器中进行油脂提取。在提取过程中，一些油脂的色素、游离脂肪酸、磷脂、固体醇蜡等也一并被提取出来，所以提取物为粗油脂。

组成油脂的脂肪酸中，除硬脂酸、软脂酸等饱和脂肪酸外，还有油酸、亚油酸等不饱和脂肪酸。不饱和脂肪酸的不饱和度可根据与溴或碘的加成作用进行定性或定量测定。

三、仪器及试剂

仪器与设备：索氏提取器、电热套、圆底烧瓶、冷凝管、蒸馏头、温度计、托盘天平等。

试剂与材料：花生仁、石油醚(60~90℃)、溴的四氯化碳溶液(10%)、牛油(四氯化碳溶液)。

四、实验装置

实验装置如图 28-1 和图 28-2 所示。

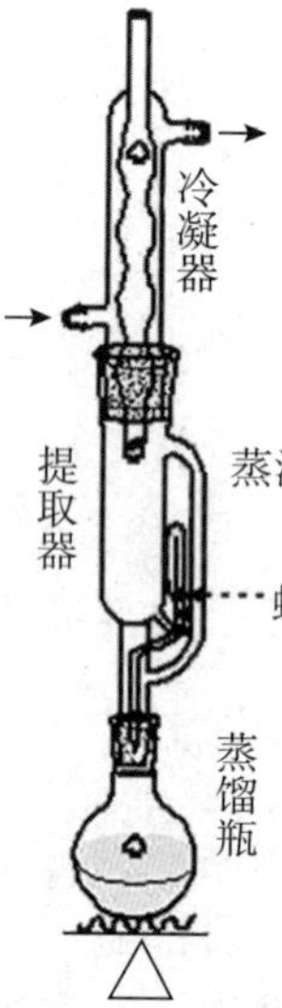

图 28-1　提取装置

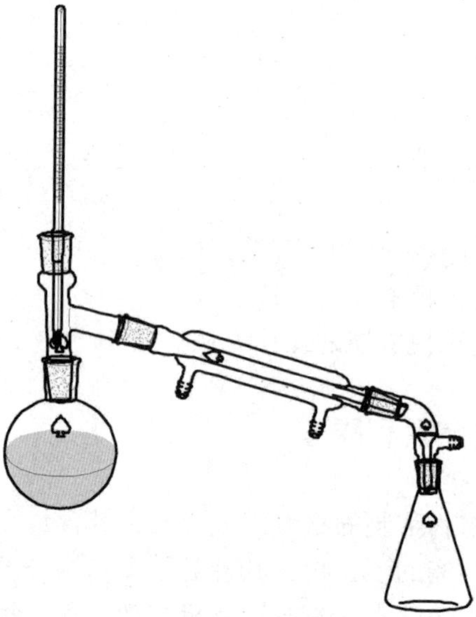

图 28-2　蒸馏装置

五、实验步骤

1. 油脂的提取

将花生仁放于 100～105℃烘箱中烘干 3～4h，冷却至室温，粉碎成粉末(应小于 50 目)。称取 7g 粉碎好的试样，将滤纸做成与提取器大小相应的套袋，然后把试样放入套袋，装入索氏提取器内。在 100mL 圆底烧瓶中加入 50mL 石油醚和 2～3 粒沸石，按照图 28-1 连接好圆底烧瓶、索氏提取器、回流冷凝管，接通冷凝水，加热。沸腾后，溶剂的蒸气从烧瓶进到冷凝管中，冷凝后的溶剂回流到套袋中，浸取固体混合物。溶剂在提取器内到达一定的高度时，就携带所提取的物质一同从侧面的虹吸管流入圆底烧瓶中。溶剂就这样在仪器内循环流动，把所要提取的物质集中到下面的烧瓶内。保持回流提取 2h。提取完毕后，撤去热源，冷却，然后按照图 28-2 改装成蒸馏装置，蒸馏回收石油醚。待温度计读数下降，停止蒸馏，圆底烧瓶内所剩浓缩物便是粗油脂。

2. 干燥

将圆底烧瓶内的粗油脂放在 105±2℃烘箱中烘 30min，冷却后称重，比空圆底烧瓶质量增加的质量即为油脂的质量，计算粗油脂的含量。

3. 油脂不饱和度的检验

在 2 支试管中分别加入 10 滴花生油脂和 10 滴牛油脂的四氯化碳溶液，然后分别逐滴加入溴的四氯化碳溶液，并随时加以振荡，直到溴的颜色褪去为止。记录二者所需要溴的四氯化碳溶液的量，并比较它们的不饱和程度。

六、注意事项

(1) 索氏提取器是利用溶剂回流和虹吸原理，使固体物质连续不断地被纯溶剂所萃取的仪器。溶剂沸腾时，其蒸气通过侧管上升，被冷凝管冷凝成液体，滴入套筒中，浸润固体物质，使之溶于溶剂中，当套筒内溶剂液面超过虹吸管的最高处时，即发生虹吸，流入烧瓶中。通过反复地回流和虹吸，从而将固体物质富集在烧瓶中。索氏提取器为配套仪器，其任一部件损坏将会导致整套仪器的报废，特别是虹吸管极易折断，所以在安装仪器和实验过程中须特别小心。

(2) 用滤纸包花生粉末时要严实，防止花生粉末漏出堵塞虹吸管。滤纸包大小要合适，既能紧贴套管内壁，又能方便取放，且其高度不能超出虹吸管高度。

思考题

1. 乙醚作为一种常用的萃取剂，其优缺点是什么？
2. 索氏提取器由哪几部分组成，它根据什么原理进行萃取？
3. 索氏提取法与溶剂回流提取法相比有哪些突出的优点？
4. 动物油脂和植物油脂相比，哪种不饱和度大？

实验 29　茶叶中的咖啡因提取与纯化

一、实验目的

(1)学习从茶叶中提取咖啡因的基本原理和方法，了解咖啡因的一般性质。
(2)掌握用索氏提取器提取有机物的原理和方法。
(3)进一步熟悉蒸馏、升华等基本操作。

二、实验背景和原理

1. 咖啡因的性质和用途

咖啡因化学式为 $C_8H_{10}N_4O_2$，是一种黄嘌呤生物碱化合物，是杂环化合物嘌呤的衍生物，其化学名称为1，3，7-三甲基-2，6-二氧嘌呤，在许多植物中都能够被发现。作为自然杀虫剂，它能使吞食含咖啡因植物的昆虫麻痹。咖啡因还具有刺激心脏、兴奋大脑神经和利尿等作用，能够暂时地驱走睡意并恢复精力，主要用作中枢神经兴奋药，临床上用于治疗神经衰弱和昏迷复苏，它也是复方阿司匹林 APC(阿司匹林-非那西丁-咖啡因)等药物的组分之一。有咖啡因成分的咖啡、茶、软饮料及能量饮料十分畅销，因此，咖啡因也是世界上最普遍被使用的精神药品。咖啡和感冒药等都含有大量的咖啡因，但大剂量长期服用也会成瘾。

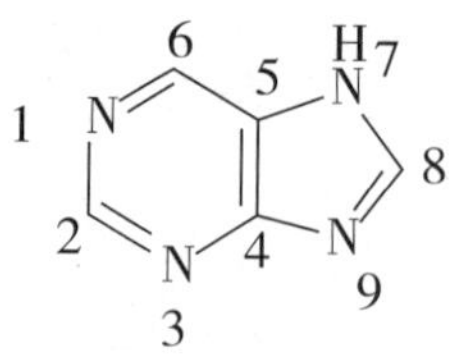

嘌呤

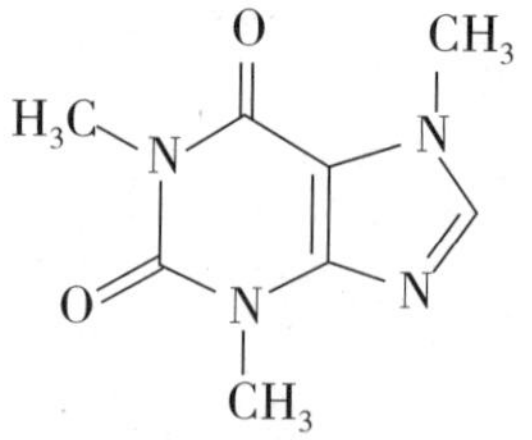

咖啡因

茶叶和咖啡豆等多种植物组织中，尤其是茶叶中含有多种生物碱，咖啡因是其中含量较高的一种。茶叶中咖啡因(caffeine)占 1%~5%，丹宁酸(又称鞣酸)占 11%~12%，色素、纤维素、蛋白质等约占 0.6%。

咖啡因是弱碱性化合物，易溶于氯仿(12.5%)、水(2%)、乙醇(2%)及热苯(冷苯中约 1%，热苯中则为 5%)等。而丹宁酸则易溶于水和乙醇，不溶于苯。含有结晶水的咖啡因是无色针状结晶，味苦，能溶于水、乙醇、丙酮、氯仿等，微溶于石油醚。咖啡因在100℃时失去结晶水并开始升华，120℃时升华相当显著，178℃时升华很快。咖啡因可通过测定熔点(无水咖啡因熔点234.5℃)及光谱法测定。此外，还可通过制备咖啡因水杨酸盐衍生物进一步确定咖啡因，比如咖啡因与水杨酸生成的咖啡因水杨酸盐熔点为137℃。

2. 咖啡因的提取方法

咖啡因可溶于热水，易溶于有机溶剂中，因此可以用有机溶剂从茶叶中提取。所以从茶叶中提取咖啡因，通常需选用适当的溶剂(氯仿、乙醇、苯等)进行提取。所选溶剂应满足的条件包括：①咖啡因易溶于该溶剂中；②杂质不溶于该溶剂或不易溶于该溶剂；③溶剂要易回收。所以本实验选择乙醇，当然水也可以作提取溶剂，但不易后处理。

从茶叶中提取咖啡因的提取方法通常有直接浸泡法、索氏提取法等。索氏提取法是提取天然产物中有效成分的比较常用的一种方法，一般是利用索氏提取器进行连续提取，提取效率较高。

通常的用索氏提取法提取茶叶中咖啡因的提取过程包括：①浸泡使咖啡因分散到溶剂中(因为细胞内外咖啡因有浓度差，则咖啡因会从内部析出进入溶液中)；②回收溶剂；③获得产品；④提纯。

提取完后，所得提取液主要含有溶剂乙醇及咖啡因、色素、丹宁酸、纤维素等，还有少量的水。一般采用蒸馏的方法回收溶剂，可除去大部分的乙醇。蒸馏时不能将溶液蒸干，以免影响下一步的操作。蒸馏完后残留少量的乙醇，还有就是丹宁酸等，丹宁酸会严重影响咖啡因的纯化，可加入碱性的氧化钙，一方面可提供碱性环境，一方面可中和丹宁酸而将丹宁酸变成盐(不影响咖啡因的升华)，还可除去残留的水。在水蒸气加热下进一步浓缩就可除去残留的乙醇，得到粗咖啡因。粗咖啡因可采用升华的方法得到较纯的咖啡因。

因此本实验的步骤主要有：①提取；②蒸馏回收溶剂；③水蒸气蒸干溶剂(获得粗产品)；④升华处理获得较纯针状晶体。

如果没有索氏提取装置，也可采用类似于熬制中药的热水浸泡法提取茶叶中的咖啡因，然后采用有机物萃取，再用干燥、蒸馏、重结晶的操作获得咖啡因，本实验也对此方法进行了研究。

三、仪器与试剂

仪器：

方法一：索氏提取器(或恒压滴液漏斗)、冷凝管、蒸馏装置、量筒、烧杯、蒸发皿、电热套、玻璃漏斗等。

方法二：烧杯、锥形瓶、分液漏斗、蒸馏装置、磁力加热搅拌器、漏斗等。

试样：

方法一：茶叶、乙醇(A.R)、石灰粉。

方法二：茶叶、碳酸钠(A.R)、二氯甲烷(A.R)、丙酮(A.R)、石油醚(60~90℃)

四、实验装置

实验装置如图 29-1~图 29-3 所示。

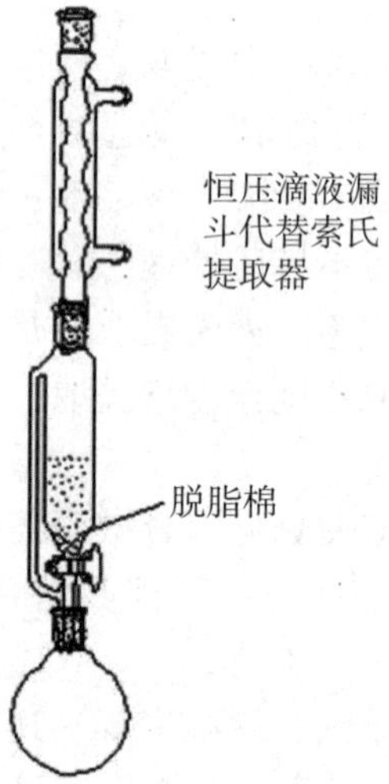

图 29-1　提取装置

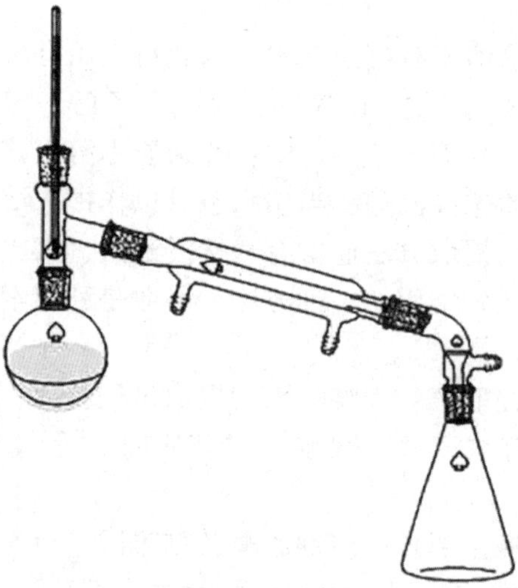

图 29-2　蒸馏装置

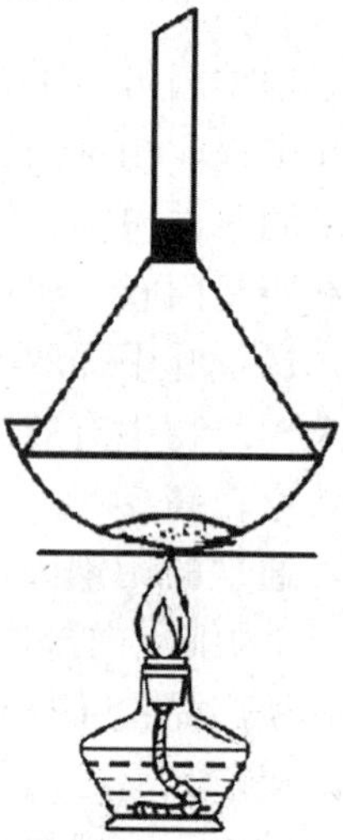

图 29-3　升华装置

五、实验步骤

1. 方法一

1) 提取

先对恒压滴液漏斗进行检漏涂凡士林的操作。然后准备一小滤纸片放入恒压滴液漏斗，置于底部，再称取 5g 茶叶加入恒压滴液漏斗中。在圆底烧瓶中加入 60mL 乙醇及 2~3 粒沸石，按照图 29-1 装上冷凝管和恒压滴液漏斗。启动加热，回流提取。在加热后乙醇变成蒸汽经过恒压滴液漏斗的支管进入冷凝管，经过冷凝后乙醇滴入恒压滴液漏斗。当乙醇浸没茶叶后，旋开恒压滴液漏斗的旋塞，恒压滴液漏斗中的乙醇就会流回圆底烧瓶中。恒压滴液漏斗中的乙醇基本流完后，关上旋塞，重复前面的回流操作直到恒压滴液漏斗中流出的提取液颜色较浅时为止，停止加热。

2) 回收溶剂

待装置冷却后，按照图 29-2 改成蒸馏装置，补加 2~3 粒沸石。启动加热，蒸馏回收提取液中的大部分乙醇，直到圆底烧瓶中只剩下 5mL 左右液体，停止加热。

3) 继续浓缩

稍冷后，将圆底烧瓶中的残液趁热倾转入干燥的蒸发皿中。称取 1~1.5g 生石灰粉并加入蒸发皿中，与萃取液拌和成茶砂（生石灰可吸收掉残留的水，并和丹宁酸等酸性物质反应排除其干扰，还可提供碱性环境使咖啡因游离出来）。将蒸发皿置于装有热水的烧杯上，加热烧杯，利用烧杯中水产生的蒸汽加热蒸发皿，在蒸汽浴上将蒸发皿中的茶砂蒸干成粉状（不断搅拌，压碎块状物）。最后将蒸发皿移至石棉网上用酒精灯焙炒片刻，务使水分全部除去。冷却后，擦去沾在边上的粉末，以免升华时污染产物。

4）升华提纯

在蒸发皿上盖一张刺有许多小孔且孔刺向上的滤纸，再在滤纸上罩一长颈玻璃漏斗，漏斗的口部用一小团棉花塞住，按照图 29-3 装好装置。然后用砂浴小心加热升华，控制砂浴温度在 220℃；如果没有砂浴，则注意控制好火焰小火加热，并不断移动酒精灯使蒸发皿受热均匀。当滤纸变黄或有棕色烟雾出现或有白色毛状结晶时，暂停加热，自然冷却至 100℃左右。小心取下漏斗，揭开滤纸，仔细地把附在纸上及器皿周围的咖啡因用小刀刮下。称量所得的产物，测其熔点。

2. 方法二

1）咖啡因的提取

在 300mL 烧杯中加入 10g 碳酸钠，并用 125mL 水溶解。待碳酸钠溶解后，称取 13g 茶叶，用纱布包好并置于烧杯中，小火煮沸 30min，加热时注意勿使溶液气泡溢出。稍冷后（约 50℃）将黑色提取液小心转移到另一烧杯中，继续冷却。

2）萃取

待烧杯中的提取液冷却到室温后，转入分液漏斗，加入 25mL 二氯甲烷振荡 1min，静置分层，此时有机相和水相的界面处会产生乳化层。在一小玻璃漏斗的颈口处放置一小团棉花，棉花上放置 1cm 厚的干燥剂无水硫酸镁，将分液漏斗的下层有机相放出并经过此漏斗过滤，用锥形瓶接收，并用 2~3mL 二氯甲烷洗涤干燥剂，此时干燥剂无水硫酸镁可破坏静置分层时的乳化层。水相再用 25mL 二氯甲烷萃取一次，分层后通过重新加入干燥剂的漏斗。如果过滤后的有机相中混有少量水，可经过重新加入干燥剂的漏斗再滤一次，直到锥形瓶中收集的有机相清澈透明。

3）蒸馏回收

干燥后的萃取液转入圆底烧瓶，按照图 29-2 装上蒸馏装置，加入 2~3 粒沸石，水浴加热蒸馏回收二氯甲烷，直到圆底烧瓶中液体变干不再有二氯甲烷，即得到咖啡因粗品。

4）重结晶

在锥形瓶中将上一步得到的咖啡因粗品溶于尽量少的丙酮中。如果加入了 3mL 左右丙酮温热，固体仍未完全溶解，则说明其中带入了硫酸镁，应补加丙酮至 10mL，然后用滤纸过滤除去无机盐，再用水浴加热蒸馏至丙酮溶液只剩 5mL。慢慢向其中加入沸程为 60~90℃的石油醚，至溶液刚好浑浊为止，冷却结晶，用玻璃丁漏斗抽滤收集产物。干燥，称重，计算产率，回收。

六、注意事项

(1)在使用恒压滴液漏斗提取茶叶中的咖啡因时，需要提前在恒压滴液漏斗底部放置一片滤纸或一小团棉花，再加入茶叶，以免茶叶下漏，堵住恒压滴液漏斗的排液孔；回流提取过程中要不时旋转恒压滴液漏斗活塞，以防止难以开启。

(2)所用索氏提取器或者恒压滴液漏斗必须仔细检漏，涂好凡士林，放液操作要规范。为了预防回流时乙醇漏出滴落到石棉网上造成危险，最好不使用明火加热，采用电热套加热较好。

(3)回流提取时，应控制好加热的速率，必要时可用干毛巾包住恒压滴液漏斗以减少热量散失；恒压滴液漏斗流下的提取液的颜色很淡时，即可停止提取。

(4)提取结束时，必须先停止加热待冷却后再拆卸装置，改为蒸馏装置。

(5)蒸馏装置安装要规范，蒸馏浓缩操作完成后，先停止加热，稍冷后趁热将残留浓缩液转移到事先洗净烘干的蒸发皿中，并加入氧化钙。转移圆底烧瓶中残留液若温度太低，则液体黏度太大，给转移带来不便。乙醇也不可蒸得太干，否则残液很黏，转移时损失较大。

(6)水蒸气浓缩操作时，提供水蒸气的烧杯中的水不要加太多，保证烧杯中的水容易被加热沸腾以提供足够的蒸汽加热蒸发皿，浓缩时必须浓缩得足够干。

(7)升华操作中用来收集咖啡因晶体的滤纸上扎的孔不要太大，以免大量升华产生的蒸汽直接透过滤纸结晶在漏斗上影响品质。

(8)升华操作是实验成功的关键。升华过程中始终都应严格控制用小火间接加热，如温度太高，会发生炭化，从而将一些有色物带入产物；温度低，咖啡因又不能升华。注意温度计应放在合适的位置而正确反映出升华的温度。如无砂浴，也可用简易空气浴加热升华，即将蒸发皿底部稍离开石棉网进行加热，并在附近悬挂温度计指示升华温度，酒精灯火焰不能太大，且酒精灯要不断移动，以保证蒸发皿受热更均匀。

(9)实验完成后，蒸发皿等必须冷却后再进行清洗。由于蒸发皿中的残留渣滓中可能含有炭火，因此必须倒入规定位置，并洒少许水在上面，避免着火。

(10)使用方法二提取咖啡因时，用二氯甲烷萃取时，有机相必须充分干燥，要保证最后的有机相是澄清透明的。

思考题

1. 本实验为什么可以使用恒压滴液漏斗代替索氏提取器，它与一般的溶剂浸泡法提取相比，有哪些优点？

2. 用升华法提纯固体有什么优点和局限性？

3. 提纯咖啡因时方法一加入氧化钙和方法二加入碳酸钠的目的是什么？

4. 从茶叶中提取出的粗咖啡因有绿色光泽，为什么？

5. 在方法二中蒸馏回收二氯甲烷时，馏出液为何出现浑浊？

6. 本实验进行升华操作时，应注意什么？

第四部分　其他类综合实验

该部分内容主要涉及比较特殊物质(如聚合物)的制备和性质测定的实验，主要包括：回流操作、蒸馏操作、减压蒸馏操作、水蒸气蒸馏操作、滴定操作、红外光谱分析、紫外光谱分析等。

该部分综合性实验的内容主要有：乙酸钙的制备，葡萄糖酸钙和葡萄糖酸锌的制备，地沟油制备肥皂，酚醛树脂胶黏剂的制备与使用，甘氨酸螯合钙和甘氨酸螯合铜的制备与表征，苯乙烯的悬浮聚合、阴离子聚合和乳液聚合，昆虫信息素2-庚酮的合成及表征，洗衣粉中表面活性剂的分析，阳离子交换树脂的制备及性能测定，一种吡唑啉蓝色发光材料的合成及荧光光谱分析，甲基橙的制备及棉布染色实验。

实验 30　乙酸钙的制备

一、实验目的

(1)掌握制备乙酸钙的原理和方法。

(2)复习减压蒸馏装置的安装和使用及注意事项。

二、实验背景和原理

1. 乙酸钙的性质和用途

乙酸钙是钙的乙酸盐，化学式为 $C_4H_6CaO_4$。乙酸钙的常用名是醋酸钙。无水乙酸钙的吸湿性非常好，因此常见的乙酸钙都以一水合物 $Ca(CH_3COO)_2 \cdot H_2O$ 的形式存在。

乙酸钙易溶于水，0℃时在100mL 水中的溶解度为37g，100℃时在100mL 水中的溶解度为30g。乙酸钙难溶于乙醇，不溶于丙酮、苯，易燃，无毒。

乙酸钙加热到160℃时分解为丙酮和碳酸钙。用二水乙酸钙脱水时，其脱水产物为乙酸钙、乙酸、碳酸钙和氧化钙的混合物，得不到纯的无水乙酸钙。

乙酸钙的用途主要有：

(1)用作食品稳定剂、螯合剂、抑霉剂、缓冲剂、增香剂、腐蚀阻抑剂。乙酸钙还是一种很好的食品钙强化剂，吸收效果比无机钙好，可用于婴幼儿食品，使用量为33.0~6.0g/kg(以元素钙计，下同)，在谷类及其制品中为1.6~3.2g/kg。

(2)乙酸钙还用于制丙酮、醋酸、聚酯工业中，及用于乙酸盐的合成。

(3)乙酸钙还可用作分析试剂。

2. 乙酸钙的合成方法

乙酸钙的合成方法有：

(1)由焦木酸(木乙酸)与氢氧化钙中和后，取其滤液蒸干，重结晶而得。

(2)由乙酸与氢氧化钙或碳酸钙反应，即在乙酸溶液中加入碳酸钙粉末，直到不再逸出 CO_2 气体后，再加入少量的碳酸钙，加热至80℃反应2~3h。滤液用水浴加热浓缩，同时再加入少量的乙酸，冷却得二水盐(无色结晶)，加热至84℃得一水盐(无色结晶)，加热至100℃得无水盐，最后在60~70℃下干燥而得成品。

(3)以贝壳为原料，经清洗、粉碎、烘干1h，在900~1000℃下烧烤2h，再加入水制成 1. 3～1. 5mol/L 的石灰乳。然后用醋酸中和至澄清，过滤，滤液浓缩，最后在 120～140℃下干燥得成品。

无水乙酸钙的制备方法为：将精制的粉状碳酸钙加到水中，搅拌成悬浮液，分次加入少量冰乙酸。反应结束后，将滤液在水浴上浓缩，从黏稠状滤液中析出白色固体即无水乙酸钙；若母液长时间放置，析出的固体为一水乙酸钙。

本实验就是选择以乙酸和碳酸钙为原料，制备乙酸钙。

制备乙酰钙的主反应式为

$$CH_3COOH+CaCO_3 \xrightarrow{\triangle} Ca(CH_3COO)_2+H_2O+CO_2\uparrow$$

可能的副反应为

$$Ca(CH_3COO)_2+H_2O \longrightarrow Ca(OH)_2+CH_3COOH$$

由于乙酸钙溶液在温度较高时易水解为碳酸钙、氢氧化钙等，160℃时分解为碳酸钙和丙酮等，所以乙酸必须过量，且必须在低温下浓缩，采用水浴加热或水浴下减压蒸馏可完成这一步骤。

本实验过滤得到的产物一般是二水乙酸钙，加热至 84℃得一水盐(无色结晶)，加热至 100℃得无水盐。

三、仪器与试剂

仪器：烧杯、玻璃棒、圆底烧瓶、蒸馏头、真空接液管、磁力加热搅拌器、温度计、布氏漏斗、抽滤瓶、循环水式多用真空泵等。

试样：乙酸(A. R)、碳酸钙(A. R)等。

四、实验参数

实验参数如表 30-1 所示。

表 30-1　　实验参数

试剂名称	分子量	熔点/℃	沸点/℃	密度/(g/cm^3)	水溶性
乙酸	60. 1	16. 6	117. 9	1. 05	易溶于水
碳酸钙	100. 1	1339(825-896. 6℃时已分解)		2. 93	不溶于水
乙酸钙	158. 2	160		1. 5	易溶于水

五、实验装置

实验装置如图 30-1～图 30-3 所示。

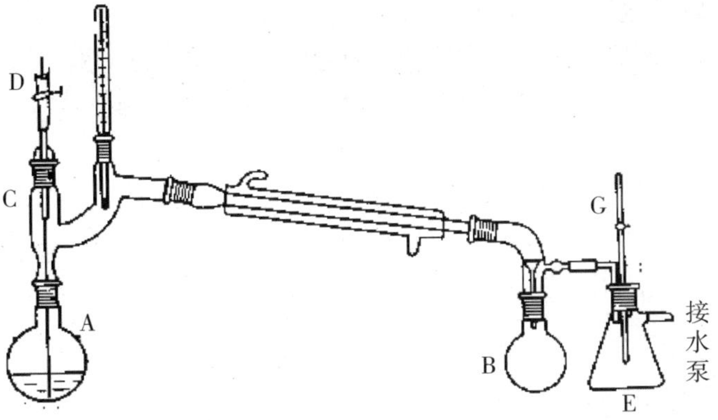

图 30-1　减压蒸馏装置图(一)

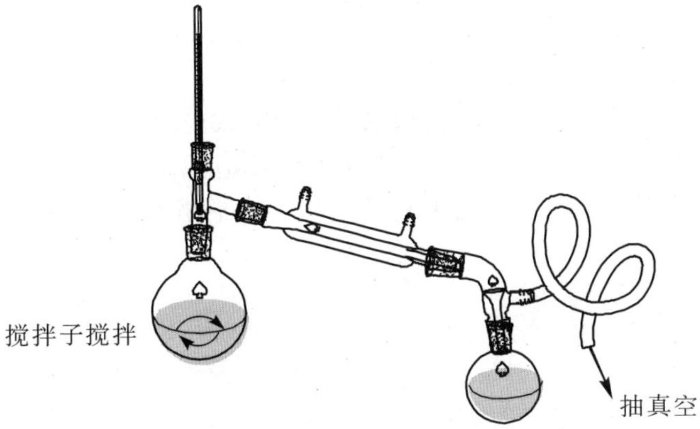

图 30-2　减压蒸馏装置(二)

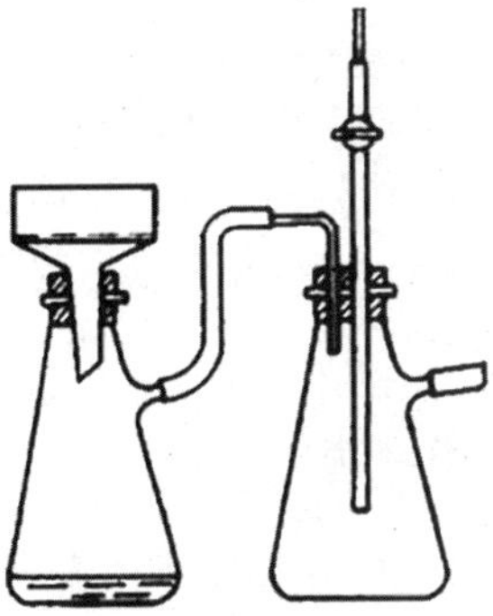

图 30-3　抽滤装置图

六、实验步骤

1. 乙酸钙的制备

向烧杯中先加入 5g 碳酸钙及一颗搅拌子，然后慢慢加入 25~35mL 水，启动搅拌，并水浴加热使之混合均匀。

当水浴温度在 75~80℃时，慢慢滴加 6mL 乙酸，加完乙酸后继续保温反应 1.5~2h。时间到后，水浴冷却至 60℃，抽滤，用少量 70℃左右热水洗涤滤饼，合并滤液。

2. 乙酸钙反应液的浓缩

(1)将滤液转入蒸发皿中，在水浴下浓缩至滤液变稠，冷却结晶后抽滤，然后置于烘箱中低温烘干，即得产品乙酸钙。

(2)也可将滤液转入圆底烧瓶中，按照图 30-2 安装减压浓缩装置，在温水浴下减压浓缩至滤液变稠，然后迅速转移出液体到烧杯中，冷却结晶得白色产物，抽滤，在烘箱中低温烘干即可得产品乙酸钙。烘干时温度先设为 80℃，后调至 100℃，称重，回收。

3. 乙酸钙的红外光谱分析

称取少量合成的乙酸钙及溴化钾，分别在烘箱中低温烘干至恒重，然后以溴化钾为对照，制作产物乙酸钙的红外光谱图。如果得到的红外光谱图在波数 3400cm^{-1}左右位置有馒头形的羟基的特征峰，则说明所得产物中含有结晶水或未反应的乙酸。

七、注意事项

(1)药品应规范量取，顺序加入。

(2)药品取完后应及时盖紧瓶盖。

(3)磁力加热搅拌器中注意要添加足量的水，保证水浴效果及仪器的安全，不要将水洒到搅拌器内的线路上，若桌面上有水，应及时擦干净。

(4)浓缩乙酸钙溶液时温度不能过高，烘干乙酸钙时温度也不能太高。

(5)最终产品乙酸钙要及时烘干称重，回收到相应回收瓶中，不应随便丢弃。

(6)对产物乙酸钙制作红外光谱图时，要先将乙酸钙及溴化钾烘干至恒重，以免游离水分影响红外光谱分析。

思考题

1. 本实验为什么要采用乙酸过量?
2. 为什么浓缩乙酸钙溶液时温度不能太高？温度过高时会产生什么影响?

参考文献

[1]刘敏，郭宇，武月，等．食品补强剂醋酸钙的制备工艺研究[J]．天津化工，2017，31(4)：19-22.

[2]刘敏，罗立新，朱竹青．醋酸钙的制备及应用研究[J]．科技创业月刊，1998(1)：10-11，20.

实验 31　葡萄糖酸钙和葡萄糖酸锌的制备

一、实验目的

(1)学习葡萄糖酸钙及葡萄糖酸锌的合成方法。

(2)学习测定葡萄糖酸钙中钙含量的方法。

二、实验背景和原理

1. 葡萄糖酸钙的性质和用途

葡萄糖酸钙是一种有机钙盐，化学式为 $C_{12}H_{22}O_{14}Ca$，外观为白色结晶性或颗粒性粉末，熔点 201℃(分解)，无臭，无味，易溶于沸水(20g/100mL)，略溶于冷水(3g/100mL，20℃)，不溶于乙醇、乙醚或氯仿等有机溶剂。葡萄糖酸钙的水溶液显中性(pH 为 6~7)。

葡萄糖酸钙的用途主要有：

(1)葡萄糖酸钙可作为钙强化剂、固化剂、螯合剂、营养增补剂等用作食品添加剂等，比如用于豆花制作等。

(2)作为药物，葡萄糖酸钙可降低毛细血管渗透性，增加致密度，维持神经与肌肉的正常兴奋性，加强心肌收缩力，并有助于骨质形成。因此葡萄糖酸钙适用于荨麻疹、湿疹等过敏疾患及皮肤瘙痒症、接触性皮炎、血清病等，也可用于血管神经性水肿的辅助治疗，还适用于血钙过低所致的抽搐和镁中毒及用于预防和治疗缺钙症等。

(3)葡萄糖酸钙还可用作水质稳定剂和水泥助剂。

2. 葡萄糖酸锌的性质和用途

葡萄糖酸锌，化学式为 $C_{12}H_{22}O_{14}Zn$，是葡萄糖酸的锌盐，常温下为白色结晶或颗粒性粉末，无臭，味微涩，在沸水中极易溶解，在水中溶解，在无水乙醇、三氯甲烷或乙醚中不溶。

葡萄糖酸锌是一种医药和精细化学品，它能参与核酸和蛋白质的合成，增强人体免疫能力，促使胎、婴、幼儿生长发育，因此葡萄糖酸锌是医药补锌试剂。葡萄糖酸锌对胃黏膜刺激小，在体内易被人体吸收，且吸收率高，溶解性好，广泛应用于保健品、医药和食品中，对婴儿及青少年的智力和身体发育有重要的作用，吸收效果比无机锌好。临床上适用于小儿厌食症、各种皮肤痤疮、复发性阿弗口腔溃疡等缺锌性疾病。

3. 葡萄糖酸钙和葡萄糖酸锌的合成方法

葡萄糖是一种多羟基醛，因分子中含有还原性醛基，能被氧化剂氧化为葡萄糖酸。葡萄糖酸的制备方法一般有发酵法、电解氧化法、催化氧化法和化学试剂氧化法。工业上生产葡萄糖酸的方法主要是发酵法和催化氧化法。本实验选用的是化学试剂氧化法，选择的氧化剂是双氧水，在无任何催化剂的作用下，把葡萄糖氧化成葡萄糖酸。加入的碳酸钙可与葡萄糖酸发生复分解反应生成二氧化碳和葡萄糖酸钙。

合成葡萄糖酸钙的反应式为

$$C_6H_{12}O_6 \xrightarrow{H_2O_2} C_6H_{12}O_7 \xrightarrow{CaCO_3} (C_6H_{11}O_7)_2Ca + CO_2\uparrow + H_2O$$

葡萄糖酸锌的合成方法通常有：

(1)以葡萄糖为原料，用曲霉菌发酵，经分离、提纯后与氧化锌或氢氧化锌中和即可。

(2)由葡萄糖经空气氧化，再与氢氧化钠溶液反应转化为葡萄糖酸钠，经强酸性阳离子交换树脂转化为高纯度的葡萄糖酸溶液，最后与氧化锌或氢氧化锌反应制得。

(3)以葡萄糖酸钙为原料，与氧化锌反应制备葡萄糖酸锌的间接合成法。

本实验就采用以葡萄糖酸钙、氧化锌为主要原料制备葡萄糖酸锌的间接合成法，其反应式为

$$(C_6H_{11}O_7)_2Ca + ZnSO_4 \rightleftharpoons (C_6H_{11}O_7)_2Zn + CaSO_4\downarrow$$

4. 葡萄糖酸钙含量的测定

葡萄糖酸钙含有钙元素，可通过配位滴定法测定钙元素含量来间接测定葡萄糖酸钙含量。EDTA 是乙二胺四乙酸二钠盐(缩写为 $Na_2H_2Y \cdot 2H_2O$)，可与钙、镁、铜、锌等多种金属离子形成配位化合物。

在测定时，取适量葡萄糖酸钙样品溶解，加 NH_3-NH_4Cl 缓冲溶液与 EBT(铬黑 T)指示剂，铬黑 T 与少量 Ca^{2+} 反应，形成相对稳定性的酒红色配合物，在滴定过程中，EDTA 与游离的 Ca^{2+} 配位形成更稳定的配合物(与指示剂配合物比较)，并夺取指示剂配合物中的 Ca^{2+} 使指示剂脱离，溶液又呈现出指示剂的天蓝色(在一定 pH 范围)即到滴定终点。

三、仪器与试剂

仪器：烧杯、玻璃棒、圆底烧瓶、布氏漏斗、抽滤瓶、磁力加热搅拌器，温度计、循环水式多用真空泵等。

试样：葡萄糖(A. R)、30%双氧水、碳酸钙、乙醇、$ZnSO_4 \cdot 7H_2O$、EDTA 标准溶液、6mol/L 盐酸溶液等。

四、实验参数

实验参数如表 31-1 所示。

表 31-1　　**实 验 参 数**

试剂名称	分子量	熔点/℃	沸点/℃	密度/(g/cm^3)	水溶性
葡萄糖	180.2	146	527.1	1.581	易溶于水
碳酸钙	100.1	1339		2.93	不溶于水
葡萄糖酸钙	430.4	195	673.6	1.677	易溶于沸水
硫酸锌	161.5	100	330	1.957	易溶于水
葡萄糖酸锌	455.7	131	673.6	1.44	易溶于水

五、实验装置

实验装置如图 31-1 和图 31-2 所示。

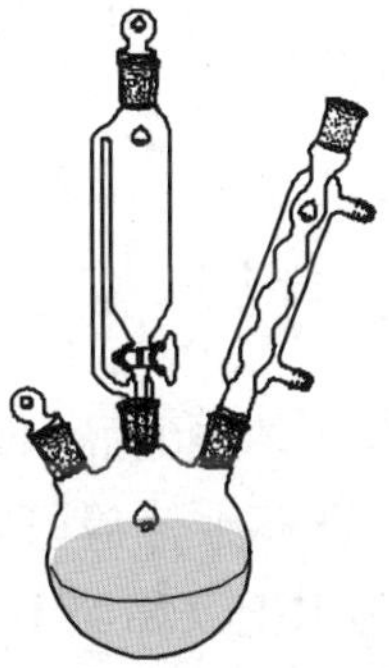

图 31-1　反应装置

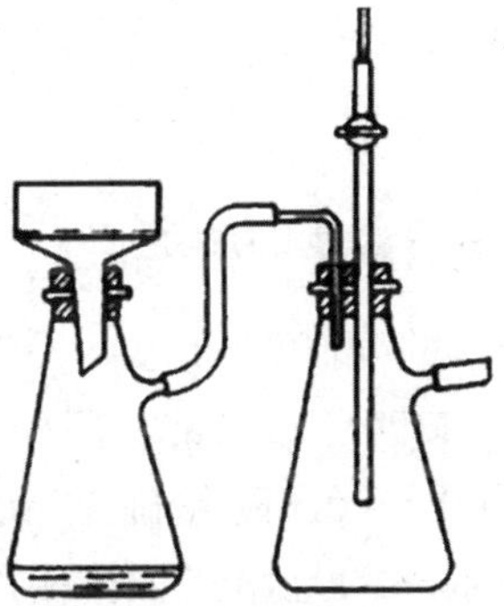

图 31-2　抽滤装置

六、实验步骤

1. 葡萄糖酸的制备

向三颈烧瓶中加入 18g 葡萄糖及一颗搅拌子，按照图 31-1 装上冷凝管和恒压滴液漏斗，并向恒压滴液漏斗内加入 34mL 30%双氧水。待装置安装好后，在搅拌下缓慢滴加双氧水。待双氧水滴加完后，升温，在沸水浴下保温 60min。然后冷却至 60~70℃待用，即得无色透明的葡萄糖酸溶液。

2. 葡萄糖酸钙的制备

称取5g碳酸钙，在搅拌下将碳酸钙分批加入上一步得到的葡萄糖酸溶液中，加完后，继续搅拌直至不再有二氧化碳放出为止。反应完全后，趁热抽滤掉未反应的$CaCO_3$，得到澄清透明的葡萄糖酸钙溶液。把葡萄糖酸钙溶液转入烧杯中，冷却至室温，往烧杯中加入适量无水乙醇(体积比1∶1)，静置10min，得到絮状沉淀，抽滤，得到白色粉末状葡萄糖酸钙。于50℃烘箱低温烘干，称重，回收。

3. 葡萄糖酸锌的制备

选择一干净的烧杯，量取32mL蒸馏水加入烧杯中，加热至80~90℃。在搅拌下向烧杯中加入5.4g $ZnSO_4$，使之完全溶解。将烧杯放入90℃的恒温水浴中，再在搅拌下逐步加入8g葡萄糖酸钙。

在90℃水浴上保温20min，然后趁热抽滤，将滤液转移到蒸发皿中。加热浓缩滤液至黏稠状，然后冷却至室温，再在搅拌下向蒸发皿中加入20mL 95%乙醇，此时有大量的胶状葡萄糖酸锌析出。

用倾析法去除乙醇溶液，然后再向蒸发皿中加入20mL 95%乙醇，充分搅拌后，沉淀转变成晶体状，冷却，抽滤，即得葡萄糖酸锌粗产品。

将粗产品加水20mL，加热溶解后趁热过滤。将滤液冷却至室温，向滤液中加入20mL 95%乙醇并充分搅拌，冷却结晶。待结晶完全后，抽滤，并在50℃下烘干，即得较纯的产品葡萄糖酸锌。

4. 葡萄糖酸钙中钙含量的测定

1) EDTA标准溶液的配制与标定

称取约8.5g乙二胺四乙酸二钠，用少量蒸馏水溶解并在500mL容量瓶中定容。准确称取$CaCO_3$基准物质0.5~0.6g(精确至万分之一)于小烧杯中，盖以表面皿，加水润湿。从烧杯嘴处逐滴加入6mol/L盐酸至碳酸钙完全溶解，用水把表面皿上的溶液冲入烧杯中，加热至近沸腾，冷却后转入250mL容量瓶中并定容。用移液管准确移取25.00mL标准钙溶液置于锥形瓶中，加入约25mL水、10mL NH_3-NH_4Cl缓冲溶液及芝麻大小(约1mg)钙指示剂，摇匀，用EDTA待测液滴定，溶液由紫红色变成纯蓝色，即为终点。

2) 葡萄糖酸钙含量的测定

称取1.0000g葡萄糖酸钙到一干净的烧杯中，加入蒸馏水溶解并转移到50.00mL容量瓶中，定容。每次用移液管移取10.00mL葡萄糖酸钙待测液于250mL锥形瓶中，加入50mL左右蒸馏水、10mL左右NH_3-NH_4Cl缓冲溶液和芝麻大小(约1mg)的钙指示剂。用EDTA标液滴定，溶液由紫红色转变为纯蓝色即为终点，记录消耗EDTA标准溶液的体积。计算得样品中Ca^{2+}含量后可计算样品中的葡萄糖酸钙含量及百分含量，平行测定3次，求平均值。

七、注意事项

（1）在加入碳酸钙时不能太快，要分批加入，且要边加边搅拌，以免反应速度过快而产生大量的二氧化碳气体发生暴沸逸出反应瓶。

（2）制备葡萄糖酸时反应温度不宜过高，否则可能会加速过氧化氢的分解。

（3）采用热过滤（热滤漏斗）法时，将短颈玻璃漏斗放置于铜制的热漏斗内，热漏斗内装有热水以维持溶液的温度。热滤漏斗内部的玻璃漏斗的颈部要尽量短些，以免过滤时溶液在漏斗颈内停留过久，散热降温时，析出晶体使装置堵塞。也可取无颈漏斗（普通玻璃漏斗除去漏斗颈）置于水浴装置上方，用蒸汽加热，然后进行过滤，这种方法较热滤漏斗法更简单易行。

（4）尽管 EDTA 可制得纯品，但 EDTA 具有与金属离子配位反应的普遍性，即使是水或者其他试剂中的微量金属离子或器壁上溶出的金属离子也会与 EDTA 反应，故常用间接法配制 EDTA 标准溶液。

思考题

1. 简述双氧水氧化制备葡萄糖酸的优缺点。
2. 影响葡萄糖酸钙产率高低的影响因素有哪些？
3. 为什么可以用葡萄糖酸钙制备葡萄糖酸锌？
4. 在标定 EDTA 时可否直接使用氯化钙作为基准物？
5. 目前葡萄糖酸的制备方法有哪些？双氧水氧化法属于哪一种类型，原理是什么？

参考文献

[1]吴晓红．化学教学论实验[M]．2 版．北京：冶金工业出版社，2018.
[2]臧志和，朱军．药学基础化学实验[M]．成都：西南交通大学出版社，2014.
[3]康淑荷，陆丽娜．药物合成实验汉英双语教程[M]．北京：中国环境出版社，2021.
[4]田徽，谭承佳．药学综合技术实验教程[M]．南京：东南大学出版社，2022.

实验 32　地沟油制备肥皂

一、实验目的

(1)了解地沟油制备肥皂的基本原理和方法。

(2)了解地沟油的处理方法。

(3)培养学生环保意识，增进对资源循环工程产业的了解。

二、实验背景和原理

1. 地沟油的介绍

地沟油，泛指在生活中存在的各类劣质油，如回收的食用油、反复使用的炸油等。地沟油最主要来源为城市大型饭店下水道的隔油池。长期食用可能会引发癌症，对人体的危害极大。

地沟油可分为三类：

(1)狭义的地沟油，即将下水道中的油腻漂浮物或者将宾馆、酒楼的剩饭、剩菜(通称泔水)经过简单加工、提炼出的油。

(2)劣质猪肉、猪内脏、猪皮加工以及提炼后产出的油。

(3)用于油炸食品的油使用次数超过一定次数后，再被重复使用或往其中添加一些新油后重新使用的油。

地沟油的主要化学成分有：油脂、黄曲霉素、砷、二甲胺、甘油酸、乙苯、对二甲苯、间二甲苯、甲基乙苯、2，6-二甲基十一烷以及多种色素和病菌等。食用地沟油会引起消化不良、头痛、头晕、失眠、乏力、肝区不适、腹痛、腹泻、胃癌、肠癌等疾病，危害巨大，因此综合处理地沟油就显得非常必要了。

目前地沟油的常见利用方式有：

(1)用地沟油生产生物柴油(生物燃料)。

(2)利用地沟油制备选矿药剂。

(3)利用地沟油生产乙醇、沼气。

(4)利用地沟油提炼航空燃油。

(5)利用地沟油生成钻井润滑油。

由于地沟油的主要化学成分是高级脂肪酸甘油酯，因此利用地沟油制备肥皂也是其重要的利用方式。

2. 利用地沟油制备肥皂的方法

利用地沟油制备肥皂的基本过程为：首先将地沟油催化分解为高级脂肪酸和甘油，进而通过皂化反应、盐析等过程即可制备肥皂。

皂化反应的反应式为

$$\begin{array}{l} CH_2OOCR \\ | \\ CHOOCR \\ | \\ CH_2OOCR \end{array} + 3NaOH \xrightarrow{\triangle} 3RCOONa + \begin{array}{l} CH_2OH \\ | \\ CHOH \\ | \\ CH_2OH \end{array}$$

三、仪器与试剂

主要仪器：烘箱、烧杯、磁力加热搅拌器、玻璃棒、电热套等。

试剂及材料：地沟油、9%的双氧水、活性炭、10%的氯化钠溶液、饱和氯化钠溶液、乙醇(A. R)、氢氧化钠(A. R)等。

四、实验步骤

1. 地沟油的预处理

(1)过滤。在低温时，餐饮废油是固态和黏稠液体，为了除去其中不溶性杂质，需将废油加热，待地沟油熔化变得不太黏稠后趁热过滤。再用 10%的氯化钠溶液洗涤滤下来的油，沉淀后排出水分。

(2)脱水、除味。在通风橱内，将经过初步处理的地沟油加热到 105℃，并保温直至地沟油无气泡产生，以除去水分和刺激性气味。

(3)脱色。在经过前两步处理后的地沟油中加入 9%的双氧水，在 60℃下搅拌反应 25min。然后加入 5%的活性炭，在 60℃下继续搅拌 25min，然后趁热过滤，即得脱色后的地沟油。

2. 肥皂的制作

在 100mL 烧杯中加入 20mL 水和 3g 氢氧化钠，搅拌溶解备用。

向 250mL 烧杯中加入 14mL 处理过的地沟油及一颗搅拌子，并把烧杯置于热水浴中，启动搅拌。在搅拌下将上述碱液慢慢加入油脂中，再加入 3mL 95%乙醇。然后在沸水浴中在搅拌下继续皂化。

皂化过程中要经常搅拌，直至反应混合物从搅拌棒上流下时形成线状并在棒上很快凝固为止(由于反应原料油脂不溶于水，产物甘油和脂肪酸钠溶于水，因此也可以取少量反应混合物滴入清水中，如果能完全溶解，则反应已达终点；如有不溶物，则未皂化完全，需继续皂化)。此时 pH 达到 7.5~7.8，液体不出现分层。

3. 肥皂的精制

皂化反应完成后，保温并在剧烈搅拌下向装有肥皂的烧杯中加入 28mL 热的饱和氯化钠溶液进行盐析，搅拌均匀后撤出水浴，自然冷却分层，待分层清晰后(一般要等一夜时间)，过滤分离固液，即得皂胶(粗肥皂)。

(1)将皂胶进行挤压、切块、打印、干燥等机械加工操作，就成为肥皂。固液分离后的滤液，可减压分馏回收甘油。

(2)也可向皂胶中加入一定浓度的过氧化氢进行脱色，之后加入一定量的碳酸钠，搅拌后得到皂液，静置沉淀 1d，凝固后可用玻棒取出(或排出底部污水)，干燥后可压制不同形状的肥皂。

五、注意事项

(1)要注意准确判断皂化反应的终点。

(2)精制肥皂时，加入饱和氯化钠溶液后，需等待足够时间待分层清晰后，再分离固液。

(3)预处理地沟油时要注意通风，且预处理地沟油产生的废弃物要妥善处理。

思考题

1. 地沟油有什么危害?
2. 地沟油有效利用的途径有哪些?
3. 制作肥皂时加入乙醇的作用是什么? 为什么?
4. 制作肥皂时如何判断皂化反应的终点?

参考文献

[1]李沂光，单杨，李高阳，等．地沟油检测方法研究现状与其应用分析[J]．食品与机械，2012，28(3)：262-265.

[2]杨静，朱毅，于新，等．地沟油检测技术及资源化利用研究进展[J]．中国食品学报，2013，13(6)：185-190.

[3]相玉林，焦玉荣，王立鹏．地沟油脱色过程工艺优化[J]．榆林学院学报，2019，29(2)：4-7.

[4]蔡干，等．有机精细化学品实验[M]．北京：化学工业出版社，1997.

实验 33　酚醛树脂胶黏剂的制备与使用

一、实验目的

(1) 熟悉酚醛树脂胶黏剂的结构、性质和用途。
(2) 熟悉酚醛树脂的优缺点。
(3) 熟悉酚醛树脂的合成方法和注意事项。

二、实验背景和原理

1. 酚醛树脂的性质及用途

酚醛树脂最先由德国科学家 Bayer，在 1872 年通过甲醛和苯酚反应制得。1909 年，美国科学家 Baekeland 的酚醛树脂胶黏剂的专利，为酚醛树脂的工业化奠定了基础。酚醛树脂是最早工业化的合成树脂，也是首先出现的合成胶黏剂，酚醛树脂是由苯类与醛类在催化剂存在下经缩聚反应制得，用作胶黏剂的是相对分子质量为 500～1000 的低聚物。

酚醛树脂胶黏剂具有如下一些特点：

(1) 酚醛树脂含有极性大的羟甲基和酚羟基，对金属和多数非金属都有良好的黏接性，黏接强度较高。

(2) 由于酚醛树脂中存在着大量的苯环，又能交联成体形结构，刚性较大，因而耐热性高，在 300℃ 下仍有一定的胶接强度，而且抗蠕变，耐烧蚀，尺寸稳定性好。

(3) 耐水、耐油、耐磨、耐化学介质、耐霉菌、耐老化等，电绝缘性能优良。

(4) 本身易于改性，也能对其他胶黏剂改性。

由于具有这些特点，酚醛树脂胶黏剂获得了较为广泛的应用，可用于黏接木材，制造耐水胶合板、航空胶合板、船舶板、车厢板、高级刨花板等，还可用于生产镁碳耐高温砖及胶接金属、塑料等。

然而，酚醛树脂胶黏剂也存在颜色深、固化胶层硬脆、易龟裂、成本较脲醛树脂胶黏剂高、毒性较大等缺点，特别是该胶固化温度高、固化速度慢，造成生产效率低，能耗大，使得酚醛树脂胶黏剂的应用范围受到一定的限制。改性酚醛树脂胶黏剂一定程度可改善这些缺点，可做结构胶黏剂，黏接金属或非金属，制造蜂窝结构、刹车片、砂轮、金刚砂纸、复合材料等，在航空、航天、机械、军工、汽车、船舶、电气等工业部门都获得了广泛的应用，还可用于对其他胶黏剂的改性，提高耐热性、耐老化性、耐水性和黏接强度等。

2. 酚醛树脂的制备

酚醛树脂是以酚类(如苯酚、甲酚等)与醛类(如甲醛等)为原料通过缩聚反应而制得的。工业用酚醛树脂胶黏剂主要分为线性酚醛树脂和热固性酚醛树脂两类，其制法、结构、性能和应用大不相同。使用最普遍的是以苯酚和甲醛为原料，在酸性或碱性催化下缩合反应而成。

酸性介质下，苯酚和甲醛生成的是线型结构，由于甲醛和苯酚加成速度远低于所生成的羟甲基的进一步缩合速度，所以该结构含羟甲基含量很少，固化时主要通过未被取代的酚羟基的邻位和对位与固化剂发生链增长和交联。该条件下线型的酚醛树脂生成的结构示意图如下：

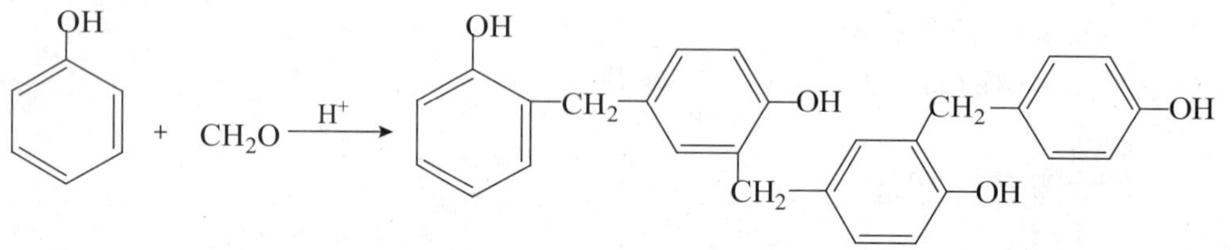

碱性条件下，羟甲基缩合速度则慢于苯酚和甲醛的缩合速度，因此初期存在大量羟甲基取代酚的结构，此时酚醛树脂可溶于水和有机溶剂(A 阶)。此后，羟甲基苯酚会进一步缩合，转化为不溶于水的可凝性酚醛树脂(B 阶)。再进一步缩合，则转变为不溶不熔的体型树脂(C 阶)。本实验以氢氧化钠为催化剂，用苯酚和过量甲醛为原料，得到的是相对分子量较低(400~1000)的水溶性酚醛树脂，其合成的结构示意图为

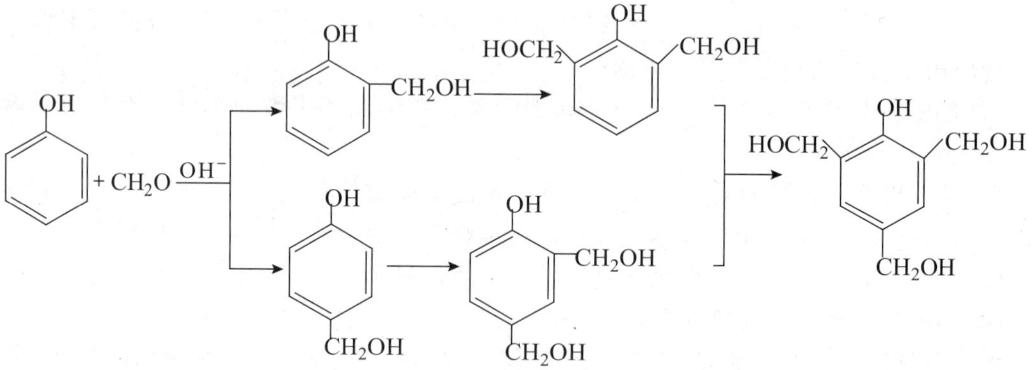

三、仪器与试剂

主要仪器：三颈烧瓶、回流冷凝管、恒压滴液漏斗、磁力加热搅拌器、恩格勒黏度计等。

主要试剂：甲醛(37%水溶液)、40%氢氧化钠水溶液、苯酚等。

四、实验参数

实验参数如表 33-1 所示。

表 33-1　　　　实验参数

试剂名称	分子量	熔点/℃	沸点/℃	密度/(g/cm³)	水溶性
甲醛	30.0	-92	-19.5	0.815	易溶于水
氢氧化钠	40.0	318.4	1390	2.130	极易溶于水
苯酚	94.1	43	181.9	1.071	微溶于冷水

五、实验装置

实验装置如图 33-1 所示。

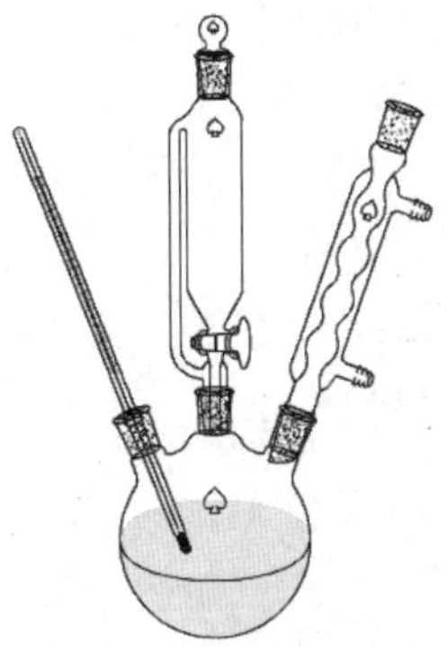

图 33-1　反应装置

六、实验步骤

1. 酚醛树脂胶黏剂的制备

在 250mL 三颈烧瓶中加入 20g 苯酚和一颗搅拌子，并按照图 33-1 装好温度计、恒压滴液漏斗和回流冷凝管。启动搅拌，在搅拌下加入 5.3g(约 3.7mL)40%氢氧化钠水溶液和 5mL 水。加热升温至 40~50℃，并保温 20~30min。然后控温在 42~45℃，并在此温度下边搅拌边滴加 20mL 37%甲醛溶液，30min 内滴完。滴加完后，在 45~50℃下搅拌 30min 后，逐渐升高温度，先是在约 70min 内由 50℃升高到 87℃左右，然后在 20~25min 内升高到 95℃，并保持此温度下搅拌 18~20min。然后降温到 82℃并保温搅拌 20min，再在此温度下慢慢滴入 3. 6mL 左右的 37%甲醛和 4mL 水，滴完后逐步升温至 92~96℃继续保温反应 20min 后，每隔 5min 利用恩格勒黏度计测定反应体系黏度，当黏度值达到 40~120 时，即可停止，然后冷却至室温即得酚醛树脂胶黏剂。

2. 酚醛树脂胶黏剂的使用方法和要求

将本实验所制得胶黏剂涂在待胶结物体表面上，于 120~145℃的温度和 0. 3~2. 0MPa 的压强下固化 8~10min 即可制得高级胶合板。若在室温下，则需延长时间。固化好后，检验胶合板的情况，以检验所制备的酚醛树脂胶黏剂的效果。

七、注意事项

(1)加料时应该在搅拌下先加入苯酚和氢氧化钠溶液，待苯酚充分溶解后再加入甲醛。

(2)甲醛应分两次加入，而不是一次。

(3)滴加甲醛时温度不应过高，而且滴完后应分段缓慢升温以避免羟甲基酚过快缩聚固化。

(4)第二次加完甲醛后，要注意判断反应终点。

思考题

1. 该反应中加入氢氧化钠的作用是什么?
2. 可不可以先加入甲醛，再加苯酚和氢氧化钠溶液呢? 为什么?
3. 为什么应在较低温度下滴加甲醛?
4. 如何判断反应终点呢?

参考文献

[1]马玉峰，王春鹏，许玉芝．酚醛树脂胶粘剂研究进展[J]．粘结，2014(2)：33-39.
[2]乔吉超，胡小玲，管萍．酚醛树脂胶粘剂的研究进展[J]．中国胶粘剂，2006，15(7)：45-48.
[3]柳海兰，张南哲．木材工业用酚醛树脂胶粘剂的现状及研究进展[J]．延边大学学报(自然科学版)，2006，32(2)：118-122.
[4]徐修成．胶粘剂及其应用　第三讲酚醛树脂胶粘剂[J]．化工进展，1992(1)：51-55.
[5]蔡干，等．有机精细化学品实验[M]．北京：化学工业出版社，1997.

实验 34　甘氨酸螯合钙和甘氨酸螯合铜的制备与表征

一、实验目的

(1)学习甘氨酸螯合铜和甘氨酸螯合钙的性质及用途。
(2)学习甘氨酸螯合铜和甘氨酸螯合钙的制备原理和方法。
(3)学习用紫外光谱或红外光谱法分析甘氨酸螯合铜和甘氨酸螯合钙的方法。

二、实验背景和原理

1. 甘氨酸螯合铜和甘氨酸螯合钙的性质及用途

1)甘氨酸铜的性质和用途

甘氨酸铜即甘氨酸螯合铜，分子量为 211.70，是一种重要的化学物质。甘氨酸铜主要有顺式和反式两种结构，顺式甘氨酸铜为蓝色针状晶体，反式甘氨酸铜为蓝紫色鳞片状结晶。甘氨酸铜加热至 130℃时脱水，228℃时分解。甘氨酸铜不溶于烃类、醚类和酮类，微溶于乙醇，溶于水。反式甘氨酸铜在水中的溶解度要小于顺式甘氨酸铜，所以可以依此分离。

甘氨酸铜一般被认为是相对安全的化合物，但仍需注意避免甘氨酸铜粉末或溶液与皮肤、眼睛或呼吸道接触；且应在通风良好的环境下操作，以减少其粉尘或蒸气的吸入；还应遵循正确的实验室操作规范和个人防护措施，并妥善处理废弃物。

甘氨酸铜具有多种用途，它可以作为催化剂，在有机化学反应中催化氧化和还原反应。甘氨酸铜也被广泛用于制备其他铜化合物以及金属有机配合物。甘氨酸铜还可用于医药及应用于染料、涂料、塑料和电池等领域。

2)甘氨酸钙的性质及用途

甘氨酸钙，即甘氨酸螯合钙，分子式为 $C_4H_8CaN_2O_4$，分子量为 188.20，是钙营养强化剂中较先进的新一代产品。

甘氨酸钙具有化学结构稳定、水溶性好、吸收率高的螯合结构物质，经实验论证，表面吸收率大于乳酸钙 6%。甘氨酸钙是由两个甘氨酸和一个钙离子结合的螯合型物质，是短肽链，吸收不需要维生素 D 的配合，极易透过肠上皮细胞膜，直接通过人体肠道所吸收。另外，螯合型结构性质稳定，在人体肠道内不易与食物中的草酸及植物酸等物质结合而耗损，不会因此而引起体内结石症，大大提高了人体对钙的利用率，是最新一代钙制剂。甘氨酸钙作为营养强化剂已被列入国家 GB2760—1997 要求。

甘氨酸钙的用途主要有：

(1)可强化在奶粉、牛奶、豆奶等奶制品中，固体饮料、谷物类保健品中，食盐以及其他食品中，比葡萄糖酸钙等其他补钙剂更易于被人体吸收。甘氨酸钙因为溶解度高，可配制成果味、高钙浓缩液，用于制造酸乳。

(2)在制作油炸食品或糕点时，添加适量甘氨酸钙，除有营养强化作用外，还可防止油脂氧化及食品发色，提高制品的感官质量。甘氨酸钙可作为食品的钙强化剂与营养剂，有助于骨质的形成，并能维持神经和肌肉的正常兴奋性，同时还可用于缓冲剂、固化剂。

2. 甘氨酸螯合铜和甘氨酸螯合钙的制备方法

甘氨酸铜通常是甘氨酸在碱式硫酸铜、碳酸铜存在的条件下与铜离子螯合制得，反应式为

$$CuCO_3+2NH_2CH_2COOH \longrightarrow Cu(OOCCH_2NH_2)_2 \cdot H_2O+CO_2\uparrow$$

在 pH 较低的酸性条件下，氢离子将与金属离子争夺供电子基团，不利于氨基酸微量元素螯合物的形成；在 pH 较高的碱性条件下，羟基与供电子基团争夺金属离子而形成氢氧化物沉淀，因此制备甘氨酸铜时 pH 不能太大也不能太小。

可利用紫外光谱或红外光谱鉴定反应产物甘氨酸铜的存在。

甘氨酸钙则首先由碳酸钠和甘氨酸反应生成甘氨酸钠，再加入氯化钙制备甘氨酸钙，反应方程式为

$$Na_2CO_3+2NH_2CH_2COOH \longrightarrow 2Na(OOCCH_2NH_2) \cdot H_2O+CO_2\uparrow$$

$$2Na(OOCCH_2NH_2) \cdot H_2O+CaCl_2 \longrightarrow Ca(OOCCH_2NH_2)_2 \cdot H_2O+2NaCl$$

可利用红外光谱鉴定甘氨酸钙的存在。

三、仪器与试剂

仪器与设备：烧杯、玻璃棒、三颈烧瓶、布氏漏斗、抽滤瓶、磁力加热搅拌器、温度计、循环水式多用真空泵等。

试样：甘氨酸(A. R)、硫酸铜(A. R)、碳酸钠(A. R)、氯化钙(A. R)等。

四、实验参数

实验参数如表 34-1 所示。

表 34-1　　实验参数

试剂名称	分子量	熔点/℃	沸点/℃	密度/g/cm³	水溶性
甘氨酸	75. 1	232~236(分解)		1. 254	易溶于水

续表

试剂名称	分子量	熔点/℃	沸点/℃	密度/g/cm^3	水溶性
硫酸铜	159.6	200		3.606	溶于水
碳酸钠	106.0	851	1600	2.532	易溶于水
氯化钙	111.0	772	1600	2.15	易溶于水

五、实验装置

实验装置如图 34-1～图 34-3 所示。

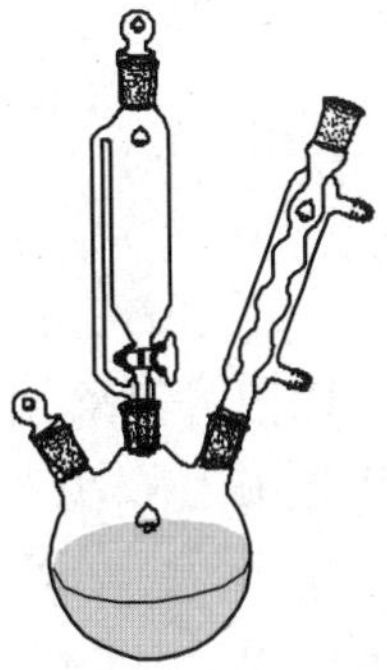

图 34-1　反应装置(一)

图 34-2　反应装置(二)

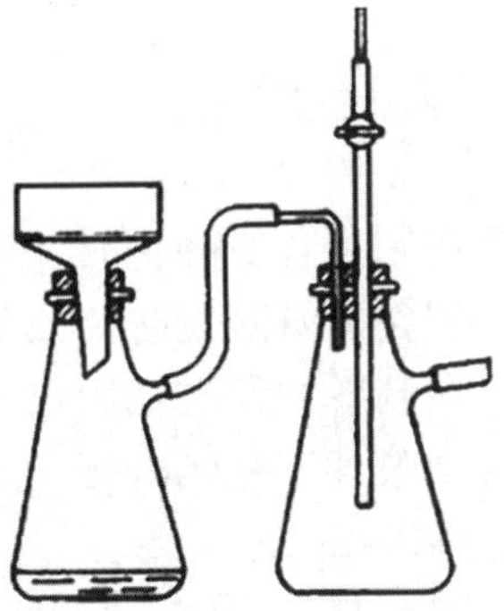

图 34-3　抽滤装置

六、实验步骤

1. 甘氨酸铜的制备

取 0.06g 甘氨酸在烧杯中用水溶解，并在 1000mL 容量瓶中定容；取 8mL 浓度为 0.1mol/L 的硫酸铜溶液到 1000mL 容量瓶中，并加水定容。

按照图 34-1 装上装置，并向三颈烧瓶中加入 20mL 定容后的甘氨酸溶液和一颗搅拌子，取 10mL 定容后的硫酸铜溶液加入恒压滴液漏斗。启动磁力搅拌，在搅拌下慢慢滴加恒压滴液漏斗中的硫酸铜溶液。加料完毕后，将反应液的温度升高至 50℃，并慢慢用少量的 NaOH 溶液或 HCl 溶液调节 pH 至 7 左右，保温反应 30min。待冷却后将反应混合液置于离心机中，以 2000r/min 的速度离心 10min，取上层清液转移到容量瓶中并定溶至 100mL。

用紫外-可见分光光度计分别在 190～400nm 范围内扫描甘氨酸溶液、硫酸铜溶液及甘氨酸铜溶液的紫外光谱图。甘氨酸在紫外区没有吸收，甘氨酸铜相对于 Cu^{2+} 的最大吸收波长会发生一定程度的红移(表明溶液中的 Cu^{2+} 与氨基酸生成了稳定的二元配合物)，记录并分析原因。

2. 甘氨酸钙的制备

称取 7.5g 甘氨酸置于三颈烧瓶中，并加入一颗搅拌子。按照图 34-2 装上装置，并加入 50mL 水，搅拌使之溶解。在搅拌下慢慢向三颈烧瓶中加入 5.3g 碳酸钠，待溶解后，调节 pH 至 5 左右。然后称取 5.6g 无水氯化钙，在搅拌下慢慢加入三颈烧瓶。待氯化钙加入完毕后，将反应液升温到 80℃，并在此温度下搅拌反应 2.5h。将反应后的溶液转移到旋转蒸发仪(也可使用减压蒸馏的方法)蒸发浓缩至有颗粒物出来，取出含有固体的溶液，冷却结晶完全后过滤获得的固体，放于真空干燥箱，在 60℃ 下干燥，即得产品甘氨酸钙。称重，并将产品用粉碎机粉碎后放于干燥试剂瓶在干燥器中保存备用。

利用溴化钾压片法制作甘氨酸和甘氨酸钙的红外光谱图，并对比及分析谱图。

七、注意事项

(1)在制备甘氨酸铜时要控制好 pH 在 7 左右。

(2)制备甘氨酸铜时要先加入甘氨酸，再加入硫酸铜溶液。

(3)在制备甘氨酸铜后烘干固体甘氨酸铜时，温度不能太高，以免甘氨酸铜分解。

(4)制备甘氨酸钙时，在加入氯化钙前，需先将 pH 调节至 5 左右，以免产生氢氧化钙沉淀，影响反应。

(5)浓缩甘氨酸钙水溶液时温度不能太高，最好采用减压蒸馏。

(6)烘干固体甘氨酸钙时，温度也不能太高。

思考题

1. 为什么制备甘氨酸铜时，反应中要先加入甘氨酸溶液，再慢慢加入硫酸铜溶液?

2. 为什么制备甘氨酸铜时，pH 不能太大也不能太小?

3. 为什么甘氨酸铜溶液的紫外光谱相对于 Cu^{2+}，其最大吸收波长会发生一定程度的红移?

4. 在制备甘氨酸钙的过程中，为什么在加入氯化钙前要把 pH 调节至 5 左右?

参考文献

[1]武伦福，黄劲苗，林亦斌，等．甘氨酸螯合钙的合成与性能研究[J]．广东微量元素科学，2014，21(12)：7-12.

[2]李德广，杜相革．甘氨酸螯合铜的合成及表征研究[J]．安徽农业科学，2009，37(5)：1897-1898.

实验 35　苯乙烯的悬浮聚合、阴离子聚合和乳液聚合

一、实验目的

(1)掌握聚苯乙烯制备的原理和方法

(2)了解聚合反应各组分的作用。

二、实验背景和原理

1. 聚苯乙烯的介绍

聚苯乙烯(Polystyrene, PS)，是指由苯乙烯单体经自由基加聚反应合成的聚合物，化学式是$(C_8H_8)n$。

聚苯乙烯和其他塑料不同，早在15世纪后半期开始，它的天然产品称为“香脂”的针叶树的树脂就已为人们所利用。然而从化学角度来研究它是在1836年以后的事，由德国的西蒙(Simon)将香脂树脂进行蒸馏后分离出苯乙烯单体，并命名为“Styrene”(苯乙烯)。

西蒙在1839年进行苯乙烯聚合反应而得到聚苯乙烯，他当时认为这是一种基于氧化作用后的产物。1845年布莱思(Blyth)和霍夫曼(Hoffman)否定了这种氧化说，认为是一种固体的苯乙烯，从而命名为“Metastylene”(聚苯乙烯)。

1869年法国的贝尔瑟洛特(Berthelot)发现由苯与乙烯可以合成苯乙烯。其后，1920年德国的斯托丁杰(Staudinger)，进行了苯乙烯的聚合及对聚合物的裂解试验，从而提出聚苯乙烯是由苯乙烯单体互相连结在一起形成的线型聚合物，并利用它作为证实高分子概念的一个证据，确立了高分子学说。

聚苯乙烯的工业化，是基于它能作为一种玻璃状透明绝缘材料而引起兴趣的，但合成原料苯乙烯的工业化比较困难。另外，1933年在德国开展的合成橡胶的研究中，由丁二烯-苯乙烯共聚以制备丁苯橡胶获得成功，作为战略物资受到重视，从而快速地促进了苯乙烯的工业化。1934年由乙基苯脱氢合成苯乙烯获得成功，在一年后的1935年，聚苯乙烯工业化也宣告成功。

聚苯乙烯是一种无色透明的热塑性塑料，具有高于100℃的玻璃转化温度。聚苯乙烯易加工成型，具有透明、廉价、刚性、绝缘、印刷性好等优点，在轻工业领域应用广泛，如日用装潢、照明指示和包装等方面。因其良好的绝缘和隔热保温性，可用于制作各种仪

表外壳、光学化学仪器零件、电容器介质层等。聚苯乙烯具有很好的压缩性，用于粉类和乳液类化妆品时，可改善粉的黏附性能，使皮肤具有光泽和润滑感，是代替滑石粉和二氧化硅的高级填充剂。

2. 聚苯乙烯的制备

聚苯乙烯一般由单体苯乙烯通过自由基聚合而成。要获得窄分布的聚苯乙烯，则需通过阴离子聚合反应的方法。

自由基聚合的实施方法有本体聚合、溶液聚合、悬浮聚合和乳液聚合。本体聚合和溶液聚合也适合于阴离子聚合。

阴离子聚合是活性聚合和化学聚合。活性聚合技术是目前合成单分散特定分子量的聚合物的一种方法。阴离子活性聚合物的分子量可通过单体浓度和引发剂的浓度来控制：$X_n=n$[单体浓度]/[引发剂浓度]（双阴离子引发 $n=2$，单离子引发 $n=1$），分子量分布指数接近1。

不溶于水的单体以小液滴状态悬浮在水中进行的聚合反应叫悬浮聚合，又叫珠状聚合。该悬浮聚合体系主要由四个部分组成：单体、引发剂、水和分散剂。单体液层在搅拌的剪切力作用下分散成微小液滴，粒径的大小主要由搅拌的速度决定。由于油、水两相间的表面张力可使液滴黏结，故必须加入分散剂降低表面张力，保护液滴，使形成的小珠有一定的稳定性。分散剂可用溶于水的聚乙烯醇、明胶等高分子物质或不溶于水的无机盐，如 $CaCO_3$，$BaSO_4$ 等。对孤立的小珠本身而言，实际上仍是本体聚合。

乳液聚合主要发生在胶束和乳胶粒内，乳胶粒通过胶束成核和均相成核两种方式生成。乳液聚合分为四个阶段：

(1)分散阶段。此阶段未加入引发剂，随着单体的加入，在搅拌作用下，单体分散成珠滴。部分乳化剂分子被吸附在珠滴表面，起稳定保护作用。由于胶束的增溶作用，部分水相中单体被吸收，形成增溶胶束。单体、乳化剂在水相、单体珠滴及胶束(增溶胶束)三者间达到动态平衡。

(2)乳胶粒生成阶段。当引发剂加入反应体系后，在适当的反应温度下，引发剂分解形成自由基，扩散进入增溶胶束，并在其中引发聚合，生成乳胶粒，此阶段以胶束消失作为终点。

(3)乳胶粒长大阶段。引发剂继续在水相中分解出自由基，因为乳胶粒的数目要比单体珠滴的数目大得多，所以自由基主要向乳胶粒中扩散，在乳胶粒中引发聚合，使得乳胶粒不断长大。随着反应的进行，乳胶粒中单体不断被消耗，单体的平衡不断沿单体珠滴→水相→乳胶粒方向移动，致使单体珠滴中的单体逐渐减少，直至单体珠滴消失。

(4)聚合完成阶段。此阶段不仅胶束消失了，而且单体滴珠也不见了。在乳胶粒中进行的聚合反应只能消耗自身贮存的单体，而得不到补充。随着反应进行，由于 Trommsdroff 效应，反应常常出现加速现象，直至单体消耗完。

3. 聚苯乙烯的分子量测定

聚合物的分子量及其分布不但是高分子合成中的重要控制指标，也是聚合物的最基本的结构参数，它们对聚合物的力学性能和加工性能有很大影响。聚合物的分子量是一个平均值，根据统计方法的不同，可分为数均分子量、重均分子量、Z 均分子量和黏均分子量。测定聚合物分子量的方法很多，不同的方法适用于测定不同范围的分子量和测出不同的平均分子量。

三、仪器与试剂

主要仪器：磁力加热搅拌器、三颈烧瓶、量筒、锥形瓶、布氏漏斗、抽滤瓶、水循环真空泵、电动搅拌器、石蕊试纸等。

主要试剂：苯乙烯、过氧化苯甲酰(BPO)、聚乙烯醇(PVA)、四氢呋喃、5%氢氧化钠溶液、无水氯化钙、氯仿、甲醇、锂、钠、环己烷、溴代正丁烷等。

四、实验步骤

1. 苯乙烯的纯化

取 250mL 分液漏斗，向分液漏斗中加入 100mL 苯乙烯(bp. 142~146℃)，用 5%NaOH 溶液洗涤至水层无色，再用蒸馏水洗涤至中性，有机相转入干燥的带塞子的锥形瓶中，用无水氯化钙干燥。

2. 过氧化苯甲酰(BPO)的精制

取 3g BPO 溶于氯仿(约 12mL)中，过滤除去不溶物。向滤液中滴入经过冰盐冷却的甲醇，就可得到白色针状晶体，真空干燥即得产品。

3. 正丁基锂的制备

在 100mL 干燥的三颈烧瓶中加入搅拌磁子和装上回流冷凝管。冷凝管上口经磨口弯头连接到无水无氧操作系统上，另外二口塞上翻口橡皮塞。

向三颈烧瓶中加入 0.5g 的金属锂，反复抽真空、充氮气三次以除去反应系统中的空气。用注射器加入 30mL 干燥的环己烷(加入钠丝回流 2h 后蒸馏收集的)。在磁力搅拌器搅拌下，再缓慢注入 3g 干燥的溴代正丁烷，回流反应数小时(2h 以上)，使反应尽可能完全，生成蓝紫色溶液，密封待用。

4. 苯乙烯的悬浮聚合

在装有电动搅拌器、温度计、回流冷凝管的 250mL 三颈烧瓶中加入 1.5mL 10%聚乙烯醇水溶液及 90mL 蒸馏水。搅拌均匀后，向三颈烧瓶中加入预先溶有 0.2g BPO 的 11mL 苯乙烯，调整适当的搅拌速度，快速升温到 85℃，保温反应 1h。然后降温至 70℃反应，待粒珠稍有强度后，升温至 95℃保温反应 2h。反应结束后，倾出上层液体，用热水洗涤，过滤，烘干，称重。

5. 苯乙烯的阴离子聚合

取干燥试管1支，配上单孔橡皮塞和短玻璃管及一段橡胶管，接上无水无氧干燥系统，抽真空、通氮气反复3次以排除试管中的空气。然后接通氮气系统，由注射器从橡胶管分别注入4mL无水环己烷、1.5mL干燥苯乙烯和0.8mL正丁基锂溶液，摇匀，溶液变为橘红色。放置10min后加入甲醇，颜色立即消失。

可改变引发剂和单体用量，合成不同分子量的聚苯乙烯，以便比较分子量对力学性能的影响。

6. 苯乙烯的乳液聚合

称取0.3g BPO放于100mL锥形瓶，量取16mL苯乙烯(99.5%)加入锥形瓶中，振摇，待BPO完全溶解于苯乙烯后，将溶液加入装有搅拌器、温度计和滴液漏斗的三颈烧瓶中，搅拌下加入20mL 1.5%的聚乙烯醇溶液，用130mL去离子水分别冲洗锥形瓶和量筒后加入三颈烧瓶，20~30min内升温至85~90℃，在此温度下继续搅拌1.5~2h后，吸取少量颗粒进行观察，如颗粒变硬发脆，可结束反应。产品用布氏漏斗减压抽滤，并用热水冲洗数次，收集产品，烘干(50℃)。

五、注意事项

(1)苯乙烯的乳液聚合的过程中，加入聚乙烯醇溶液反应时，搅拌要快并且均匀，使单体形成良好的珠状液滴，温度以25~30℃为宜。温度过高时，副产物多；温度过低时，产物发黏，不易过滤和洗涤。

(2)苯乙烯的乳液聚合时，80℃保温阶段是实验成败的关键阶段，此时聚合热逐渐放出，油滴开始变黏，易发生粘连，需密切注意温度和转速的变化。

(3)苯乙烯的乳液聚合时，如果聚合过程中发生停电或聚合物粘在搅拌棒上等异常现象，应及时降温终止反应并倾出反应物，以免造成仪器报废。

(4)苯乙烯的阴离子聚合时要注意排出试管中的空气以免影响反应的进行，还要注意接通氮气保护系统。

思考题

1. 本实验可否用本体聚合？本体聚合有哪些缺点？
2. 乳液聚合和悬浮聚合时，加入聚乙烯醇的作用是什么？
3. 悬浮聚合时影响分子量及分子量分布的主要因素是什么？
4. 阴离子聚合要注意哪些问题才能保证实验成功完成？

参考文献

[1]熊万明，聂旭亮．有机化学实验[M]．北京：北京理工大学出版社，2020.
[2]王兴涌．应用化学专业实验[M]．北京：中国矿业大学出版社，2009.

实验 36　昆虫信息素 2-庚酮的合成及表征

一、实验目的

(1)了解乙酰乙酸乙酯合成法在有机合成中的应用。
(2)了解乙酰乙酸乙酯的纯化方法和掌握减压蒸馏操作。
(3)学习利用无水乙醇制备绝对乙醇的方法。
(4)了解 2-庚酮的合成原理和方法。
(5)进一步学习亲核取代反应和乙酰乙酸乙酯的酮式分解条件。

二、实验背景和原理

2-庚酮，又名甲基戊基酮，是一种有机化合物，化学式为 $C_7H_{14}O$，为无色透明液体，有类似梨的水果香味，不溶于水，可混溶于多数有机溶剂，主要用作硝化纤维的溶剂和涂料、惰性反应介质，也用作香料原料。2-庚酮发现于成年工蜂的颈腺中，是一种警戒信息素，也是臭蚁属蚁亚科小动物的警戒信息素。2-庚酮易溶于石蜡油中，将 2-庚酮溶于石蜡油，涂在软木塞上，然后将软木塞放在蜂箱入口处，就会使蜜蜂激动地冲到软木塞上来；而用纯石蜡油涂过的软木塞，蜜蜂却无动于衷。2-庚酮也微量存在于丁香油、肉桂油、椰子油中，具有强烈的水果香气，因此可用于香精。

乙酰乙酸乙酯是一种多官能团的化合物，它的亚甲基上的氢的 pH 为 10. 7。在醇钠存在下，可被其他基团取代。另外，乙酰乙酸乙酯在稀碱作用下，能进行酮式分解。所以，乙酰乙酸乙酯成为有机合成中的重要试剂。本实验就利用乙酰乙酸乙酯的这个性质制备 2-庚酮，其反应方程式为

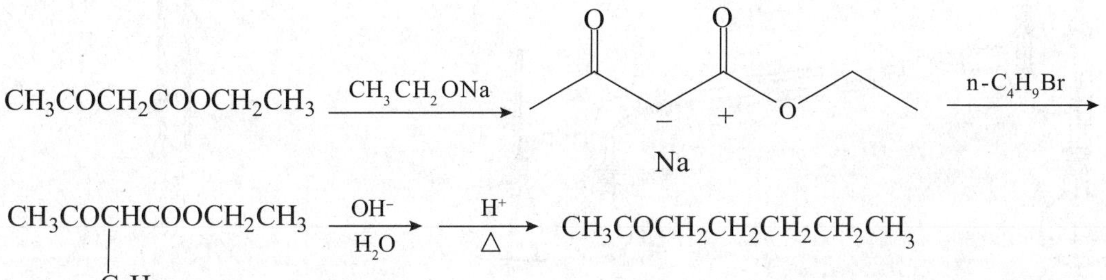

三、仪器与试剂

主要仪器：三颈烧瓶、圆底烧瓶、冷凝管、干燥管、水循环真空泵、三叉燕尾管、克氏蒸馏头、恒压滴液漏斗、磁力加热搅拌器、抽滤瓶、布氏漏斗等。

主要试剂：乙酰乙酸乙酯(A. R)、正溴丁烷(A. R)、无水乙醇(A. R)、金属钠(A. R)、金属镁(A. R)、二氯甲烷(A. R)、无水硫酸镁(A. R)、5%氢氧化钠、50%硫酸、1%盐酸、无水氯化钙(A. R)、碘化钾(A. R)等。

四、实验参数

实验参数如表 36-1 所示。

表 36-1　　实验参数

试剂名称	分子量	熔点/℃	沸点/℃	密度/g/cm³	水溶性
乙酰乙酸乙酯	130. 1	−39(酮式) −44(烯醇式)	180. 8	1. 0282	微溶于水
乙醇	46. 1	−114. 1	78. 3	0. 7893	混溶于水
2-正丁基乙酰乙酸乙酯	186. 2		221. 5	0. 957	不溶于水
2-庚酮	114. 2	−35	149	0. 82	不溶于水

五、实验装置

实验装置如图 36-1～图 36-4 所示。

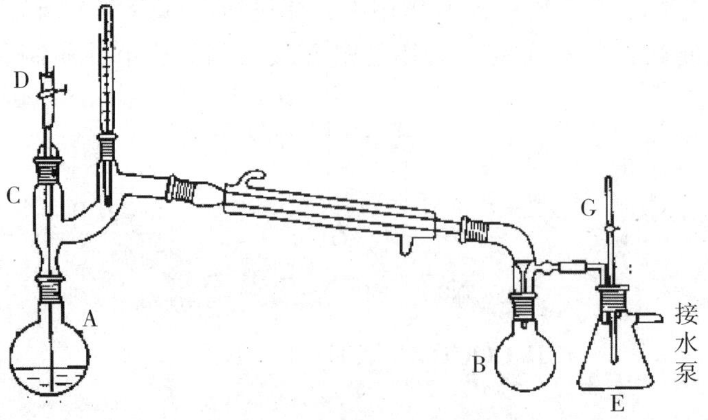

图 36-1　减压蒸馏装置

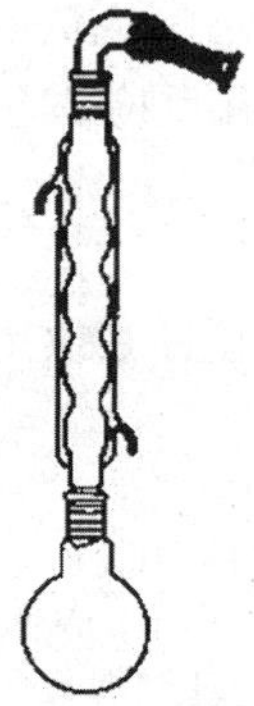

图 36-2　带干燥管的回流装置

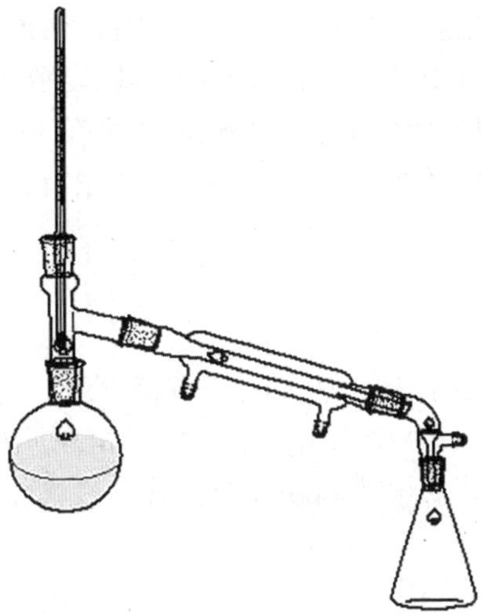

图 36-3　蒸馏装置

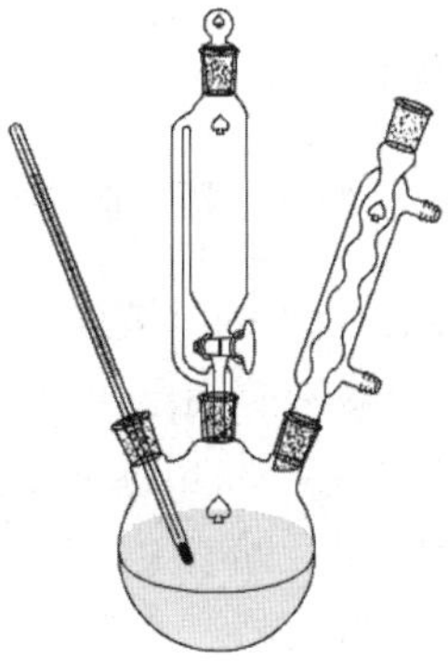

图 36-4　反应装置

六、实验步骤

1. 乙酰乙酸乙酯的纯化

量取 40mL 粗制的乙酰乙酸乙酯置于分液漏斗中，加入 5mL 饱和的碳酸氢钠溶液洗涤，分去水相。再用 7mL 水洗涤有机相，分去水层。在干燥的带塞子的锥形瓶中加入无水硫酸镁干燥。干燥剂干燥后将液体移入 50mL 圆底烧瓶中，按照图 36-1 装好装置，利用减压蒸馏装置进行减压蒸馏。

乙酰乙酸乙酯沸点-压力关系见表 36-2：

表 36-2　**乙酰乙酸乙酯沸点-压力关系**

压力/mmHg	760	80	60	40	30	20	18	14	12
沸点/℃	181	100	97	92	88	82	78	74	71

在压力稳定后，按相应的沸点收集 4℃ 范围的馏分，量取体积。

2. 绝对乙醇的制备

在丙二酸酯、乙酰乙酸乙酯及钠和乙醇的还原反应等中，使用绝对乙醇比使用无水乙醇的产率大。绝对乙醇通常使用无水乙醇和金属镁或钠反应制备。

取干燥的 250mL 圆底烧瓶，向圆底烧瓶中放入 0.5g 镁粉和约 0.1g 碘及 2～3 粒干燥沸石，按照图 36-2 在圆底烧瓶上部装一个顶端接有氯化钙干燥管的回流冷凝管。然后在 15℃ 水浴条件下向圆底烧瓶中加入 10mL 无水乙醇。将反应瓶温热至大量气泡产生，碘颜色逐渐消失为止。若温热后还不见有大量气泡产生或气泡很少，则必须再加入少量碘(约0.05g)。反应开始后，继续在80℃左右水浴中加热回流至镁全部转变成乙醇镁。然后再向圆底烧瓶中加入90mL左右无水乙醇。继续在80℃左右水浴中回流30min。待冷却后，按照图36-3改装成蒸馏装置蒸出乙醇。此时乙醇的纯度为99.95%左右，因它极易吸湿，必须妥为保存。

3. 2-正丁基乙酰乙酸乙酯的制备

按照图36-4在干燥的预先加入了一颗搅拌子的100mL三颈烧瓶上，装一回流冷凝管和恒压滴液漏斗。将装置置于磁力搅拌器中，并冷水浴保温。由装恒压滴液漏斗的位置迅速加入0.7g左右切成小块的金属钠，迅速装回恒压滴液漏斗，并由冷凝管顶部加入20mL绝对乙醇，反应立即开始。

开始时反应较为剧烈，在冷水浴冷却下可很快缓和下来。为了防止潮气进入反应瓶，可在冷凝管上方连上一装有无水氯化钙的干燥管。

待反应平稳后，启动磁力搅拌。金属钠作用完毕后，加入0.2g碘化钾粉末，搅拌并水浴加热使之溶解。然后在搅拌和水浴加热的条件下由恒压滴液漏斗慢慢加入约3.8mL纯化过的乙酰乙酸乙酯，加完后在80℃左右水浴下继续回流10min左右。然后通过恒压滴液漏斗再加入3.8mL正溴丁烷，控制好滴加速度以免出现爆沸，滴加一般需要15min左右。待正溴丁烷加完后继续搅拌回流3~4h，至反应完。反应液呈橘红色，并有白色沉淀析出。待反应液冷却后，抽滤除去固体溴化钠，并用5mL乙醇洗涤滤饼溴化钠2次。将滤液转移到50mL圆底烧瓶中蒸馏蒸去过量乙醇。然后向所得粗产物中加入3.4mL 1%盐酸洗涤，分去水层，有机层用约4mL水洗涤。然后用无水硫酸镁干燥，干燥后减压蒸馏收集馏分，得到正丁基乙酰乙酸乙酯。正丁基乙酰乙酸乙酯的沸点与压力的关系为：107~112℃(13mmHg)，105℃(8mmHg)，112~115℃(16mmHg)，221℃(760mmHg)。

4. 甲基正戊基酮即2-庚酮的制备

在50mL圆底烧瓶中加入30mL 5%氢氧化钠溶液，和3.6g正丁基乙酰乙酸乙酯，装上冷凝管，在室温下搅拌，直至大部分油层消失只剩少量油滴为止，约需3~4h。然后，在搅拌下用恒压滴液漏斗慢慢加入3mL 50%硫酸，此时有大量二氧化碳气体溢出。将装置改成蒸馏装置，蒸至无油状物蒸出，一般会收集到20mL左右的馏出液。馏出液中含乙醇和少量乙酸、己酸等，向馏出液中加入少量粒状氢氧化钠至红色石蕊试纸刚呈碱性(一般一次加入一粒氢氧化钠)，转入分液漏斗中分出油层。水层每次用6mL二氯甲烷分两次萃取，萃取液在水浴上蒸去二氯甲烷，与有机层合并。用4mL饱和氯化钙溶液再洗涤有机相一次。将有机层在干燥的锥形瓶中用无水硫酸镁干燥。将干燥后的有机层转入蒸馏装置蒸馏，收集149~153℃的产品，产品为无色透明溶液。

5. 2-庚酮的表征

利用傅里叶红外光谱仪扫描其红外光谱，并与标准图谱进行对照。

七、注意事项

(1)有时使用无水乙醇制备2-庚酮也是可以的，但使用绝对乙醇时产率会高很多。

(2)制备的绝对乙醇极易吸潮，必须妥善保存。

(3)由于乙醇等易燃烧，因此实验进行时应远离明火。

(4)金属钠要在老师协助下取用，称量或切片过程中要迅速，以免空气中水汽侵蚀或被氧化。

(5)制备绝对乙醇的反应装置必须事先洗净烘干，干燥管里的干燥剂装填要合适。

(6)金属钠作用完后加入碘化钾可加速反应进行。

(7)在制备甲基正戊基酮时，50%的硫酸的滴加速度不能太快，以免产生大量二氧化碳气体，使反应瓶中液体冲出。

(8)在制备甲基正戊基酮时，向蒸馏出的有机物中加入氢氧化钠溶液是为了与反应中生成的无机盐分离。

思考题

1. 为什么乙酰乙酸乙酯的α-氢具有酸性？

2. 合成中可能有哪些副反应？

3. 在制备正丁基乙酰乙酸乙酯时金属钠、无水乙醇、卤代烷等试剂的量多加或少加，对产品有何影响？

4. 乙酰乙酸乙酯是否能与卤代苯发生烃基取代反应？为什么？

参考文献

[1]夏忠英. 有机化学实验[M]. 北京：中国医药出版社，1996.
[2]张欣，易华. 有机化学实验[M]. 北京：高等教育出版社，2005.
[3]张敏. 有机化学实验[M]. 上海：上海大学出版社，2012.

实验 37　洗衣粉中表面活性剂的分析

一、实验目的

(1)学习用液-固萃取法从固体试样中分离表面活性剂。
(2)学习表面活性剂的离子型鉴定方法。
(3)学习用红外光谱法和核磁共振法测定表面活性剂的结构。

二、实验背景和原理

1. 洗衣粉的来历和分类

洗衣粉是指粉状(粒状)的合成洗涤剂，是用于洗衣服的化学制剂。

除了用于洗衣服外，洗衣粉还有几种用途：

(1)洗衣粉可用作除湿剂。洗衣粉容易吸收湿气并结块，因此可以作为除湿剂使用。

(2)洗衣粉可用于果树虫害防治，也可用于盆栽灭虫。洗衣粉中的烷基苯磺酸钠可以通过害虫吸入体内使其中毒死亡。洗衣粉与其他化学物质混合使用时，可以提高杀虫效果并延缓害虫产生抗药性。此外，洗衣粉与尿素混合使用，可以在根外追肥时防治害虫。

(3)洗衣粉可用于清洁地板。可以将洗衣粉与清水按一定比例混合，用于清洗木质地板，不仅清洁效果好，还能防止地板生虫。

(4)洗衣粉可用于家庭清洁。洗衣粉可以用来清洁厨房墙面和其他难以用洗洁精清洁到的地方，因为它具有一定的滑腻感。

(5)洗衣粉还可用于驱虫。在温水中加入洗衣粉搅拌后，用干净的抹布擦拭家中的不易打扫之处，可以起到驱赶昆虫的效果。

(6)洗衣粉还具有药用效果。被无毒虫子蜇到后，可用洗衣粉水涂抹患处，因为洗衣粉呈碱性，有助于缓解酸痒症状。

(7)洗衣粉还可用作润滑剂。在安装家用设备时，可以使用洗衣粉水作为润滑剂，使得操作更为便捷。

(8)洗衣粉还可用于马桶除臭。将洗衣粉和白醋混合后倒入马桶水箱，多次冲洗，能有效去除马桶内的异味。

洗衣粉以表面活性剂为主要成分，并配有适量不同作用的助洗剂。洗衣粉的主要成分是阴离子表面活性剂烷基苯磺酸钠，少量非离子表面活性剂，再加一些助剂，磷酸盐、硅酸盐、元明粉、荧光剂、酶等。因此分析洗衣粉中的表面活性剂显得非常必要。

2. 样品预处理

由于洗衣粉除了以表面活性剂为主要成分外，还添加了三聚磷酸钠、纯碱、羧甲基纤维素等无机和有机助剂来增强去污能力，防止织物的再污染等。因此，分析洗衣粉里的表面活性剂前需要将表面活性剂与洗衣粉中的其他成分分离开来，通常采用的方法是液-固萃取法，可用索氏提取器连续萃取，也可用回流法萃取。萃取剂可视具体情况选用 95%的乙醇、95%的异丙醇、丙酮、氯仿或石油醚等。

3. 表面活性剂的离子型鉴定

表面活性剂的品种繁多，但按其在水中的离子形态可分为离子型表面活性剂和非离子型表面活性剂两大类。离子型表面活性剂又可以分为阴离子型、阳离子型和两性型 3 种离子型表面活性剂。鉴定表面活性剂的离子型有利于限定范围，便于对表面活性剂的分离、分析。

确定表面活性剂的离子型的方法很多，最常用的是酸性亚甲基蓝实验。染料亚甲基蓝溶于水而不溶于氯仿，它能与阴离子表面活性剂反应形成可溶于氯仿的蓝色络合物，从而使蓝色从水相转移到氯仿相。本法可以鉴定除皂类之外的其他广谱阴离子表面活性剂。非离子型表面活性剂不能使蓝色转移，但会使水相发生乳化。阳离子表面活性剂虽然也不能使蓝色从水相转移到氯仿相，但利用阴、阳离子表面活性剂的相互作用，可以用间接法鉴定。

4. 波谱分析法鉴定表面活性剂的结构

红外光谱、紫外光谱、核磁共振谱和质谱是分析有机化合物结构的主要工具。在表面活性剂的鉴定中，红外光谱的作用尤为重要。这是因为表面活性剂中的主要官能团均在红外光谱中产生特征吸收，据此可以确定其类型，借助于红外标准谱图可以进一步确定其结构。表面活性剂的疏水基团通常有一个长链烷基，该烷基的碳数不是固定的，而是一系列同系物。该烷基的碳数多少和分布的状况影响表面活性剂的性能。用红外光谱很难获得这方面的信息，而核磁共振谱测定比较有效。因为核磁共振氢谱中积分曲线高度比代表了分子中不同类型的氢原子数目之比，所以可用来测定表面活性剂疏水基团中碳链的平均长度。

三、仪器与试剂

主要仪器：红外分光光度计、核磁共振谱仪、圆底烧瓶、温度计、冷凝管、蒸馏头、真空接液管、带塞小试管、磁力加热搅拌器、沸石、水浴锅、研钵、天平等。

主要试剂：95%乙醇、无水乙醇(A. R)、四氯化碳(AR)、四甲基硅烷(AR)、亚甲基蓝试剂、氯仿、阴、阳离子和非离子表面活性剂对照液等。

四、实验参数

实验参数如表 37-1 所示。

表 37-1　　　　　　　　　　　　　　　　**实验参数**

药品名称	分子量	熔点/℃	沸点/℃	密度/(g/cm^3)	水溶性
乙醇	46.1	−114.1	78.3	0.7893	混溶于水
四氯化碳	153.8	−23	76~77	1.594	溶于水
四甲基硅烷	88.2	−99	26~28	0.648	不溶于水
氯仿	119.4	−63.5	61.2	1.48	不溶于水

五、实验装置

实验装置如图 37-1 和图 37-2 所示。

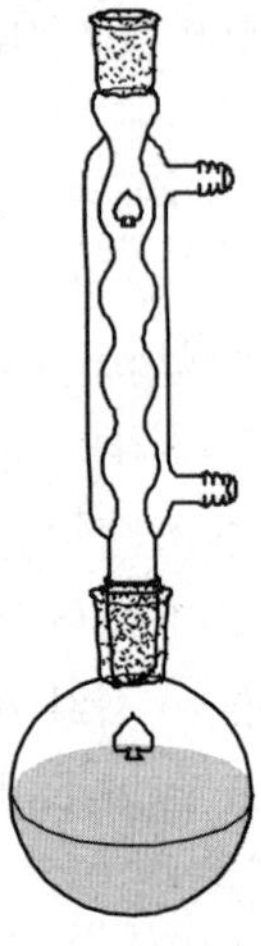

图 37-1　回流装置

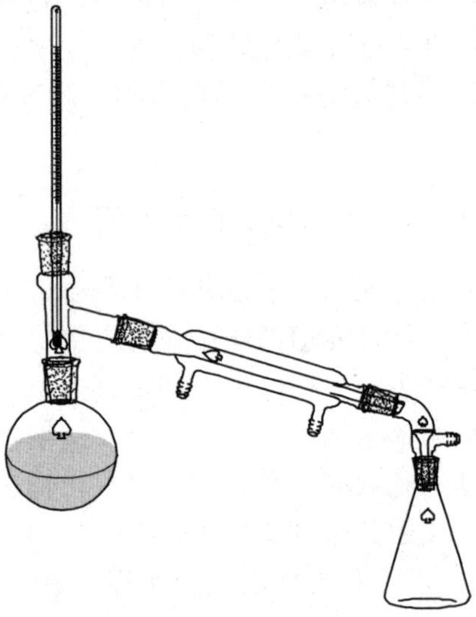

图 37-2　蒸馏装置

六、实验步骤

1. 表面活性剂的分离

1) 提取洗衣粉中的表面活性剂

取一定量的洗衣粉试样，置于研钵中研细。待研细后，称取 2g 洗衣粉放入 100mL 圆底烧瓶中，然后再加入 30mL 乙醇及一颗搅拌子。按照图 37-1 在磁力加热搅拌器中装好回流装置，用水浴加热，并搅拌，保持乙醇回流 15min，然后冷却。在冷却后取下圆底烧瓶，静置几分钟，待上层液体澄清后，将上层清液转移到另一 100mL 圆底烧瓶中(小心倾倒或用滴管吸出)。

重新向装有洗衣粉的 100mL 圆底烧瓶中加入 20mL 95%的乙醇，重复上述回流和分离操作，合并两次提取液。

此步表面活性剂的提取也可采用索氏提取的方法，使用的溶剂乙醇的量更少。

2)浓缩并获得表面活性剂

向装有提取液的 100mL 圆底烧瓶中加入 2~3 粒沸石，按照图 37-2 装好蒸馏装置，用水浴加热，将提取液中的乙醇蒸出，直至圆底烧瓶中残余 2mL 左右为止。

将圆底烧瓶中的蒸馏残余物(若圆底烧瓶壁上沾有较多的表面活性剂不能倒出，可加入少许乙醇冲洗圆底烧瓶的器壁)转移到干燥并已称重的蒸发皿中，利用水蒸气烘去乙醇，称量并计算表面活性剂的含量。

计算公式如下：

$$\text{洗衣粉中表面活性剂的含量} = (w_1 - w_2)/m \times 100\%$$

式中：m 为称取的洗衣粉的质量，g；w_1 为装有表面活性剂的蒸发皿质量，g；w_2 为空蒸发皿的质量，g。

2. 表面活性剂的离子型鉴定

1)已知试样的鉴定

阴离子型表面活性剂的鉴定：取亚甲基蓝溶液和氯仿各约 1mL 加入一带塞子的试管中，剧烈振荡，然后静置分层，氯仿层无色。将浓度约为 1%的阴离子型表面活性剂试样逐滴加入其中，每加一滴剧烈振荡试管后静置分层，观察并记录现象，直至水相层无色，氯仿层呈深蓝色。

阳离子型表面活性剂的鉴定：在上述实验的试管中，逐滴加入浓度约为 1%的阳离子表面活性剂，每加一滴剧烈振荡试管后静置分层，观察并记录两相的颜色变化，直至氯仿层的蓝色重新全部转移到水相。

非离子型表面活性剂的鉴定：另取一带塞子的试管，依次加入亚甲基蓝溶液和氯仿各约 1mL，剧烈振荡，然后静置分层，氯仿层无色。将浓度约为 1%的非离子型表面活性剂试样逐滴加入其中，每加一滴剧烈振荡试管后静置分层，观察并记录两相颜色和状态的变化。

2)未知试样的鉴定

取少许从洗衣粉中提取的表面活性剂，溶于 2~3mL 蒸馏水中，按上述方法鉴定其离子类型。

取适量(约 10mg)洗衣粉溶于 5mL 蒸馏水中作为试样，重复上述操作，观察和记录现象。这样做的目的是考察洗衣粉中的其他助剂对此鉴定是否有干扰。

3. 表面活性剂的结构鉴定

1)红外光谱的测定

按照所用红外光谱仪的操作规程打开和调试好仪器。用液膜法制样，测定其红外光谱，在谱图上标出主要吸收峰的归属。

制样方法为：用几滴无水乙醇将小烧杯中的试样(提取物)溶解，将试样的浓溶液滴在打磨透明的溴化钾盐片上，置于红外灯下或干净烘箱中低温烘干除去乙醇。

2)核磁共振氢谱的测定

按照所使用的核磁共振仪的操作规程调试好仪器，并测定^{1}H-NMR 谱。

配制样品的方法为：在烘去溶剂的试样(提取物)中加入约 1mL 四氯化碳，搅拌使其充分溶解。小心将溶液转移到核磁样品管(直径为 5mm)中，溶液高度约为 30mm，然后滴加 2~3 滴四甲基硅烷的四氯化碳溶液，盖好盖子，振荡，使其混合均匀。

3)谱图解析

查阅红外标准谱图，判别红外吸收峰的归属；通过核磁共振谱确认结构信息。

七、注意事项

(1)分离洗衣粉中的表面活性剂和其他助剂时除了本实验的方法外，还可采用索氏提取的方法。

(2)水浴蒸馏浓缩表面活性剂提取液时不能蒸得太干，否则溶液太黏稠，表面活性剂难以转移出来。

(3)蒸馏浓缩表面活性剂提取液时不能使用明火，回收的乙醇要妥善回收。

(4)鉴定表面活性剂时，加入试样后需剧烈振荡后再静置观察。

(5)进行红外光谱分析制样时使用的乙醇须是无水乙醇，否则水分会对溴化钾盐片带来破坏，影响制样。

(6)制作核磁共振氢谱时，使用四甲基硅烷作基准物质，其中的甲基上氢的化学位移(氢谱)定为 0ppm。

思考题

1. 为什么用回流法进行液-固萃取时，烧瓶内可不加沸石？蒸馏时是否也可以不加沸石？
2. 本实验是否可用索氏提取器提取洗衣粉中的表面活性剂？试将回流法与其作比较。
3. 本实验中，红外光谱制样时为什么要用无水乙醇作溶剂？用 95%的乙醇是否可以？
4. 在核磁共振氢谱的测定中，加四甲基硅烷的作用是什么？

参考文献

李连庆. 仪器分析创新实验[M]. 北京：北京理工大学出版社，2019.

实验 38　阳离子交换树脂的制备及性能测定

一、实验目的

(1)学习离子交换树脂及阳离子交换树脂的性质和用途。
(2)掌握聚苯乙烯交联微球的制备原理和方法。
(3)掌握通过磺化反应制备阳离子交换树脂的原理和方法。
(4)掌握阳离子交换树脂交换当量的测定方法。

二、实验背景和原理

1. 阳离子交换树脂的性质和用途

离子交换树脂，是带有官能团(有交换离子的活性基团)、具有网状结构的不溶性的高分子化合物，通常是球形颗粒物。离子交换树脂通常分为阴离子交换树脂和阳离子交换树脂两类。阳离子交换树脂又分为强酸性阳离子交换树脂和弱酸性阳离子交换树脂两类。

强酸性阳离子交换树脂含有大量的强酸性基团，如磺酸基—SO_3H，容易在溶液中离解出 H^+，故呈强酸性。强酸性阳离子交换树脂离解后，本体所含的负电基团，如 SO_3^{2-}，能吸附结合溶液中的其他阳离子。这两个反应使树脂中的 H^+与溶液中的阳离子互相交换。强酸性阳离子交换树脂的离解能力很强，在酸性或碱性溶液中均能离解和产生离子交换作用。强酸性阳离子交换树脂在使用一段时间后，要进行再生处理，即用化学药品使离子交换反应向相反方向进行，使树脂的官能基团恢复原来状态，以供再次使用。比如，上述的阳离子交换树脂是用强酸进行再生处理，此时树脂放出被吸附的阳离子，再与 H^+结合而恢复原来的组成。

弱酸性阳离子交换树脂含弱酸性基团，如羧基—COOH，能在水中离解出 H^+而呈酸性。树脂离解后余下的负电基团，如 R—COO—(R 为碳氢基团)，能与溶液中的其他阳离子吸附结合，从而产生阳离子交换作用。这种树脂的酸性即离解性较弱，在低 pH 下难以离解和进行离子交换，只能在碱性、中性或微酸性溶液中(如 pH = 5 ~ 14)起作用。这类树脂亦是用酸进行再生(比强酸性树脂较易再生)。

阳离子交换树脂可用于水处理，也可用于制造精糖和高级食用糖浆的提纯，还可在合成化学和石油化学工业中催化反应进行及制药等。

2. 阳离子交换树脂的合成方法

苯乙烯系交换树脂是一种重要的阳离子交换树脂，可由苯乙烯和二乙烯基苯在引发剂作用下经悬浮聚合得到珠状聚合物，再经高分子化合物反应连接上功能基团制备，比如硫酸磺化。

本实验采用悬浮聚合制备聚苯乙烯珠状聚合物，进一步通过磺化反应制成聚苯乙烯阳离子交换树脂。在悬浮聚合中，当转化率为25%左右时，珠粒由于部分聚合物黏度增大，并且被单体溶胀，这时珠粒有较大的黏结合并倾向，再加上自加速作用的出现，也使珠粒黏度增加很快，出现危险期。为了使悬浮聚合过程安全地度过危险期而得到高质量的产品，需要注意搅拌速度要合适(不能太快，也不能太慢)，分散剂种类及用量要合适，还要注意控制合适的水油比(本实验中聚乙烯醇和水组成水相，苯乙烯、二乙烯基苯及过氧化苯甲酰组成油相)。

三、仪器与试剂

主要仪器：三颈烧瓶、回流冷凝管、机械搅拌器、温度计、布氏漏斗、抽滤瓶、恒温水浴锅、烘箱等。

主要试剂：苯乙烯(A. R)、二乙烯基苯(A. R)、过氧化二苯甲酰(A. R)、二氯乙烷(A. R)、丙酮(A. R)、浓硫酸(A. R)、十二烷(A. R)、1mol/L 的氯化钠溶液、0. 1mol/L 的氢氧化钠标准溶液、70%硫酸、酚酞指示剂等。

四、实验装置

实验装置如图 38-1 所示。

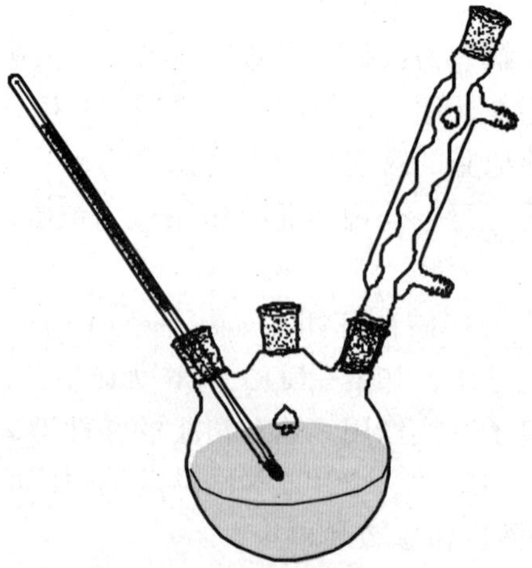

图 38-1　反应装置

五、实验步骤

1. 悬浮聚合合成聚苯乙烯交联小球

按照图 38-1 装上装置，并通过三颈烧瓶中间的小口安装机械搅拌器。向三颈烧瓶中依次加入 0.5g 聚乙烯醇(或 5mL 10%聚乙烯醇水溶液)、120mL 水，在搅拌下升温至 45℃ 使其完全溶解。同时在另一锥形瓶中加入 20g 苯乙烯、3.5g 二乙烯基苯和 0.25g 过氧化苯甲酰，配制引发剂-单体混合液。当三颈烧瓶中的聚乙烯醇溶解完后，冷却至 30~40℃，加入配制好的引发剂-单体混合液和 10g 十二烷(作为致孔剂)，控制搅拌速度(约 200 转/min)使单体分散成一定大小的液珠。迅速升温至 80~85℃之间，在搅拌下保温反应 2h。当观察到珠子开始下沉，升温至 95℃，继续反应 1.5~2h，使珠子进一步硬化。停止反应，将反应物倒入烧杯中静置，倾去上层溶液。用 80~85℃热水洗涤几次，再用冷水洗涤几次至水无色。用布氏漏斗抽滤得到白色的微球，将小球置于表面皿中，在 60℃烘箱中干燥 1h，最后称量产物重量，计算收率。

2. 聚苯乙烯交联小球的磺化

按照图 38-1 装上装置，并通过三颈烧瓶中间的小口安装机械搅拌器。在三颈烧瓶中加入 15g 上述聚苯乙烯微粒、60mL 二氯乙烷，在缓慢搅拌下在 60℃使微粒充分溶胀 0.5h。然后升温至 70℃，逐滴加入浓硫酸 100mL，需要 30~40min。浓硫酸加入完毕后，升温至 80℃继续搅拌反应 2~3h。然后用布氏漏斗过滤出磺化产物，将磺化产物倒入 500mL 烧杯中，用冷水浴冷却，然后加入 30mL70%硫酸，在搅拌下慢慢加入 300mL 水进行稀释，要控制温度不超过 35℃。放置 0.5h 使珠子内部酸度达到平衡。过滤，将小球置于烧杯中，加入 30mL 丙酮洗涤两次以除去二氯乙烷，最后用水洗涤到滤液为中性，干燥，称重。

3. 含水量测定

离子交换树脂的含水量是指每单位重量的干树脂变为潮湿树脂时增加的重量。因此，测定含水量时，将湿树脂抽滤至表面无剩余水汽，在玻璃片上能自由滚动。称取抽干的树脂重为 W_1(g)，放入 105℃烘箱中烘 3h，取出后放入干燥器中冷却至室温，称重为 W_2(g)，按下式计算湿树脂的含水量：

$$含水量=(W_1-W_2)/W_2\times100\%$$

4. 交换当量的测定

离子交换树脂的交换当量是指单位重量的 H 型干燥树脂所含有的可交换的基团数。具体步骤为：称 3 份 0.5g 左右的湿树脂(准确到 1mg)，各放入 250mL 锥形瓶中；各加入 1mol/L 的氯化钠溶液 50mL 浸泡 2h，并用玻璃棒搅拌数次，树脂转换成 Na 型，交换下的氢离子以 HCl 形式存在于溶液中；各加酚酞指示剂 3 滴，用 0.1mol/L 的氢氧化钠标准溶液滴定至微红色，记下消耗氢氧化钠标准溶液的体积，按下式计算交换当量：

$$交换当量=N\times V/W(1-含水量\%)\ (mmol/g\ 树脂)$$

式中：N 为氢氧化钠标准溶液的浓度，mol/L；V 为滴定消耗氢氧化钠标准溶液的体积，mL；W 为湿树脂的质量，g。

六、注意事项

(1)搅拌速度不是越快越好，速度太慢，粒子会黏结成块；速度太快，聚合物颗粒太细。制备的离子交换树脂微球要求树脂直径在0.15~0.3mm。在制备聚苯乙烯小球的过程中，当温度升高到80~85℃反应时，应避免改变搅拌速度或停止搅拌，以防止小球不均匀或发生黏结。

(2)要选择合适的分散剂，分散剂的界面张力要足够大，分散剂用量也要足够，以免在悬浮聚合危险期时黏结成块。

(3)水的用量与单体量之比称作水油比。当水油比大时，反应传热效果好，聚合物粒度较均一，聚合物分子量分布集中，聚合便于控制；当水油比小时，不利于传热，聚合控制较难。工业生产中的悬浮聚合水油比为(1~2.5)：1，实验室中的悬浮聚合水油比可大些，可达7：1。

(4)对聚苯乙烯交联小球进行磺化时，浓硫酸的滴加速度要慢。

(5)测定树脂的含水量时，树脂要充分烘干。

(6)测定交换当量时，滴定操作要规范。

思考题

1. 什么是悬浮聚合的危险期？在配方确定的情况下，应该采取哪些措施来度过危险期？搅拌速度对产品粒径有何影响？

2. 在本实验中，磺化前为什么要用二氯乙烷浸泡聚苯乙烯小球？

3. 磺化后的树脂为什么先用70%稀硫酸处理，再用蒸馏水稀释？

4. 悬浮聚合的优缺点分别是什么？

5. 苯乙烯和二乙烯苯悬浮聚合制备的离子交换树脂交换当量是多少？与理论值(4.5~4.7)相比，偏低或偏高的原因各是什么？

参考文献

[1]杨昌跃，李晓瑜．高分子材料制备工程实验[M]．成都：四川大学出版社，2020.

[2]罗春华，董秋静，张宏．材料制备与性能测试实验[M]．北京：机械工业出版社，2019.

[3]何卫东．高分子化学实验[M]．合肥：中国科学技术大学出版社，2003.

实验 39 一种吡唑啉蓝色发光材料的合成及荧光光谱分析

一、实验目的

(1)熟悉搅拌、回流、蒸馏以及重结晶等基本实验操作单元。

(2)学习薄层色谱检测化学反应进程的方法，了解有机化合物的结构表征手段与方法。

(3)学习溶解性的测定方法及荧光光谱的制作和分析方法。

二、实验背景和原理

1. 荧光材料的性质和用途

荧光材料分为无机荧光材料和有机荧光材料。无机荧光材料的代表为稀土离子发光(荧光)材料，其优点是吸收能力强，转换率高。稀土配合物中心离子的窄带发射有利于全色显示，且物理化学性质稳定。有机荧光材料包括有机小分子发光材料和有机高分子光学材料。有机小分子发光材料种类繁多，它们多带有共轭杂环及各种生色基团，结构易于调整，通过引入烯键、苯环等不饱和基团及各种生色基团来改变其共轭长度，从而使化合物光电性质发生变化。有机高分子光学材料是为克服小分子发光材料在固态下易发生荧光猝灭现象而产生的，主要是将小分子发光基团引入聚合物链段中制成。按照小分子发光基团在高分子链段中的位置分为侧链型、全共轭主链型、部分共轭链型。

荧光材料除了用作染料外，还在有机颜料、光学增白剂、光氧化剂、涂料、化学及生化分析、太阳能捕集器、防伪标记、药物示踪及激光等领域得到了更广泛的应用，可用于制作荧光增白剂、荧光试剂、荧光染料(颜料)、激光染料及用于物质分析、跟踪检测、高速公路交通标志、闪烁体等。

2. 吡唑啉蓝色发光材料的性质和制备方法

吡唑啉类化合物因具有良好的荧光性能而广泛地被应用于荧光材料，是一类性能优良的蓝色荧光材料的母体化合物，具有荧光量子效率高、发光波长窄、色纯度好等特点，因而常被用于纺织纤维、塑料、纸张的漂白以及有机电致发光器件中的发光材料等。吡唑啉环上的 —N—C═C—C 结构是一个 p-π 共轭体系，1，3，5-三芳基吡唑啉分子内具有扭曲的电荷转移体系，受到激发时可形成电子给予体-接受体的推拉结构，使得其能够成为一类性能优良的发光材料。本实验以吡唑啉为母体结构设计并合成了一种荧光化合物。

由于研究表明吡唑啉非对称取代有利于提高荧光性，在吡唑啉分子中至少要在 1，3 位上含有芳环才具有荧光性能，并且电子沿 1-3 方向流动强弱对其荧光性能产生影响；不同 R 基团可能导致形成分子间或分子内氢键，对其荧光强弱等也会产生影响。因此为了使化合物具有荧光性能，在 1，3 位上引入苯基；为促进电子沿 1-3 方向流动，在 5 位引入富电子的取代基；3 位上苯环对位的基团的吸电子效应强弱对吡唑啉结构内电子流动趋势也会产生影响。该化合物具有优良液体和固体荧光性能，并可应用于蓝色发光材料。

本实验的吡唑啉蓝色荧光化合物的合成路线为

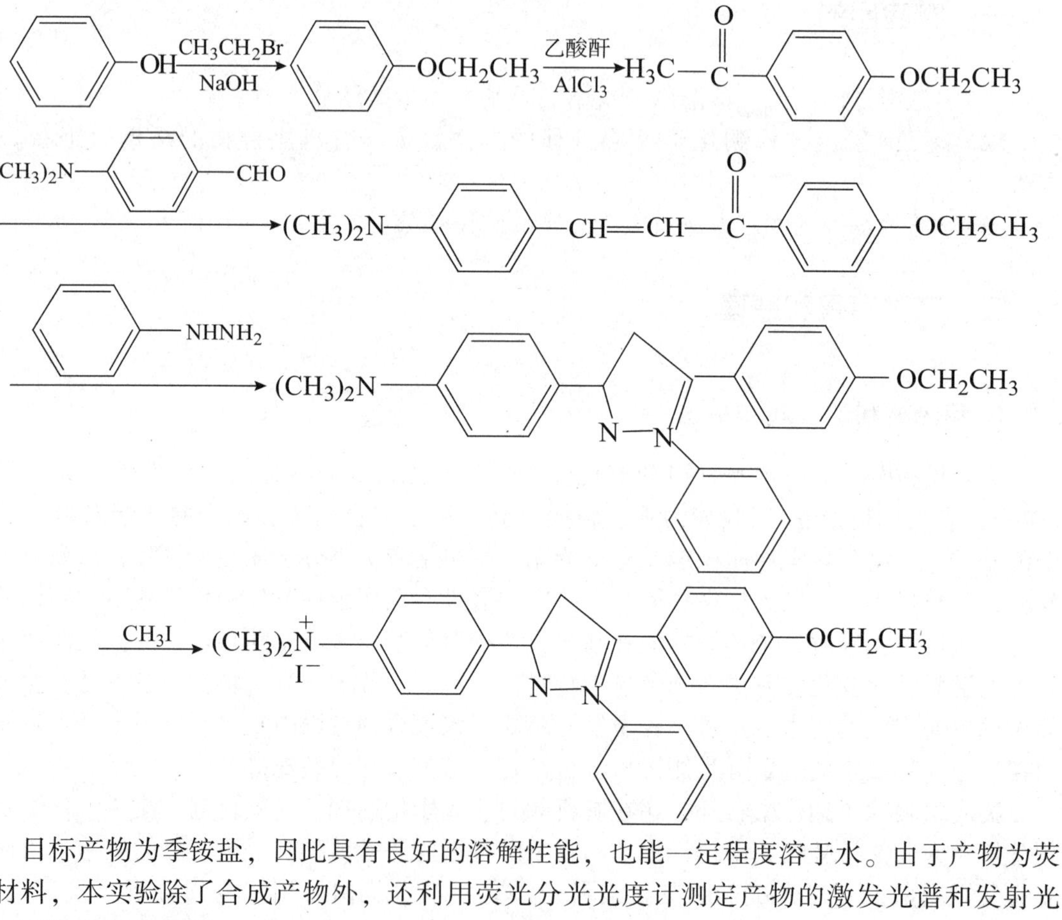

目标产物为季铵盐，因此具有良好的溶解性能，也能一定程度溶于水。由于产物为荧光材料，本实验除了合成产物外，还利用荧光分光光度计测定产物的激发光谱和发射光谱，研究其荧光性能。

三、仪器与试剂

主要仪器：红外光谱仪、荧光分光光度计、磁力加热搅拌器、红外干燥箱、水循环真空泵、真空干燥箱、三颈烧瓶、圆底烧瓶、冷凝管、恒压滴液漏斗、蒸馏装置、减压蒸馏装置、布氏漏斗、抽滤瓶等。

主要试剂：甲醇(A. R)、磷酸(A. R)、碘化钠(A. R)、浓硫酸(A. R)、苯酚(A. R)、氢氧化钠(A. R)、溴乙烷(A. R)、乙醚(A. R)、无水三氯化铝(A. R)、苯乙醚(A. R)、环己烷(A. R)、饱和氯化钠溶液、乙酸酐(A. R)、浓盐酸、5%氢氧化钠溶液、95%乙醇、无水硫酸镁(A. R)、无水氯化钙(A. R)、苯肼(A. R)、乙二醇单乙醚(A. R)、无水乙醇(A. R)、高纯氮气、氯仿(A. R)、四氯化碳(A. R)、乙酸乙酯(A. R)、3∶4 的乙醇-丙酮混合溶液等。

四、实验装置

实验装置如图 39-1～图 39-5 所示。

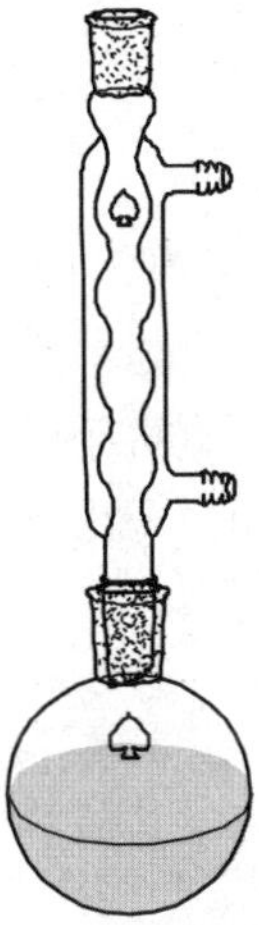

图 39-1　回流装置

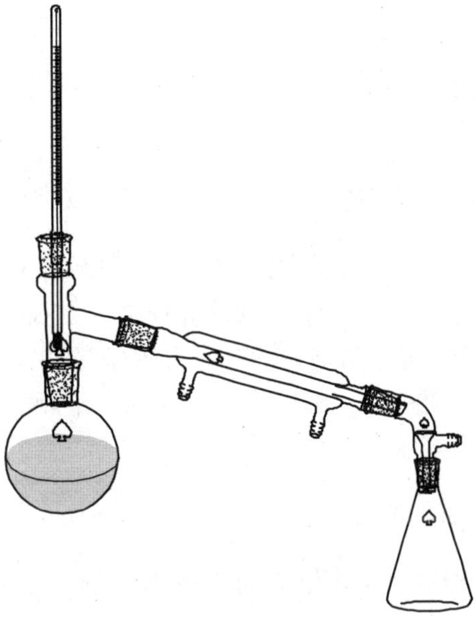

图 39-2　蒸馏装置

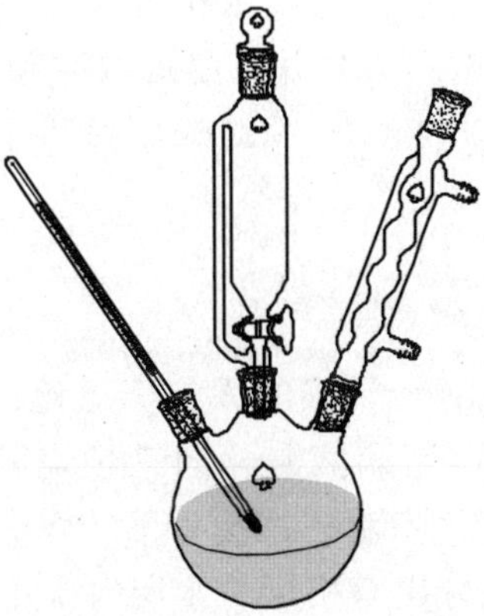

图 39-3　反应装置

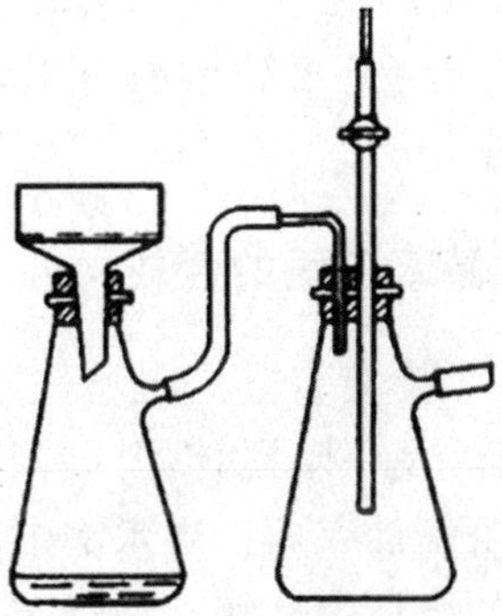

图 39-4　抽滤装置

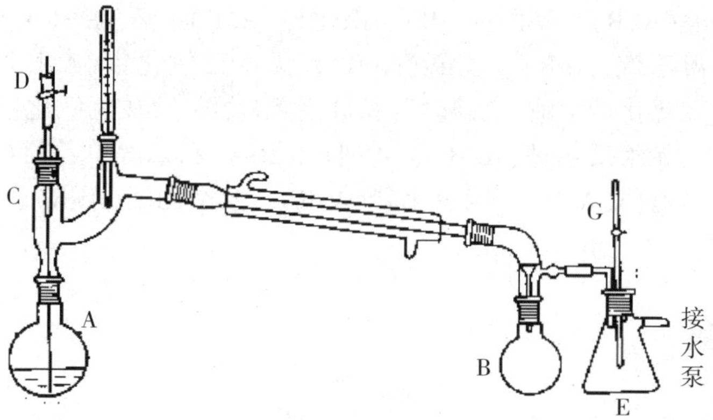

图 39-5　减压蒸馏装置

五、实验步骤

1. 碘甲烷的合成

向干燥的圆底烧瓶中加入 20. 2mL 甲醇、53. 5mL 磷酸和 120g 碘化钠及一颗搅拌子，按照图 39-1 装上装置。水浴加热并搅拌，在 35～45℃下回流 2h。冷却后按照图 39-2 将装置改装成蒸馏装置，在 50～60℃水浴中蒸馏出碘甲烷粗产品。分液漏斗中用 2. 5mL 浓硫酸洗涤碘甲烷粗产品，然后将粗产品转入干燥的锥形瓶中，加入无水硫酸钠干燥。然后装入干燥的圆底烧瓶中，再次蒸馏收集 41～42℃的馏分，即得纯品碘甲烷。

2. 苯乙醚的制备

按照图 39-3 装上装置，向 100mL 三颈烧瓶中加入 7. 5g 苯酚、5g 氢氧化钠固体、4mL 水及一颗搅拌子。在 N_2 保护下，75℃水浴上搅拌回流至固体全部溶解。在 80～90℃水浴中，从恒压滴液漏斗中滴加 8. 5mL 溴乙烷，滴完后保温回流 2h，冷却至室温。向三颈烧瓶中加入适量水使固体全部溶解，然后转入分液漏斗中。分出水相后，用等体积饱和氯化钠溶液洗涤有机相 2 次，再用 15mL 乙醚萃取水相 1 次，合并乙醚提取液和有机相，转入干燥的锥形瓶，用无水硫酸镁干燥。水浴蒸馏回收乙醚后，减压蒸馏收集 74～75℃(25mmHg)馏分。

3. 对乙氧基苯乙酮的合成

按照图 39-3 装上装置，向三颈瓶中加入 33. 64g 经研细的无水三氯化铝、16mL 苯乙醚、12mL 环己烷及一颗搅拌子。在搅拌下，利用恒压滴液漏斗向三颈烧瓶中滴加 12mL 乙酸酐。乙酸酐滴加完后，沸水浴中回流 4h，冷却至室温。在搅拌下转入盛有 50mL 浓盐酸和 50g 碎冰的烧杯中冰解，然后转入分液漏斗中分出有机层。水层每次用 10mL 环己烷萃取两次。合并有机层和萃取液，依次用等体积 5%的氢氧化钠水溶液和水洗涤。然后转入干燥的锥形瓶，用无水氯化钙干燥。然后水浴蒸馏回收环己烷后，减压蒸馏收集 114～116℃(40mmHg)产物，即对乙氧基苯乙酮，常温下为白色固体。

4. 1-对乙氧基苯基-3-对二甲氨基苯基丙烯酮的合成

向三颈烧瓶中加入 1.5g 对二甲氨基苯甲醛、8mL 95%乙醇和 4mL 水及一颗搅拌子，再加入 0.10g 氢氧化钠，按照图 39-3 装上装置。水浴加热至 80℃，搅拌下从恒压滴液漏斗中滴加 1.3g 对乙氧基苯乙酮和乙醇配成的溶液，滴完后继续保温回流 8h。冷却至室温，将混合物转入锥形瓶中，加入稀盐酸中和至中性，抽滤收集固体，并用 50%的乙醇溶液洗涤至洗液无色。用无水乙醇重结晶，干燥后得纯品橘黄色固体。

5. 1-苯基-3-对乙氧基苯基-5-对二甲氨基苯基吡唑啉的合成

按照图 39-3 装上装置，向 100mL 三颈烧瓶中加入 1.18g 1-对乙氧基苯基-3-对二甲氨基苯基丙烯酮、8mL 乙二醇单乙醚及一颗搅拌子。在 N_2 保护下，在搅拌下慢慢加入 0.65g 苯肼，在 115～116℃油浴下搅拌回流 6h。转入锥形瓶中，冷却至室温后，于冰箱中冷冻析出粉末状黄色沉淀，经过滤、乙醚洗涤、干燥后，再利用无水乙醇重结晶，得橘红色固体。

6. 碘化{对-[5-(1-苯基-3-对乙氧基苯基)吡唑啉基]苯基}三甲基季铵盐的合成

按照图 39-3 装上装置，向三颈烧瓶中加入 0.43g 1-苯基-3-对乙氧基苯基-5-对二甲氨基苯基吡唑啉和 4mL 甲醇及一颗搅拌子，待溶解后，在搅拌下从恒压滴液漏斗中滴加 4.5mL 碘甲烷，滴完后 75℃油浴下搅拌回流 8h。利用薄层色谱板法监测反应进程(展开剂为体积比 3∶4 的乙醇-丙酮混合溶液)。反应完后冷却至室温，蒸馏蒸去碘甲烷及甲醇，将残留物置于乙酸乙酯中重结晶。过滤，干燥得灰色粉末状固体。

7. 溶解性测试

在 25℃下，固定溶剂水的体积为 100mL，逐渐往溶剂中加入目标化合物直到出现少量溶质不溶为止，差量法粗略计算目标化合物的溶解度。

8. 荧光光谱

分别配制目标产物在水、乙醇、氯仿、四氯化碳中的溶液，及 1-苯基-3-对乙氧基苯基-5-对二甲氨基苯基吡唑啉在乙醇中的溶液，浓度皆为 1.0×10^{-6}mol/L，采用荧光分光光度计测定其激发和发射光谱。

六、注意事项

(1)制备苯乙醚及 1-苯基-3-对乙氧基苯基-5-对二甲氨基苯基吡唑啉时，需用氮气保护，以免因空气中氧气对实验带来影响。

(2)要注意蒸馏装置及减压蒸馏装置的安装和操作的规范及注意事项。

(3)分液漏斗操作时要规范，使用前要检漏涂凡士林。

(4)测定目标产物溶解性时可根据产物1-苯基-3-对乙氧基苯基-5-对二甲氨基苯基吡唑啉的量多与少调整固定的溶剂量。

(5)重结晶操作要规范。

(6)反应最好在通风橱内进行，以避免有害气体对实验操作者和环境的影响。

思考题

1. 在薄层色谱法分离化合物实验中，展开剂的极性对试样 R_f 值有何影响？
2. 如何判断化合物的纯度？
3. 减压蒸馏回收溶剂的操作中的主要注意事项是什么？

参考文献

[1]汪建红，陈冰心，邱德敏，等．一种水溶性蓝色荧光化合物分子设计及合成[J]．化工新型材料，2011，39(4)：74-76.

[2]邱德敏，雷光东，阮尚全，等．一种带有吡唑啉侧链的低聚酰胺的合成[J]．化学研究与应用，2010，22(4)：502-506.

实验 40　甲基橙的制备及棉布染色实验

一、实验目的

(1)学习甲基橙的性质和用途。
(2)学习制备甲基橙的原理和方法。
(3)掌握抽滤及重结晶操作。

二、实验原理

1. 偶氮化合物的性质和用途

偶氮化合物即 AZO，是偶氮基 —N═N— 与两个烃基相连接而生成的化合物，通式 R—N═N—R′。偶氮基能吸收一定波长的可见光，是一个发色团。偶氮化合物具有顺、反几何异构体，反式比顺式稳定，且两种异构体在光照或加热条件下可相互转换。通式 R—N═N—R′ 中 R 和 R′为脂烃基或芳烃基，R 和 R′可相同或不同。所以偶氮化合物一般分为脂肪族偶氮化合物和芳香族偶氮化合物。

芳香族偶氮化合物共轭体系进一步增大，并且具有较高的化学稳定性和热稳定性、良好的光学性能和溶解性。芳香偶氮化合物通常以比较稳定的反式结构存在，在适当的波长的紫外光照射下，反式结构会逐渐转变成顺式结构，在可见光的照射下，顺式结构又可恢复到反式结构。

相比之下，脂肪族偶氮化合物没有芳香族偶氮化合物常见。有些脂肪族偶氮化合物在温度升高或受辐射时会发生碳-氮键断裂放出氮气，生成自由基，因此被用作自由基引发剂，比如偶氮二异丁腈。

偶氮化合物常作为偶氮染料，这种染料色彩鲜艳、亮丽，广泛用于纤维、纸张、墨水、皮革、塑料、彩色照相材料等的着色。偶氮化合物还可用于制备各种化合物和药物，可用于制备高分子材料。制备金属复合物也是偶氮化合物的重要用途，制备的金属复合物具有很强的光学、磁学、电学、催化等性质。有些偶氮化合物还可用作分析化学中的酸碱指示剂和金属指示剂及聚合反应的引发剂。

但是，有些偶氮化合物在反应中易产生副产物，有些反应甚至会释放出有毒有害气体。很多偶氮化合物有致癌作用，如曾用于人造奶油着色的奶油黄能诱发肝癌，属于禁用；作为指示剂的甲基红可引起膀胱和乳腺肿瘤。有些偶氮化合物虽不致癌，但毒性与硝基化合物和芳香胺相近，因此制备和使用时应做好防护，操作也要特别小心。

2. 偶氮化合物的制备方法

脂肪族偶氮化合物由相应的肼经氧化或脱氢反应制取，芳香族偶氮化合物的制备方法则主要有重氮化合物偶联法及硝基还原法、芳基肼氧化法及芳胺氧化法等。

重氮化合物偶联法是较为传统和常见的一种方法，反应速率受溶液 pH 的影响。重氮盐与芳胺偶联时，介质 pH 过高时，重氮盐易变成重氮酸盐；介质 pH 过低时，游离的芳胺易变为铵盐，这两种情况都会降低反应物的浓度。只有 pH 在一定范围，且两种反应物浓度都足够时，才能有效发生偶联反应。胺的偶联通常在中性或弱酸性介质(pH4~7)中进行，通过乙酸钠这种缓冲试剂来调节。对于酚来说，类似于胺，反应在中性或弱碱性介质(pH7~9)中进行才能使酚成为更活泼的酚氧基负离子与重氮盐偶联。

3. 甲基橙的性质和合成方法

甲基橙是一种有机化合物，化学式 $C_{14}H_{14}N_3SO_3Na$。甲基橙为黄色至橙黄色粉末，微溶于冷水，不溶于乙醇，易溶于热水。甲基橙溶解于水中得到橙色液体，遇酸变红，遇碱变黄，是一种常用的酸碱滴定指示剂。

甲基橙本身为弱碱性，浓度为0.1%的水溶液变色范围介于 pH 3.1~4.4，pH≤3.1 时呈红色，3.1~4.4 时呈橙色，pH≥4.4 时呈黄色，适用于强酸与强碱、弱碱间的滴定，但不适用于作有机酸类化合物滴定的指示剂，实验室和工农业生产中甲基橙常用于化学反应的酸碱度控制，以及化工产品和中间体的酸碱滴定分析。甲基橙还可用于分光光度测定氯、溴和溴离子，并用于生物染色等。甲基橙也是一种偶氮染料，可用于印染纺织品。甲基橙指示剂的缺点是黄红色泽较难辨认，已被广谱指示剂所代替。

甲基橙属微毒类，大量口服可引起腹部不适，对眼睛有刺激作用。此外，甲基橙还有致敏作用，可引起皮肤湿疹。

甲基橙通常由对氨基苯磺酸经重氮化后与 N，N-二甲基苯胺反应而得。

制备甲基橙的反应式为

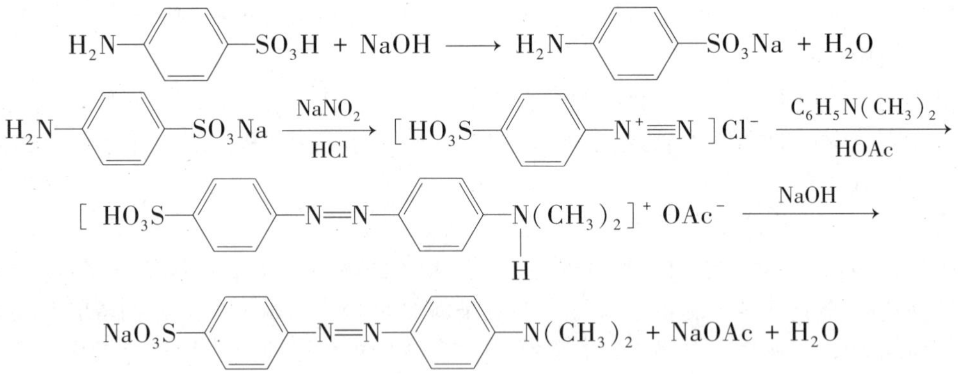

三、仪器与试剂

仪器：烧杯、玻璃棒、锥形瓶、循环水式多用真空泵、布氏漏斗、抽滤瓶、磁力搅拌器等。

试剂：对氨基苯磺酸(A. R)、亚硝酸钠(A. R)、N，N-二甲苯胺(A. R)、盐酸、氢氧化钠，冰醋酸(A. R)、淀粉-碘化钾试纸。

四、实验参数

实验参数如表 40-1 所示。

表 40-1　　实验参数

药品名称	分子量	熔点(℃)	沸点(℃)	密度/(g/cm^3)	溶解性
对氨基苯磺酸	173.2	288	500	1.485	微溶于冷水，不溶于乙醇
亚硝酸钠	69.0	271	320(分解)	2.168	易溶于水，微溶于乙醇
N，N-二甲基苯胺	121.2	1.5~2.5	193.1	1.033	不溶于水，溶于乙醇
甲基橙	327.3	300		0.987	易溶于热水

五、实验步骤

1. 重氮盐的制备

称取 2.1g 对氨基苯磺酸晶体(或 1.74g 无水对氨基苯磺酸)并加入 500mL 烧杯中，向烧杯中加入 10mL 5%氢氧化钠溶液，温热使对氨基苯磺酸溶解。对氨基苯磺酸能溶于氢氧化钠的原因就在于对氨基苯磺酸是酸性比碱性强的酸性内盐，所以它能与碱作用成盐。

在另一烧杯中加入 0.8g 亚硝酸钠及 6mL 水，混合使之溶解。待溶解后将亚硝酸钠溶液加入装有对氨基苯甲酸盐的上述烧杯中，用冰盐浴使之冷却至 0~5℃。在搅拌子不断搅拌下，将 3mL 浓盐酸和 10mL 水配成的稀盐酸溶液缓慢滴加到上述反应混合溶液中，滴加过程中控制温度在 5℃以下。稀盐酸滴加完后用淀粉-碘化钾试纸检验，如果试纸不显色，则尚需补充亚硝酸钠溶液；若已变蓝，则在 0~5℃冰盐浴中放置 15min 以保证反应完全。此时温度较低，由于重氮盐在水中可以电离形成中性内盐，因此就会有对氨基苯磺酸的重氮盐难溶性晶体析出。

2. 偶合

在试管中或小烧杯中混合 1.2g 即约 1.3mL N，N-二甲基苯胺和 1mL 冰乙酸。待混合均匀后，在不断搅拌下，在 0~5℃下，将配制的 N，N-二甲基苯胺乙酸溶液缓慢滴加到前面制备的重氮盐溶液中。

N，N-二甲基苯胺乙酸溶液加完后，继续保持在 0~5℃下搅拌 10min，然后慢慢加入 25mL 5%氢氧化钠溶液，直至反应物变橙色，此时反应液呈碱性，粗制的甲基橙呈细粒状沉淀析出。如果反应中有未作用的N，N-二甲基苯胺乙酸盐，则在加入氢氧化钠溶液后就会有难溶性的N，N-二甲基苯胺析出，影响反应速度。甲基橙粗产品未烘干时在空气中受光的照射颜色会很快变深为紫红色。

将反应物在沸水浴上加热5min，冷至室温后，再在冰水浴中冷却，使甲基橙晶体析出完全。抽滤收集晶体，烘干。

还可用溶有少量氢氧化钠(0.1~0.2g)的沸水重结晶以提高纯度，一般每克粗产物需25mL稀碱沸水溶液。待重结晶完全后，由于产物呈碱性，温度高时易变质，颜色变深，因此可用少量乙醇、乙醚洗涤，这样可保证甲基橙在不太高的温度下迅速变干。

3. 棉布染色实验

1)获得重氮盐溶液

取1mL苯胺置于50mL小烧杯中，加入3mL浓盐酸和5mL水，混合均匀后将烧杯浸在冰水中冷却至0℃左右。另取1g亚硝酸钠在另一小烧杯中溶于5mL水。在搅拌下，慢慢将亚硝酸钠溶液加到装有苯胺溶液的烧杯里，并不断用淀粉-碘化钾试纸检验，当混合液使淀粉-碘化钾试纸显蓝色则停止。将此重氮盐溶液保存在冰水中待用。

将0.2g的β-萘酚、4mL 10%氢氧化钠溶液加入小烧杯中，充分振荡使之溶解，再加入10mL水稀释。

2)棉布染色

将一小条洁净的白棉布浸入此溶液中，并用玻璃棒搅动使之浸渍并充分均匀，10min后取出棉布，并沥去大部分溶液。

取前面制得的重氮盐溶液5mL，加入2mL饱和醋酸钠溶液及1~2块碎冰，再将棉布放入溶液中。棉布立即染成鲜橙色，继续在0~5℃温度下保持10min，并不断翻动棉布使染色完全，取出棉布，用水充分漂洗后晾干。染料固着在布上，再漂洗时几乎不被洗去。

六、注意事项

(1)制备重氮盐和偶合反应过程中温度不能太高，要控制在0~5℃温度下。

(2)反应过程中要控制好pH，尤其是偶联反应时，要控制pH在中性或弱酸性。

(3)反应完后，要用沸水浴除去未反应的重氮盐，以保证安全。

(4)烘干甲基橙时温度不能太高，尤其是用氢氧化钠溶液重结晶后的甲基橙需用少量乙醇、乙醚洗涤后再烘干，以免烘干时间过长造成产物变质颜色变深。

(5)重氮化反应时，如果盐酸滴加完后淀粉-碘化钾未变蓝，则要补充亚硝酸钠溶液。

(6)重氮化反应滴加盐酸速度不能太快且要搅拌充分，以免温度过高影响反应

(7)偶合反应时也要注意控制N，N-二甲基苯胺乙酸溶液的滴加速度不要太快，滴加时要保证充分搅拌，滴加完后要继续反应一定时间以保证充分反应，以避免加入5%氢氧化钠溶液时使未反应的难溶性的N，N-二甲基苯胺析出，影响反应速度。

(8)要注意抽滤操作的规范。

思考题

1. 什么叫偶联反应？试结合本实验讨论一下偶联反应的条件？

2. 本实验中，制备重氮盐时为什么要把对氨基苯磺酸变成钠盐？本实验如改成下列操作步骤：先将对氨基苯磺酸与盐酸混合，再滴加亚硝酸钠溶液进行重氮化反应，可以吗？为什么？

3. 试解释甲基橙在酸碱介质中的变色原因，并用反应式表示。

参考文献

[1]颜朝国．大学化学实验综合与探索性实验[M]．南京：南京大学出版社，2006.
[2]匡华．综合化学实验[M]．成都：西南交通大学出版社，2008.

附录 I　紫外分光光度计操作规程

一、岛津 UV-1800 紫外-可见分光光度计

1. 建立通信

(1)打开紫外-可见分光光度计主机开关，仪器自动进行开机自检。

(2)开启计算机，并运行 UV Probe 软件，单击工具栏中的“连接”，计算机将监测仪器自检状况。

(3)当所有自检顺利通过后，单击计算机屏幕上的“确认”，连接仪器和计算机，建立通信。

2. 光度测定

(1)单击工具栏中的“光度测定”，进入光度测定模块。

(2)点击菜单栏“编辑”→“方法”，打开“光度测定方法向导”对话框。

设置“波长类型”并添加使用“波长”，单击“下一步”。

选择“标准曲线”的“类型”、“定量法”和激活的“WL”选项，设置曲线“参数”，单击“下一步”。

设置“光度测定方法向导”→“测定参数(标准)”，单击“下一步”。

设置“光度测定方法向导”→“测定参数(样品)”，单击“下一步”。确认“光度测定方法向导”→“文件属性”后，单击“完成”。

单击工具栏“方法”，在“光度测定方法”中确认“仪器参数”中的“测定方式”等项目，在“附件”选项卡中，确认 6 连池的使用“池数目”，进行“初始化”，结束后“关闭”。

(3)执行“自动调零”和“池空白”后，将参比和标准品比色皿放入对应的池架。

(4)激活“标准表”，依次输入“样品 ID”和对应的“浓度”“权重因子”等内容。

(5)单击光度计按键栏“读取 Std.”，进行标准样的光度测定。

(6)测定后通过“文件”→“另存为”保存。

(7)使用已保存的方法或新建光度测定方法后，执行“自动调零”和“池空白”，再将参比和样品比色皿放入对应的池架。

(8)激活“样品表”，输入“样品 ID”等信息。单击光度计按键栏“读取 Unk.”，进行样品的光度测定。

(9)从“文件”→“打开”“打开光度测定文件”对话框，选择所要使用的“. std”(标准文

件)，将标准曲线引入，从而自动得到样品的浓度。

(10)保存相应的光度测定文件、方法等信息。

3. 关机

断开 UV Probe 和仪器的连接，关闭仪器主机开关，退出 UV Probe 操作界面。注：此仪器还可对图谱及数据进行处理，具体操作见说明书。

二、752 型紫外-可见分光光度计操作规程

(1)检查仪器样品室内是否有东西挡在光路上。

(2)接通电源，打开开关(在仪器背面)，仪器进入自检状态。自检结束后，显示器上显示"546 nm 100%"，测量方式自动设在透光率方式上(%*T*)，并自动调 100%和 0%*T*。

(3)按"FUNC"键选择所需光源，按"△"或"▽"波长设定键调好测定波长，仪器预热 20min。

(4)仪器稳定后，将参比溶液和被测溶液分别倒入比色皿中，参比池放在比色皿架的第一个槽位，其余三个放样品池。比色皿光面置于光路中(若被测样品波长在 340~1000nm 范围内，则使用玻璃比色皿；若被测样品波长在 190~340nm 范围内，则使用石英比色皿。比色皿的光面部分不能留有指印或溶液痕迹)。

(5)比色皿架的拉杆未拉出时，参比池被置于光路中。对参比溶液调透光率为 100.0%(按"100%*T*"键)，此时参比溶液吸光度为 0.000。

(6)将比色皿架的拉杆拉出第一挡时，第一个槽位和第二个槽位之间的挡板置于光路中，显示屏上透光率应为 00.0%*T*(按"0%*T*"键)(使用者在不进行测量操作时，将挡板置于光路中，保护检测器)。

(7)测定样品吸光度时，方式设定选择"*A*"，将样品置于光路中，显示屏即显示其 *A* 值。

(8)测定结束后，关闭开关，拔掉电源。将比色皿清洗干净，倒扣在吸水纸上。

(9)仪器归位，登记仪器使用情况。

三、722 型紫外-可见分光光度计操作规程

(1)未接通电源前，对仪器的安全性进行检查，电源线接线应牢固，接地要良好，各个调节旋钮的起始位置应该正确。

(2)将灵敏度旋钮调至"1"挡(放大倍率最小)。

(3)开启电源，指示灯亮，选择开关置于"T"，波长调至测试用波长，预热 20min。

(4)打开试样室盖(光门自动关闭)，调节"0"旋钮，使数字显示为"00.0"，盖上试样室盖，将比色皿架置于蒸馏水校正位置，使光电管受光，调节透过率"100%"旋钮，使数字显示为"100.0"。

(5)如果显示不到"100.0"，则可适当增加微电流放大器的倍率挡数，但尽可能置低

倍率挡使用，这样仪器将有更高的稳定性。但改变倍率后必须按(4)重新校正“0”和“100%”。

(6)预热后，按(4)连续几次调整“0”和“100%”，仪器即可进行测定工作。

(7)吸光度A的测量：按(4)调整仪器的“0”和“100%”，将选择开关置于“A”，调节吸光度调零旋钮，使得数字显示为“0.000”，然后将被测样品移入光路，显示值即为被测样品的吸光度值。

(8)测定结束后，关闭开关，拔掉电源。将比色皿清洗干净，倒扣在吸水纸上。

(9)仪器归位，登记仪器使用情况。

(10)维护注意事项，具体如下：

①如实验室电源电压波动较大，为确保仪器工作状态稳定，最好外加稳压电源，同时仪器保持接地良好。

②当仪器工作不正常时，如数字表无亮光光源灯不亮，开关指示灯无信号，应检查仪器后盖保险丝是否损坏，然后查电源线是否接通，再查电路。

③仪器左侧下角有1支干燥剂筒应保持其干燥性，发现变色时，立即更新或加以烘干再用。

④另外有2包硅胶放在样品室内，当仪器停止使用后，也应该定期更新烘干。

⑤当仪器停止工作时，切断电源开关。

⑥为了避免仪器积灰和沾污在停止工作时间内，用塑料套子罩住整个仪器，在套子内应放数袋防潮硅胶以免灯室受潮、反射镜镜面发霉点或沾污影响仪器性能。

⑦仪器工作数月或搬动后，要检查波长精度和吸光度A精度等方面以确保仪器的使用和测定精度。

四、T6新世纪紫外可见分光光度计操作规程

(1)开机自检：打开仪器主机电源，仪器开始初始化，约3min初始化完成。初始化完成后，仪器进入主菜单界面。

(2)进入光度测量状态：按“ENTER”键进入光度测量界面。

(3)进入测量界面：按“START/STOP”键进入样品测定界面。

(4)设置测量波长：按“GOTO λ”键，输入测量波长，按“ENTER”键确认，仪器将自动调整波长。

(5)进入设置参数：按“SET”键进入参数设定界面，按“▽”键使光标移动到“试样设定”，按“ENTER”键确认进入设定界面。

(6)设定使用样品池个数：按“▽”键使光标移动到“使用样品池数”，按“ENTER”键循环选择需要使用的样品池个数。

(7)样品测量：按“ENTER”键返回到参数设定界面，再按“ENTER”键返回到光度测量界面。

在1号样品池内放入空白溶液，2号池内放入待测样品。关闭好样品池盖后按“ZERO”键进行空白校正，再按“START/STOP”键进行样品测量。

如果需要测量下一个样品，取出比色皿，更换为下一个测量的样品按“START/STOP”键即可读数。

如果需要更换波长可以直接按“GOTO λ”键调整波长。

如果每次使用的比色皿数量是固定个数，下一次使用仪器时可以跳过第(5)、第(6)步骤直接进入样品测量。

注意：更换波长后必须重新按“ZERO”进行空白校正。

(8)结束测量

测量完成后，记录数据，退出程序或关闭仪器后，测量数据将消失。确保已从样品池中取出所有比色皿清洗干净以便下一次使用。按“RETURN”键直到返回到仪器主菜单界面后再关闭仪器电源。

参考文献

[1]高义霞，周向军．食品仪器分析实验指导[M]．成都：西南交通大学出版社，2016.

[2]邓海山，张建会．分析化学实验[M]．武汉：华中科技大学出版社，2019.

[3]马红燕，齐广才．现代分析测试技术与实验[M]．西安：陕西科学技术出版社，2012.

附录Ⅱ　粉末X射线衍射仪的操作规程

一、粉末X射线衍射仪的介绍

X射线衍射仪主要用于测定晶体结构的基本综合参数，如晶粒大小的测定，晶体结构、形貌研究、晶体模型显示、固体药品的参数、结晶度的研究，以及晶格常数测定、定性与定量分析等。X射线衍射仪可测定不同的相，以及它们在每种多相或多组分中的含量，亦可用于测定活性晶体基质中非晶态填充剂的体积分数，广泛应用于化学、钢铁、有色金属、机械制造、陶瓷、水泥、玻璃、催化剂、药物添加剂、生物制品、石油、天然气、岩矿、环境等研究领域。

X射线衍射仪主要包括X射线粉末衍射仪和X射线单晶衍射仪，目前主要使用的为X射线粉末衍射仪。

粉末X射线衍射仪通常由X射线发生器、衍射测角仪、辐射探测器及控制、记录和数据处理系统等部分组成。其工作原理为：

高能电子束轰击金属靶产生的X射线，通过测角仪系统入射到样品平面上并发生衍射，衍射线信号被辐射探测器接收后转变为电信号，最后在控制、记录和数据处理系统下得到衍射图谱。

二、D2Phaser粉末X射线衍射仪操作规程

1. 开机

将高压发生器钥匙插入仪器背面的钥匙孔，并旋转到45°，随后打开电源开关，启动仪器和计算机。

2. 启动测量软件

双击打开“Diffrac. Measurement”软件，系统自动加载测量服务器和测量软件，输入密码或者没有密码，直接点击“OK”即可进入测量软件界面。

3. 仪器初始化

在Commander界面上，勾上界面右上角“Edited”的方框，然后点击蓝色勾图标“Initializeall checked drives”，对所有马达进行初始化。每次开机时都需要进行初始化，仪

器会自动提醒；未初始化的会显示为黄色叹号，初始化正常的会显示绿勾。

4. 测量

仪器初始化后，可打开仪器前门，放入制备好的样品架，关门准备测量。随后，在软件屏幕右侧下方的菜单中进行参数设置。

(1)“Scan type”选择“Coupled Two Theta/Theta(耦合扫描)”。

(2)“Time [s]”设置每步扫描时长。

(3)“2Theta[°] Start/Stop(开始/结束)”设置样品扫描开始/结束角度。

(4)“2Theta[°] Increment(扫描间隔)”设置每次扫描的角度间隔。

设置好上述参数后，点击“Start”即可开始扫描。待样品扫描结束后，点击软件屏幕左上角的“File”下“Save Result”保存文件。

5. 数据分析

(1)首先开启“Diffrac. EVA”软件，输入密码，或者没有密码，直接点击“OK”即可进入数据分析软件界面。

(2)点击菜单条左上角“文件”，选择“Import from files”，导出保存的文件。

(3)在屏幕正下方对话框中，选中已导出的需要处理的文件名称，按鼠标右键，选择“工具(tools)”→“剥离 ka2(strip ka2)(去除背景)”→在弹出的对话框中点击“替换(replace)”。

(4)衍射峰处理。在生成的新的文件名上按鼠标右键，选择“工具(tools)”→“峰值检索 peak search)”→根据情况调整阈值(threshold)、宽度(width)等参数→点击“添加到附表(append)”。或者将鼠标放在需要积分的峰顶端，按鼠标右键，选择“在 2Th=……创建峰值(createpeak at 2Th=...)”，即可添加衍射峰。

选中生成的峰表中的多个峰文件后，点击软件右侧的“编辑多个属性(edit multiple properties)”，随后即可在右侧菜单栏中编辑所有选中的衍射峰的信息，例如字体大小(font size)、峰的标题内容[角度(angle)、峰强度(intensity)等]、文本颜色(text color)、字体旋转方向(caption rotation)、字体位置(caption offset)等。

(5)处理好各衍射峰后，将文件另存为“. eva”格式文件。最后点击打印报告即可。

6. 仪器保养维护

(1)仪器放置环境要求使用工作温度：15~35℃，湿度：45%~80%；避免日光直射；避免振动；避免脏污、多尘环境。

(2)清洁仪器：定期对仪器进行全面系统化清洁。关掉设备总电源，用干抹布擦拭机体特别是凹角部位的灰尘、污渍。样品盘只能用纯化水清洗，自然晾干，不能超声。

(3)检查转动是否异响：定期查看高压及测角仪运行状况。如果设备运行过程中噪声过大，根据机器自动修复程序，空机运转几分钟即可。

(4)检查冷却水：定期检查冷却水水质、水位，如无特殊情况，可按既定周期更换。

(5)仪器校准每两年进行一次。自动零点调整由专业人员按照厂家提供的仪器使用说明书操作处理。

7. 故障诊断与排除

(1)如有漏液现象，检查水路及阀门是否拧紧，应将管路拆下，重新按说明书进行安装。

(2)如发现按键不灵敏，通常是手柄损坏所致，需要及时更换。

(3)使用时发现精确度和准确度异常，请与厂家维修人员联系。

(4)安全电路重置：

当高压发生器指示灯出现“黑色锁头”图标时，则说明X射线安全回路出错，高压发生器被锁。可尝试如下操作：

a. 打开“Diffac. Maintenance”软件，点击“get control”。

b. 选择：“XRay”→“safetyBoard”。

c. 重置安全回路，点击“Reset”。

d. 弹出对话框，输入密码：password，点击“Send”。

三、XRD-6000型X射线衍射仪的操作规程

1. 操作

(1)开启电源总闸、分闸；开启冷却水左边开关；待温度稳定后，开启温度右边的开关。

(2)开启X射线衍射仪(POWER指示灯亮)及其连接的计算机和打印机。(不能开机的常见原因：冷却水不够，提示加水，或者过滤装置有问题)。

(3)进入桌面Pmgr系统；点击画面上“Display &. Setup”，并最小化。

(4)点击画面上测试条件设置工具“Right Conio Condition”和测试运行工具“Right Conio Analysis”并最小化。

(5)点击画面上“Right Conio Condition”，双击空白处，选择测试角度范围、测角仪转动速度(小于$4°\cdot min^{-1}$)和狭缝值，输入保存目录和保存名称。

(6)将样品放入样品池并夹好，粉末样品平整地压入样品池，块状样品表面磨平后粘贴在样品池中心，注意样品表面与样品池外围平齐。

(7)在实验条件设定后，点击“Append”将程序传递到窗口“Entry for Analysis”中，选择“Stop”复选框并点击“Start”进入“Right Conio Analysis”画面，单击选定待测样品，选择“Stop”复选框并点击“Start”，开始测试。

(8)测试完毕后，点击“Right Conio Analysis”菜单下方的“Stop”按钮结束测试。

(9)点击画面上“Basic Process”，进行数据处理。

(10)得到的谱图可在“Search Match”中查询，与标准物质对照。

(11)与开机顺序相反，关机时应先关闭X光管(X-RAY-ON按钮上方的灯熄灭)后，至少过15min，再关闭冷却水。

(12)清理好实验台，登记测试样品数目、测量种类及仪器状况。

2. 注意事项

(1)软件工具中一般不要改动“Display &. Setup”中的参数、“XG Control Program”中的参数和“Right Conio Service”中的参数。

(2)在测试同时不能在连接计算机上处理其他XRD数据，否则正在测试的数据将无法保存。

(3)当使用新的X射线管或长期没有使用过的X射线管时，要把X射线管进行老化。每天使用时也要缓慢增加管电压和管电流，应当避免过急的加载，应在X射线管允许的负荷范围内工作。在更换X射线管或焦点之后，要确认一下是否漏水。

(4)射线管的窗口(铍，有毒)非常脆弱，无论在任何情况下严禁触碰，否则容易使真空系统漏气；不要直接用手触摸X射线管的外壳，如果弄脏或粘有水汽，应当用漂白布轻轻擦洗，干燥以后才可以使用。

(5)不得将非常强的X射线长时间射入计数管，高强度X射线会使计数管受损伤，缩短使用寿命。例如，做小角度衍射实验(最低衍射角通常小于1)时，应将狭缝设置为最小值，防止X射线管发出的直射光直接进入探测器而损坏探测。

参考文献

[1]中国食品药品检定研究院．中国食品药品检验检测技术系列丛书　药品检验仪器操作规程及使用指南[M]．北京：中国医药科技出版社，2019.

[2]张雯．化学综合实验[M]．2版．西安：西安交通大学出版社，2021.

[3]邹健．食品药品医疗器械检验机构仪器设备管理及维护手册[M]．北京：中国医药科技出版社，2020.

[4]黄继武，李周．多晶材料X射线衍射[M]．2版．北京：冶金工业出版社，2021.

附录Ⅲ　荧光分光光度计的操作规程

一、荧光分光光度计的介绍

荧光分光光度计是用于扫描液相荧光标记物所发出的荧光光谱的一种仪器，其能提供包括激发光谱、发射光谱以及荧光强度、量子产率、荧光寿命、荧光偏振等许多物理参数，从各个角度反映分子的成键和结构情况。通过对这些参数的测定，不但可以做一般的定量分析，而且可以推断分子在各种环境下的构象变化，从而阐明分子结构与功能之间的关系。荧光分光光度计的激发波长扫描范围一般是190~650nm，发射波长扫描范围是200~800nm。荧光分光光度计可用于液体、固体样品(如凝胶条)的光谱扫描。

荧光分光光度计采用氙灯作光源，通过狭缝，经光栅色散后照射到被测物质上，发射的荧光经荧光单色器分光后用光电倍增管检测，并经放大器放大后记录。但应当注意荧光分光光度计中光源必须与检测器垂直，以免投射光或散射光对荧光的测定产生干扰。荧光分光光度计主要由激发光源、样品池、检测器、单色器等组成。

1. 激发光源

为了提高荧光检测方法的灵敏度，荧光分光光度计上的光源通常要比紫外分光光度计上的光源强度强，常用的有氙灯和高压汞灯等。高压汞蒸气灯能发射365nm、405nm、436nm、546nm、579nm、690nm及734nm谱线，平均寿命为1500~3000h。氙弧灯内装有氙气，通电后氙气电离，同时产生较强的连续光谱，分布在250~700nm之间，而在300~400nm波段内射线的强度几乎相等。目前，荧光分光光度计都用它作光源。

2. 样品池

测定荧光用的样品池须用低荧光的玻璃或石英材料制成。样品池的形状是散射光较少的方形。与分光光度计所不同的是四个面均为透光面，检测荧光应在垂直于入射光的方向，以避免透过光的干扰。测低温荧光或磷光时，在石英样品池之外套上一个装盛液氮的透明石英真空瓶以降低温度。

3. 检测器

荧光分光光度计中的检测器为光电倍增管，其输出可用高灵敏度的微电计测定或再经放大后输入记录器中，自动描绘光谱图。

4. 单色器

有两个光栅单色器，一个单色器放在光源和样品池之间，称为激发滤光单色器，其作用是将所选择的激发光照射在测定的物质上。另一个在样品池和检测器之间，称为荧光单色器，其作用是将样品溶液发射的荧光经分光后分别照射到干检测器上。当被测试样中有杂质荧光或散射光干扰时，也可以采用适宜的滤光片将它消除。

在测定荧光激发光谱时，将荧光单色器的波长固定于某一个荧光波长位置，旋转样品池前的激发单色器，检测的荧光强度随激发光波长的变化而变化；在测定荧光光谱时，先将激发单色器的波长固定于某一个激发波长位置，旋转样品池后的荧光单色器，检测的荧光强度随荧光波长的变化而变化。

荧光物质的最大激发波长 λex 和荧光波长 λem 是荧光分析法的定性依据，也是定量分析中最灵敏的测定条件。

二、岛津 RF-5301 PC 型荧光分光光度计操作规程

1. 开机

(1)打开稳压电源。

(2)打开氙灯电源，仪器预热 20min。

(3)打开计算机主机、显示器及打印机。

(4)双击“RF-53 XPC”图标。

(5)仪器自检，自检通过后进入以下操作(如果先打开工作站后打开仪器使其不能自检，点击“Configure”，点击“Instrument”，弹出“Instrument Parameters”对话框，选择“Fluorometer”项，点击“On”，仪器会重新开始自检)。

2. 测定样品数据

(1)设定参数单击“Acquire Mode”，单击“Quantitative”进入“Quantitative Parameters”对话框，设定激发波长、发射波长、狭缝宽度、灵敏度等参数，单击“OK”。

(2)样品测定。

a. 将装有试剂空白溶液的石英池放入样品室的池架上，单击“Auto Zero”图标。

b. 将装有供试品溶液的石英池放入样品室的池架上，单击“Read”图标，收集数据。

(3)数据打印。单击“Manipulate”→单击“Data Print”，在弹出的对话框上单击“Printer”，进行数据打印。

3. 测定样品光谱

(1)设定光谱参数。

a. 激发光谱。在“Spectrum Type”项下选择“Excitation”，然后在“EM Wavelength”项下设置发射波长、在“EX Wavelength”项下设置激发光谱的扫描范围、扫描速度、狭缝宽度、

灵敏度等参数。

b. 发射光谱。在“Spectrum Type”项下选择“Emission”，然后在“EX Wavelength”项下设置发射波长，在“EM Wavelength”项下设置激发光谱的扫描范围、扫描速度、狭缝宽度、灵敏度等。

(2)样品测定。

a. 将装有试剂空白溶液的石英池放入样品室的池架上，单击“Auto Zero”图标。

b. 将装有供试品溶液的石英池放入样品室的池架上，单击“Start”图标，进行光谱扫描。扫描完毕后，在弹出的对话框中输入文件名及注释，单击“Save”。

(3)峰检测及数据打印。单击“Manipulate”→“Peak Pick”→“Output”→“Print Table”，打印结果。

4. 关机

(1)点击“Configure”→“Instrument”，弹出“Instrument Parameters”对话框，选择“Fluorometer”项，点击“OFF”，关闭工作站窗口。

(2)关氙灯电源。

(3)关闭显示器、计算机主机及稳压电源。

(4)做使用登记。

三、PE LS-55 型荧光分光光度计操作规程

1. 开机

(1)开启稳压电源，待稳压电源指示值稳定到220V。

(2)置主机电源开关至“1”位置，2~3min 后，双击电脑软件“FL Win Lab”进入程序。

(3)点击“Application-Status-Source”，将红色的“Luminescence Mode”选为“Fluor”(荧光)。将右上角的红色数字置“1(氙灯开)”，仪器开始能听到蜂鸣器的响声。

2. 数据测定

(1)测定前，进入“Utilities-Configuration”界面，在“Data”项下，输入实验数据存储的路径。

(2)进入“Application-Read-Setup parameters-Intensity”界面，在相应的对话框中分别输入激发光和发射光的起止波长，在狭缝框中分别输入激发光和发射光的宽度值。

(3)“Destination Filename-Save”方式依实验要求选择，“Continuously”是数据连续储存；“On Stop”是停时储存；“Don't Save”是不储存。一般实验要求不必选择“Continuously”。

(4)将空白溶液放入样品室。点击“Subtract BG”取消，按左上角绿键，开始测定空白，按左上角红键使停止。

(5)将供试品溶液放入样品室。点“Subtract BG”取消，按左上角绿键，开始测定样

品，至测定数据稳定，按左上角红键使停止，测定结束。

3. 图谱扫描

(1)将样品溶液放入样品室。

(2)预扫描以便找出未知样品的最适宜激发波长。进入"Application-Scan-Setupparameters-Pre-Scan"界面，在相应的对话框中分别键入激发光和发射光的起止波长，在狭缝框中分别输入激发光和发射光的宽度值，按左上角绿键，扫描开始。

(3)激发光谱的扫描。进入"Application-Scan-Setup parameters-Excitation"界面，将"Emission(nm)"值键入，再分别输入"Start(nm)"等数值，"Start(nm)"和"End (nm)"的方向为由短至长波长。按左上角绿键，扫描开始。

(4)发射光谱的扫描。进入"Application-Scan-Setup parameters-Emission"界面，将"Excitation(nm)"值键入，再分别输入"Start(nm)"等数值，按左上角绿键，扫描开始。

4. 打印

进入"File-Print"，即可打印出所需的数据或图谱。

5. 关机

(1)取出样品室的池子。

(2)退出软件程序。

(3)将主机电源开关置"O"位置。

(4)做使用登记。

6. 注意事项

(1)设定的参数不恰当，易得到不良的结果或图谱，如狭缝太窄会出现过大的噪声，使读数不准；狭缝太宽则使分辨率下降等。

(2)LS-55使用的是脉冲氙灯，不需长时间预热。为了保护氙灯，在暂不使用时，进入"Application-Status-Source"界面，将右上角的红色数字置"0(氙灯关)"，同时可以减少噪声污染。

(3)荧光分析法因灵敏度高，故干扰因素多。溶剂不纯会产生较大误差，应先做空白检查。

(4)溶液中的悬浮物对光有散射作用，必要时，应用垂熔玻璃滤器滤过或用离心法除去。

(5)所用的玻璃仪器与测定池等必须保持高度洁净。

(6)温度对荧光强度有较大的影响，测定时应控制温度一致。

附注：本规程适用于供试品的常规测定，其他非常规测试，如同步扫描、时间驱动模式，强度/浓度模式等则需参考仪器使用说明书，按照具体情况设定参数，进行测定。

四、970 CRT 型荧光分光光度计的操作规程

1. 开机

(1)打开氙灯电源。氙灯亮，指示灯发出红光。

(2)打开主机电源。

(3)打开计算机电源，计算机开始自检。自检完成后，即自动进入系统初始化，此时需等待 5min 左右，无特殊情况不要退出操作。可用鼠标在菜单选择项下打开菜单窗口，选择工作方式或进行参数设置等操作。

2. 测量

(1)标准曲线的制备。

点击“测量方式”菜单，选定时间扫描方式，设定测量参数，然后在“数据处理”菜单中打开“绘制标准曲线”项，此时屏幕显示绘制标准曲线视窗，用户即可将制备的标准样品或本底逐个放入样品室，测定 INT 值或本底(如不需要扣除本底，则只需单击“清本底”键)。在测量前将该样品的标准浓度键入浓度值长方框内，样品输入测定结束后，用鼠标单击“1 次拟合”、“2 次拟合”或“3 次拟合”即可得到理想的标准曲线。标准曲线可保存备用。

(2)定量分析。

首先按照时间扫描方式设定好所有测量参数，然后在“测量方式”菜单中单击“定量分析”项，再单击控制键“开始测定”，屏幕显示浓度测定视窗，即可将被测样品或本底样品池放入样品室，进行 INT 和浓度值或本底的测定。测定中如需扣除本底,，可先单击“测本底”键，对本底进行测量，然后再测 INT 值就可以自动扣除本底；如不需要扣除本底，则只需单击“清本底”键即可。

3. 关机

关机时，退出应用程序窗口。先关闭计算机，然后关闭主机电源，最后关闭氙灯。

五、荧光分光光度计的日常维护

(1)定期打扫仪器室和仪器，保持仪器的清洁(每周打扫一次)。

(2)仪器长时间不用，每隔一月要启动一次仪器。

(3)注意开关机的顺序步骤，否则可能出现程序抓取不到主机信号现象。

(4)使用前后需检查试样室及仪器表面是否有遗漏溶液，如果有请立即擦拭干净。

(5)比色皿的使用及清洗：荧光分光光度计的比色皿为四面透光的石英池，拿取时用手指掐住池体棱边，不能用手触摸样品池的透光面。用后应立即清洗，依次用溶剂(自己测试样品时的溶剂)、自来水、去离子水(所用溶剂不亲水的话，此步可以省略)，然后放

在比色皿盒内，不用盖上让其自然挥干，洗好的比色皿应当是透明、没有水迹的。如果常规方法洗不干净，则可以选用盐酸：乙醇(2：1)或者醋酸浸泡一段时间，然后再按上面的方法依次清洗。

参考文献

[1]熊志立．分析化学[M]．北京：中国医药科技出版社，2019.
[2]桑国卫．药品检验仪器操作规程 2005 年版[M]．北京：中国科学技术出版社，2005.
[3]邓海山，张建会．分析化学实验[M]．武汉：华中科技大学出版社，2019.
[4]唐仕荣，刘辉．仪器分析实验[M]．北京：化学工业出版社，2022.

附录Ⅳ　气相色谱-质谱联用仪的操作规程

一、气相色谱-质谱联用仪介绍

1. 气相色谱-质谱联用技术的介绍

气相色谱-质谱联用(GC-MS)就是将气相色谱仪与质谱仪连接构成的仪器。气相色谱仪与质谱仪的联用技术起源于20世纪50年代。1957年，Holmes和Morrell首次将气相色谱仪与质谱仪相连接，用色谱仪代替质谱系统中的进样装置，而质谱系统作为色谱的检测系统，两者经过接口的连接，即构成了气相色谱-质谱联用仪。气相色谱仪和质谱仪的联用技术解决了两种仪器单独使用时的局限性。色谱仪作为质谱系统的进样装置，首先将复杂的混合物进行分离，然后各个组分分别进入质谱系。联用技术克服了质谱仪单独使用时的缺点。同时联用技术还可以对质谱仪的进样量进行有效的控制，减少质谱仪的污染。而质谱仪作为色谱仪的检测器，可以得到化合物的质谱图，克服了色谱定性分析的局限性。同时，质谱有多种离子源和质量分析器，并有全扫描和选择离子扫描方式，提高了定性和定量分析的准确性。气相色谱和质谱得到的只有二维信息，而气相色谱-质谱联用仪的数据系统存储的是时间、质荷比和强度的三维信息，提高了定性定量分析的能力。气相色谱-质谱联用仪(GC-MS)经历了飞速的发展，已经是分析实验室和各领域应用最普遍的分析仪器，已经广泛应用于复杂混合物的定性、定量及痕量分析。

2. 气相色谱-质谱联用仪的组成

气相色谱-质谱联用仪由气相色谱装置、质谱装置、接口装置、仪器控制装置和数据系统组成。GC-MS仪的接口组件是气-质联用的关键组件，它起传输试样、匹配两者工作流量的作用。理想的接口应去除全部载气而使试样毫无损失地进入质谱。要求试样传输产率高，浓缩系数大，时间短，色谱峰展宽小。一般接口可以分为三类：直接导入型、分流型和浓缩型，目前最常用的是直接导入型接口。色谱柱一般分为填充柱和毛细管柱两类。毛细管柱易与CC-MS离子源连接，而且键合或横向交联的固定相在使用时流失较少，所以现代CC-MS大多采用这种色谱柱。

3. 气相色谱-质谱联用仪的分析图谱

在气相色谱-质谱联用分析中，可以得到色谱图、总离子流色谱图、质谱图、质谱碎片谱图、选择离子色谱图等各种谱图，气相色谱-质谱联用法的定性和定量分析就是根据这些谱图来进行的。

(1)总离子流色谱图。

在 GC-MS 分析中，样品连续进入离子源并被连续电离，通过质量分析器的扫描、检测器检测和计算机存贮，得到随时间变化的质谱图。一个组分从色谱柱开始流出到完全流出大约需要 10s，计算机就会得到这个组分若干个不同浓度下的质谱图。将每个质谱的所有离子强度相加得到总离子强度，这些随时间变化的总离子强度所描绘的曲线就是样品的总离子流色谱图。总离子流色谱图是由一个个质谱得到的，包含了样品所有组分的质谱。总离子流色谱可以给出保留时间、峰高、峰面积，还可以给出不同时间处的质谱。

(2)选择离子色谱图。

选择离子色谱图也称质量色谱图，是在总离子流色谱中具有某质荷比的离子强度随时间变化的曲线。可以根据分析目的，对原选定质量范围内的任意质量，绘制和总离子流色谱图对应的质量色谱图。这种图谱有利于检查色谱峰的纯度和鉴定化合物，并且可以分离和鉴别在总离子流色谱中重叠峰的组分。

(3)质谱图。

质谱图系指分子、离子或碎片离子的相对离子质量与其相对丰度的关系图，又称棒图。横坐标是带正电荷的离子碎片(包括母体离子)质荷比，纵坐标是离子的相对丰度。最强峰称为基峰，并规定其强度为 100%，其他峰则以此确定其相对强度。化合物的结构、相对分子质量等特征信息都是从质谱图经过计算机的谱图检索得到的。

4. 气相色谱-质谱联用仪(GC-MS)的定量分析

GC-MS 的定量分析方法主要包括以下三种：峰匹配定量、总离子流色谱定量和选择离子检测定量的分析方法。

(1)峰匹配定量。峰匹配定量法是大中型质谱仪的一个重要功能，要求试验人员具备相当熟练的操作技术，必须在样品待测组分的保留时间内将两个峰匹配好，具体做法是选择样品待测组分的某一特征离子质量与标准物质碎片的参比质量相匹配。

(2)总离子流色谱定量。样品经色谱分离后的组分分子进入离子源后被电离成离子，同时，在离子源内的残余气体和一部分载气分子也被电离成离子，这部分离子构成本底。样品离子和本底离子通过离子源的加速电压加速，射向质量分析器。在离子源内设一个总离子检测极，收集总离子的一部分，经放大并扣除本底离子流后，记录下该样品的总离子流(total ion current，TIC)色谱图。其优点在于 GC-MS 联用以色谱保留时间和质谱图双重因素对待测物质定性后再定量。

(3)选择离子检测定量。选择离子检测定量是 GC-MS 联用中一种高灵敏度、高选择性的检测技术，是混合物进行定量分析的一种常用方法，具有广泛的应用前景。选择能够表征该成分的一个质谱峰进行检测，叫作单离子检测(SID)；选择多个质谱峰进行检测叫作多离子检测(MID)。单离子检测的灵敏度要高于多离子检测，尤其适合于复杂混合物中某一痕量组分的测定。即使在 GC 条件下分离效果不够理想，应用单离子检测法也可以收到较好的效果。多离子检测法即全扫描工作方式，适用于未知化合物的定性和定量分析，对目标化合物或目标类别化合物的寻找应采用多离子检测法。

测定时选用的信号离子碎片应具有特征性并尽可能有强的高峰。做成适当的衍生物往往会有利于碎片信号峰的产生。通过记录多个碎片及其相应的离子强度比，可大大提高它的专一性。

5. 气相色谱-质谱联用仪(GC-MS)分析条件的选择

GC-MS 中色谱的条件与普通 GC 条件相同，首先根据样品的种类和性质选择色谱柱。由于大部分的物证样品是组成复杂的混合物，所以应选用毛细管色谱柱。对于固定液，除应考虑色谱分离效率外，还需兼顾其流失问题。汽化温度一般应高于样品中最高沸点组分的沸点 20~30℃。柱温通常应采用程序升温，在较低的初始温度下，低沸点的组分出峰，随柱温增加较高沸点的组分也能出峰，从而使各组分实现良好的分离。

质谱条件的选择包括扫描范围，即通过分析器的离子质荷比范围，该值的设定与被分析物证的分子量有关，应使化合物所有的离子都出现在设定的扫描范围，如被分离化合物的最高分子量为350左右，扫描范围上限可定为400或450。为了除去水、氮和氧的干扰，扫描下限定为30。

扫描速度由色谱峰的峰宽而定，在一个色谱峰的出峰时间内最好有 7~8 次质谱扫描，一般设定 0.5~2s 扫描一个完整的质谱。灯丝电流一般设在 0.2~0.25W。灯丝电流小，仪器灵敏度低；电流太大，降低灯丝寿命。电子能量一般为 70eV，改变电子能量会影响质谱中各种离子间的相对强度。

二、Agilent 7890A-5975C 型气相色谱-质谱联用仪的操作规程

1. 仪器使用前的检查

(1)检查氦气钢瓶气体压力。若压力低于 0.5MPa，应及时更换钢瓶，不要用完。

(2)确认仪器背面电源线、信号线、铜管等无脱落现象，机械泵的油颜色清亮。

(3)检查 GC 炉箱：色谱柱安装正确，箱内无异物。

(4)如使用自动进样器，确认其安装在取样位置，且进样针抽提自如；确认溶剂瓶填装溶剂类型正确、溶剂量合适。

(5)确认仪器面板上干净整洁，没有任何有机溶剂、样品，以免洒落污染仪器。

2. 开机

(1)打开氦气阀，调节减压阀压力至 0.5MPa。

(2)开启不间断电源(UPS)的开关以及控制主机的开关。

(3)开启位于仪器正面下部的色谱仪开关。确认放空阀拧紧后，开启质谱仪开关。此时机械扩散泵启动，达到一定真空度后分子涡轮泵开始工作。观察质谱仪面板数据，如果8min 内分子涡轮泵转速在 85%以上，表示仪器状态正常；否则应停止下一步操作并检查仪器是否漏气。

(4)打开计算机，双击桌面“GC-MS”图标进入数据采集界面，双击“GC-MS 数据分

析"图标进入数据处理界面。

(5)点击"View→Tune and Vacuum Control"，进入调谐和真空控制界面，点击 Vacuum →Pump Down"，按提示逐项检查仪器各部件情况，2h 后即可进行调谐和样品分析。若仪器长时间未开机，为得到好的调谐结果，将时间延长至 4h。

在仪器控制界面下，单击"视图"菜单，选择"调谐及真空控制"进入调谐与真空控制界面。单击"调谐"菜单，选择"自动调谐 MSD"，进行自动调谐，调谐结果自动打印。如果要手动保存或另存调谐参数，将调谐文件保存到"atune. u"中。然后点击"视图"，选择"仪器控制"返回仪器控制界面。

3. 样品分析

(1)将待分析试样、溶剂瓶、废液瓶放入自动进样器的指定瓶位。

(2)点击"Method→Load Method"，调用样品对应的方法文件，进行采样分析。如果待测试样为新样品，则需重新建立分析方法文件。操作方法为：击"Method→Edit Entirc Method"，按提示逐项输入色谱参数，然后将文件另存为新的方法文件。

(3)点击"Sequence→Edit Sequence"，输入样品信息，单击确定并运行方法。

(4)采样结束后，在 GC-MS 数据分析界面，从"文件"菜单选择"调用数据文件"命令，在对话框中找到对应文件号，调入数据文件。采样期间也可在 GC-MS 数据分析界面从"文件"菜单点击"Take Snapshot"，查看当前所采集的数据。

(5)调入数据后，上部显示 TIC 图，在组分峰处双击鼠标右键，下部显示质谱仪采集的组分质谱图；在平坦基线处双击鼠标右键，则下部显示本底；从谱图菜单点击"相减"(abstract)，下部显示扣除本底后的组分质谱图。

用鼠标右键在目标化合物 TIC 谱图区域内拖拽，可得到该化合物在所选时间范围内的平均质谱图，右键双击则得到单点的质谱图。在选择离子扫描方法中不需要背景扣除操作。

(6)在组分质谱图内双击鼠标右键，系统进行谱库检索，显示最相似的化合物及标准谱图。系统配备有 NIST08 标准谱库，检索时需指定。方法如下：从"谱图"菜单选择"谱库"，在弹出的对话框中点击"浏览"，选中 NIST08 数据库。

(7)样品分析完毕，让仪器处于待机状态，将柱温设置为 40℃，载气流速设置为 0. 8mL/min。清理仪器及实验台，保持仪器整洁。

(8)峰纯化的操作：右键拖动需要纯化的部分，右键双击需要扣除的部分，点击"色谱"菜单，选择"相减"。

4. 关机

特殊情况下需要关机，按照如下方法操作：

在 GC-MS 界面，从"方法"菜单调用"关机"方法，等传输线及进样口温度降到 100℃以下后，从"视图"菜单选择"调谐和真空控制"，进入调谐界面。点击"真空"菜单下的"放空"，待分子涡轮泵转速降至 0，同时离子源和四极杆温度降至 100℃以下(大约 40min)，则 MS 工作站将提示放空与降温结束并自动关闭。关闭 MS 数据分析界面，并依次关闭 GC、MS 电源，最后关闭载气，关闭计算机。

5. 更换色谱柱

更换色谱柱时，打开离子源，以便观察色谱柱伸出长度。色谱柱需要切平。打开质谱仪时，应轻压离子源，以使色谱柱彻底压紧压平。待色谱柱压紧后上紧螺丝。开启电源，抽真空工作，2h 后调谐并检测是否漏气。

参考文献

[1]高义霞，周向军．食品仪器分析实验指导[M]．成都：西南交通大学出版社，2016.
[2]邓海山，张建会．分析化学实验[M]．武汉：华中科技大学出版社，2019.
[3]李宏达，王岩．文件材料物证检验[M]．北京：群众出版社，2019.
[4]张振秋，马宁．药物分析[M]．2 版．北京：中国医药科技出版社，2021.

附录V　傅里叶红外光谱仪的操作规程

一、WQF-50 型傅里叶红外光谱仪

1. 开机、测试、预热

（1）接通 220V 电源，先后打开 WQF 510 型傅里叶变换红外光谱仪主机及计算机。

（2）待电脑及光谱仪主机打开后，用鼠标点击桌面 WQF-510 型傅里叶红外光谱仪的主程序，程序启动进入主菜单界面。主界面包括标题栏、菜单栏、工具栏、窗口及状态栏。

（3）用鼠标点击菜单栏中的“光谱采集”，用鼠标点击“设置仪器运行参数（AQPARM）程序”进入系统参数设置对话框。这时可设置分辨率、扫描次数、扫描速度等。参数设置完成后点击“设置并退出”。

（4）用鼠标点击菜单栏中的“光谱采集”，用鼠标点击“仪器本底测试（TSTB）”程序进入空气测试采集，光谱显示窗口出现本底光谱图。

（5）如前几项正常，须等仪器预热 20min 后才能进行样品采集等工作。

2. 采集样品谱图

（1）用鼠标点击菜单栏中的“光谱采集”。再用鼠标点击“采集仪器本底（AQBK）”，出现采集仪器本底对话框。然后点“开始采集”，约 1min 后屏幕即出现本底光谱图。此时在信息条中，显示文件名（默认的文件名为（ ）文件）、分辨率、扫描次数等内容，扫描直到 32 次结束。这时在屏幕最下面显示“扫描动作完成，您可以进行其他动作了”。（采集的本底一般为空气谱图或压片机压成的 KBr 空白片谱图）

（2）当系统经过预热、信号检查，且已获得本底光谱时，打开样品室盖，将被测样品或 KBr 与样品的混合物用压片机压成的片子放入样品室中，并将盖再盖上，即可开始样品扫描。

用鼠标点“采集透过率光谱（AQSP）”屏幕。在“保存文件”后面输入文件名，用鼠标点“开始采集”后，半分钟左右屏幕即出现透过率光谱图，扫描直到 32 次结束（这时采集和累加指定扫描次数的透过率光谱，并与本底相除）。

新的透过率光谱将以指定的颜色显示在指定的窗口中。同时在信息条中显示当前已完成的扫描次数和目标文件。

在数据采集的过程中，可以对已显示的光谱进行检查或处理。

（3）如采集透射谱图，用鼠标点击菜单栏中的“光谱采集”，再点击“采集透过率光谱

(AQSP)”，出现采集透过率光谱对话框，点击“开始采集”。采集完毕后可得到样品的透过率光谱图。

如采集吸收谱图，用鼠标点击菜单栏中的“光谱采集”，再点击“采集吸光度光谱(AQSA)”，出现采集吸光度光谱对话框，点击“开始采集”。采集完毕后可得到样品的吸光度光谱图。

3. 样品谱图的打印输出

(1)用鼠标点击菜单栏中的“文件菜单”，再点击“打印谱图(print)”，程序将进入专用打印程序。

(2)本打印程序具有强大的谱图功能处理能力，谱图可随用户的需要进行打印。(注：一般为横向打印)

4. 其他操作

Main FTOS 应用软件功能强大，操作丰富、复杂，具体详见 MainFTOS 软件说明书。

5. 仪器维护指南

当仪器不能正常工作时：

(1)请重新启动系列主机，并重新启动 Main FTOS 程序。

(2)检查仪器样品室中是否有红色斑点，可知激光器是否点亮。

(3)检查软件运行是否正常。

二、Nicolet_is 10 型傅里叶红外光谱仪

1. 开机与自检

(1)按光学台、打印机及电脑的顺序开启仪器。光学台开启后 3min 即可稳定。

(2)点击桌面上的快捷方式“OMIC”选择软件，启动软件的程序。

(3)仪器自检：当打开软件后，仪器将自动检测；当联机成功后，图标状态将出现。

(4)主机控制按钮左上角的两个指示灯分别代表激光和扫描。激光指示灯常亮，扫描指示灯闪烁。如果出现问题时，激光指示灯将熄灭。

2. 样品 ATR 检测

(1)按照附图 1 垂直安放 ATR 试验台，旋上探头，保持探头尖端距离平台一定高度。此时电脑显示智能附件，自检后，点击“确定”。

(2)将样品(固体或者液体的 pH＝5～9，非腐蚀性、非氧化型、不含 Cl^- 的有机溶剂)放在平台的检测窗上，将探头对准检测窗，顺时针旋下，紧贴样品，直到听见一声响声后开始采集数据。

(3)清洗样品台，更换样品或结束实验时，用酒精棉擦洗检测台，等待其自然风干。

(a)ATR 试验台

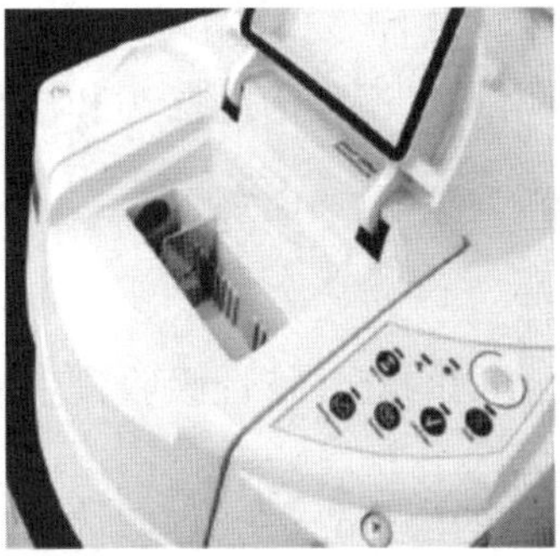

(b)样品架

附图 1

3. 样品检测

按照附图 1 安装样品架，电脑显示附件。自检后，点击“确定”。把制备好的样品放入样品架，然后插入仪器样品室的固定位置上，待稳定后采集数据。

4. Omnic 软件的操作

(1)进入采集，选择实验设置对话框，设置实验条件：

a. 扫描次数通常选择“32”。

b. 分辨率指的是数据间隔，通常固体、液体样品分辨率选“4”，气体样品分辨率选择“2”。

c. 校正选项中可选择交互 *K-K* 校正，消除刀切峰。

d. 采集预览相当于预扫描。

e. 文件处理中的基础名字可以添加字母，以防止保存的数据覆盖之前保存的数据。

f. 可以选择不同的背景处理方式：采样前或者采样后采集背景；采集一个背景后，在之后的一段时间内均采用同一个背景；选择之前保存过的一个背景。

g. 光学台选项中，范围在 6~7 为正常。

h. 诊断中可以进行准直校正(通常一个月进行一次，相当于能量校正)和干燥剂试验。

(2)设定结束，点击确定，开始测定(以采集样品前采集背景为例)：

a. 点击“采集样品”，弹出对话框。输入图谱的标题，点击“确定”。

b. 再次弹出对话框提示准备背景采集，点击“确定”。

c. 背景采集后，再次弹出对话框提示准备样品，插入样品，点击“确定”，开始采集。采集后点击“是”，添加到新窗口。

(3)可对采集的光谱进行处理，软件操作界面工具栏的按钮分别有选择谱图、区间处理、读坐标(按住“Shift”直接读峰值)、读峰高(按住 Shift 自动标峰，调整校正基线)、读峰面积、标信息(可拖拽)、缩放和移动等。

(4)采集结束后，保存数据，存成 SPA 格式(Omnic 软件识别格式)和 CSV 格式(Excel

可以打开)。

(5)用 ATR 测定时，只要鼠标点击“采集样品”，按照提示进行测定。测定结束后，需清理试验台，用无水乙醇清洗探头和检测窗口，晾干后测定下一个样品。

5. 数据分析

(1)基团定性。

根据被测化合物的红外特性吸收谱带的出现来确定该基团的存在。

(2)化合物定性。

从待测化合物的红外光谱特征吸收频率(波数)，初步判断属何类化合物，然后查找该类化合物的标准红外谱图，待测化合物的红外光谱与标准化合物的红外光谱一致，即两者光谱吸收峰的位置和相对强度基本一致时，则可判定待测化合物是该化合物或近似的同系物。也可同时测定在相同制样条件下的已知组成的纯化合物，待测化合物的红外光谱与该纯化合物的红外光谱相对照，两者光谱完全一致，则待测化合物是该已知化合物。

(3)未知化合物的结构鉴定。

未知化合物必须是单一的纯化合物。测定其红外光谱后，进行定性分析，然后与质谱、核磁共振及紫外吸收光谱等共同分析确定该化合物的结构。

(4)定量分析。

一般情况下很少采用红外光谱做定量分析，因分析组分有限，误差大，灵敏度较低，但仍可采用红外定量分析的方法或仪器附带的软件包进行。

6. 期间检查

为了保证仪器随时处于良好状态，在两次仪器检定之间至少对仪器进行一次期间检查。期间检查的主要参数包括：仪器能量值、基线噪声、基线倾斜及波数重复性。

7. 其他注意事项

(1)在主机背面 Purgein 口可安装氮气吹扫，必须用高纯氮气，吹扫气体压力控制在 0.15~0.30MPa。

(2)如果需要搬动仪器，需要用光学台内的海绵固定镜子以防止搬动过程中损坏仪器。

(3)注意仪器防潮，光学台上面干燥剂位置的指示变红则需更换干燥剂。

(4)样品仓、检测器仓内分别放置一杯变色硅胶以吸收仪器内的水蒸气。

(5)红外压片时，所有模具应该用酒精棉擦洗干净。

(6)取用 KBr 时，不能将 KBr 污染，以免影响实验精度。

(7)红外压片时，样品量不能加得太多，样品量和 KBr 的质量比大约在 1∶100。

(8)用压片机压片时，应该严格按操作规定操作：压片模具的不锈钢小垫片应该套在中心轴上，压片过程中移动模具时应小心，以免小垫片移位。压片机使用时压力不能过大，以免损坏模具。压出来的片应该较为透明。

(9)采集背景信息时应将样品从样品室中拿出。

(10)用 ATR 附件时，尽量缩短使用时间。

(11)实验室应该保持干燥，大门不能长期敞开。

(12)如果操作过程中出现失误弄脏检测窗口，不可用含水物清洗，应用洗耳球吹去污染物。

三、NEXUS-670 型傅里叶红外光谱仪

1. 启动 Omnic 软件

使用下列方法之一启动 Omnic 红外软件系统：

在 Windows 系统桌面上双击该软件图标；或者“Srart”→“Program”→“Thermo Nicolet”→“Omnic”；或用 Windows 系统中的快捷方式启动。

2. Omnic 显示面板

(1)Omnic 是一种与窗口软件充分兼容的软件，可以显示一个或多个显示窗口；当显示多个窗口时，可以选择平铺或层叠方式，但其中只有一个是活动窗口(被选中的)。光谱图可以在窗口间拖动、复制与粘贴，而且可以把复制的光谱图直接粘贴到其他应用程序的文本文件中，为发表文章或书写报告带来方便。

(2)在每个显示窗口中，可以显示一个到多个光谱图，最后加入的光谱是自动被选中的，缺省颜色是红色。在对光谱进行进一步处理时，需要或可以同时处理多个光谱。需要有多个被选中的光谱时，通过按住“Ctrl”或“Shift”键操作鼠标来增减被选中的光谱。

(3)标题框在光谱窗口的上面，标题内容为人工输入，或根据使用的需要通过“选项”设定的方式中适当选择自动生成。

(4)按“信息按钮”或双击“标题框”中的标题，打开“选中”光谱的采集和数据处理记录的窗口，在其中的注释等若干框中，可以输入文字信息，这些信息可以随同谱图一起打印，其他的记录为非编辑内容。

(5)当显示多个光谱图时，按“标题框”右边的箭头，显示出所有谱图的标题表。点击标题表(选中)后，用箭头键可以改变被选中的光谱，同时可以编辑被选中的光谱的标题。按住“Ctrl”或“Shift”键对标题表或窗口中的光谱点击鼠标左键，可以增加或减少一个或多个被选中的光谱。

(6)图标工具是用来定义鼠标功能的：选择、范围、坐标、峰高、峰面积、标注。

(7)“取景窗”中显示有完整的光谱图(被选中的)，并指明光谱在窗口中的显示范围。

(8)快捷工具图标的使用使操作更为便捷。

3. 数据采集设置

从“Collect”下选“Experiment Setup”，就打开了它的窗口，从中选择与采集有关的条件和参数，也可以调用现有的参数组文件(.exp)或保存调整选择好的条件。

(1)“Collect”选项卡中可以选择：扫描次数(Number of Scans)、分辨率(Resolution)，

光谱格式(Final Format)、校正(Correction)、文件管理(File Handling)、背景管理(Background Handling)、环境干扰补偿(Automatic Atmospheric Suppresion、光谱预览(Preview Data Collection)。在采集光谱之前需要核实或调整样品时选用。

(2)"Bench"选项卡,从中可以检查红外干涉信号强度并包括:增益(Gain),调整红外干涉信号强度,一般将Max调到2~8V;速度(Velocity),取决于检测器和应用(速度及响应);光阑(Ap3erture),取决于光谱分辨率、光强的调整(也可以使用衰减屏);光谱范围(Spectral Range),可根据需要变更样品位置(Sample Compartment)。对于红外系统,在指定光谱范围后,一系列其他参数均可由软件自动配套完成设置。

(3)Quality选项卡,通过适当设定需要检查的各个因素及其程度等,系统在采集过程中即时指示并记录相关因素的状态,用于保证光谱质量。使用时注意:因素及其(量化)程度选择必须适当,否则软件不能提供正确的提示。Use Spectral Quality Checks决定是否使用此项功能。

(4)Advanced选项卡中的参数选择中:"Zero Filling"用以改善谱图曲线的连续性;"Apodization变迹(切趾)函数",在分辨率与信噪比之间权衡,其中"Boxcar"应用于高分辨率;"Blackman-Harris"应用于高信噪比;而"Happ-Genzel"最常用,它兼顾了信噪比和分辨率;"Phase Correction"相位校正;"Low (High)Pass Filter"低(高)通滤波器转折频率。

4. 背景与样品数据文件的采集

根据上面的顺序,用"Collect Background"和"Collect Sample"的指令进行数据采集。在背景管理中选择前两项之一时,背景要按照提示的顺序采集。选择第三项时,后面输入的数值就是设定的背景有效使用分钟数,到时候软件会提示需要重新采集背景。

5. 显示、打印与存盘

(1)选择光谱:采集好的光谱可以以重叠或分层的方式显示到指定的窗格中。最后加入或被点击的光谱图是红色的,即"选中的"。

(2)显示范围(坐标):其大小可以通过(a)"Display Limits"输入数值;(b)拖动鼠标;(c)取景窗(X轴);(d)"View"菜单中"Full","Common","Match","Offset-Scale(Y轴)";(e)"Roll/Zoom Window"工具等来调整。

(3)使用Find Peaks或标峰位置,用"图标工具"进行峰高、峰面积测量与标注等操作。

(4)通过打开(Open)、剪切(Cut)、删除(Clear)、拷贝(Copy)、粘贴(Paste)、保存光谱图(Save, Save As)和保存光谱图组(Save Group)进行文件管理。

(5)显示设置(Display Setup):(a)显示项目;(b)注释方式及项目;(c)X轴格式,是否以低波数范围扩展或者以波长为单位;(d)分层(Stack)显示光谱的个数;(e)所要显示有关采样信息的选项。

(6)打印:(a)按照显示直接打印;(b)按照报告模板(Report Template)打印。显示与打印的有关系统设置在"Edit→Option"中选择。

6. 数据的分析处理

(1)转换。

透过(Transmittance)与吸收(Absorbance)之间的转换。“Other Conversions”为其他转换，包括漫反射、光声光谱、反射率的对数和X轴的波数/波长转换。

(2)数据处理。

Reprocess：再处理，须存有干涉图，单光束光谱图。

Baseline Correct/Automatic：基线校正/自动基线校正，基线校正须对吸收图操作，自动基线校正对于基线不是简单倾斜的图的校正结果较差。

Other Corrections：其他校正，包括 *K-K*、ATR、H_2O 和 CO_2 校正。

Blank/Straight Line：使空白/直线生成。

Subtract：差谱。

Fourier Self-Deconvolution：自去卷积，以改善峰重叠。

参考文献

[1]钱晓荣，郁桂云．仪器分析实验教程[M]．上海：华东理工大学出版社，2009.
[2]钱晓荣，郁桂云．仪器分析实验教程[M]．3版．上海：华东理工大学出版社，2021.
[3]郁桂云，钱晓荣．仪器分析实验教程[M]．上海：华东理工大学出版社，2015.